Dr. Salah Al Masri & Lukas Wießnet

Die anatomische Präparation von Hund und Katze

Die Autoren

Dr. med. vet. Salah Al Masri, Fachtierarzt für Anatomie, absolvierte sein Veterinärmedizinstudium an der Universität von Hama in Syrien und setzte seine akademische Laufbahn fort, indem er an der Ludwig-Maximilians-Universität München promovierte und seine Fachtierarztausbildung in Anatomie an der Freien Universität Berlin absolvierte. Er arbeitete als wissenschaftlicher Mitarbeiter an verschiedenen veterinärmedizinischen Fakultäten, darunter die Universität von Hama in Syrien, die Freie Universität Berlin und die Universität Bern in der Schweiz. Er war bzw. ist Leiter verschiedener Kurse und Lehrveranstaltungen an den genannten Universitäten, wo er sein profundes Verständnis für die Anatomie, Histologie und Embryologie der Tiere mit den Studierenden der Veterinärmedizin, der Agrarwissenschaften und der Pferdewissenschaften teilt.

Lukas Tom Wießnet studierte von 2016 bis 2022 Veterinärmedizin an der Freien Universität Berlin und arbeitete währenddessen als Studentische Hilfskraft im Fachbereich Veterinäranatomie. Seit Abschluss seines Studiums ist er als praktizierender Tierarzt bei den Kleintierspezialisten Berlin-Brandenburg tätig und absolviert dort seine Ausbildung zum Fachtierarzt für Kleintierchirurgie.

Dr. Salah Al Masri & Lukas Wießnet

Die anatomische Präparation von Hund und Katze

Eine unterstützende Anleitung für Studierende der Veterinärmedizin

Impressum

Bibliografische Information der Deutschen Nationalbibliothek
Die Deutsche Nationalbibliothek verzeichnet diese Publikation in der Deutschen Nationalbibliografie; detaillierte bibliografische Angaben sind im Internet unter http://www.dnb.de abrufbar.

Bildnachweis:
Die verwendeten Abbildungen sind Eigentum der beiden Autoren Dr. Salah Al Masri und Lukas Wießnet sowie der Freien Universität Berlin.

Helmholtzstr. 2-9
10587 Berlin
Umschlag: Jasmin Plawicki · Leipzig
Satz & Layout: LaTeX(Libertinus) Volker Thurner · Berlin
Druck und Bindung: Flyeralarm · Würzburg

ISBN 978-3-96543-455-4 www.lehmanns.de

Inhaltsverzeichnis

„Niemand darf einem Tier ohne vernünftigen Grund Schmerzen, Leiden oder Schäden zufügen.“

Tierschutzgesetz, Grundsatz §1

Sämtliche Tierkörper wurden durch ein „Tierkörperspende-Programm“ akquiriert, d. h. die nach einer ungünstigen Prognose (z. B. schwere Krankheiten) euthanasierten Tiere wurden uns – nach Einverständnis der Tierhalter und Tierhalterinnen – von tierärztlichen Kliniken und Praxen übergeben.

Vorwort

Es ist uns eine große Freude, Ihnen dieses Begleitlehrbuch für die anatomischen Präparierübungen von Hund und Katze vorzustellen. Auf 320 Seiten und mit 310 hochwertigen Fotografien aus dem Präpariersaal werden Sie Schritt für Schritt durch die anatomische Präparation von Hund und Katze geführt.

Alle Tiere, deren Körper für diese Anleitung verwendet wurden, sind entweder verstorben oder nach tierärztlicher Indikation euthanasiert worden. Daher können individuelle Unterschiede auftreten, wie zum Beispiel tumoröse Veränderungen. Diese Unterschiede sind ein natürlicher Bestandteil der Anatomie und tragen zur Vielfalt und Komplexität des Studienobjekts bei. Die Euthanasie z. B. besonders junger, oder auch muskulöser und fettarmer Tiere zu Studien- und Lehrzwecken ist nicht mit dem Tierschutzgesetz vereinbar und wird daher von uns abgelehnt.

Darüber hinaus sind für diese Anleitung sowohl Frisch- als auch Formalin-fixierte Präparate verwendet worden. Diese unterscheiden sich in Textur, Farbe, Haptik und Haltbarkeit.

Wir möchten betonen, dass es letztendlich das eigenständige Präparieren ist, das zu einem nachhaltigen Verständnis der Veterinäranatomie führt. Daher ermutigen wir dazu, die Übungen und praktischen Anwendungen in diesem Handbuch aktiv zu nutzen, um das Verständnis der Anatomie von Hund und Katze zu vertiefen.

Bei unserem Werk handelt es sich lediglich um eine praktische Anleitung der anatomischen Präparation, die zwar so gut wie alle anatomisch und klinisch relevanten, aber eben nicht alle anatomischen Strukturen beschreibt. Hierfür ist auf entsprechende Fachliteratur zu verweisen

Wir danken Prof. Dr. med. vet. Johanna Plendl, Dr. met. vet. Zaher Alshamy und den Präparatoren der Veterinäranatomie der Freien Universität Berlin, insbesondere Janet Weigner und Florian Grabitzky, für die beständige und wertvolle Unterstützung.

Wie Josef Hyrtl einst schrieb: „Die Anatomie zerstört mit den Händen einen vollendeten Bau, um ihn im Geiste wieder aufzuführen. [...]Eine herrlichere Aufgabe kann sich der menschliche Geist nicht stellen. Die Anatomie ist eine der anziehendsten und zugleich gründlichsten und vollkommensten Naturwissenschaften."

Wir wünschen uns inständig, dass dieses Werk in Ihnen die gleiche Neugierde an der Anatomie von Hund und Katze weckt, wie sie in uns brennt.

Berlin, im Winter 2023/2024

Lukas Wießnet und Dr. med. vet. Salah Al Masri

Anatomisches Abkürzungsverzeichnis

Gelistet werden nur die in diesem Werk angewandten, anatomischen Abkürzungen.

A. Arteria
Aa. Arteriae
caud. caudalis
cran. cranialis
Gl. Glandula
Lig. Ligamentum
Ligg. Ligamenta
Ln. Lymphonodus
Lnn. Lyhmphonoduli
M. Musculus
Mm. Musculi
N. Nervus
Nn. Nervi
Proc. Processus
prof. profundus
R. Ramus
Rr. Rami
supf. superficialis
V. Vena
Vv. Venae

Kapitel 1

Protokoll zur Präparation der Schultergürtelmuskulatur (Rumpf-Gliedmaßen-Muskulatur)

Palpiere Rippenbogen (*Arcus costalis*), Brustbein (*Sternum*), Schulterblattgräte (*Spina scapulae*), die Dornfortsätze (*Processus spinosi*) der Brustwirbelsäule und identifiziere den Bauchnabel (*Umbilicus*).

1.1 Haut und Hautmuskulatur

Setze einen Hautschnitt vom kaudalen Ohrrand über die *Scapula* bis zur zehnten Rippe (1). Platziere zwei weitere Inzisionen, die am kranialen (2) und kaudalen (3) Rand des ersten Schnittes bis jeweils zur dorsalen und ventralen Mittellinie reichen. Zur Umschneidung der Schultergliedmaße wird die Haut von *Scapula* bis Ellenbogengelenk, ausgehend vom ersten Schnitt inzidiert (4). Wiederum am distalen Ende dieser Inzision wird die Gliedmaße zirkulär umschnitten (5), um den Schnitt schließlich an der medialen Seite der Gliedmaße bis zur ventralen Mittellinie fortzuführen (6). Durch stumpfe Präparation kann die Haut nun in Richtung dorsaler und ventraler Mittellinie abpräpariert werden. Dort verbleibt sie am Tierkörper haften und wird nicht abgesetzt. Nach der Präparation kann die Haut zurückgefaltet werden und schützt das Präparat so vor Austrocknung.

Beachte: Bei der Enthäutung des Rumpfes soll die Hautmuskulatur (*M. cutaneus trunci, M. sphincter colli supf., Platysma*) möglichst am Tierkörper verbleiben.

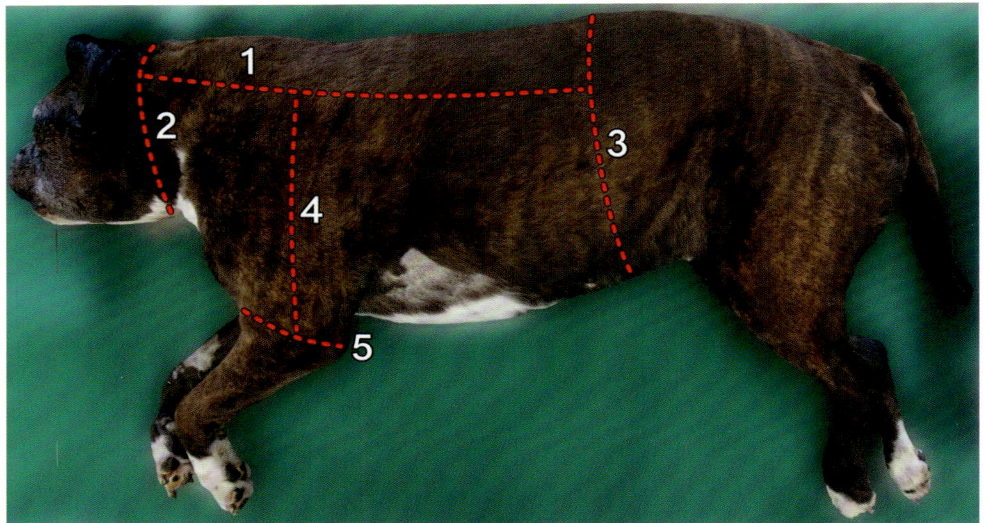

Abb. 1: Schnittlinien zur Darstellung der Schultergürtelmuskulatur.

Gelingt es Dir nicht, die Hautmuskulatur am Tierkörper zu belassen, so identifiziere diese an deinem abpräparierten Hautlappen. Insbesondere der *M. sphincter colli supf*. ist eng mit der Haut verbunden und bleibt deswegen häufig an dieser haften.

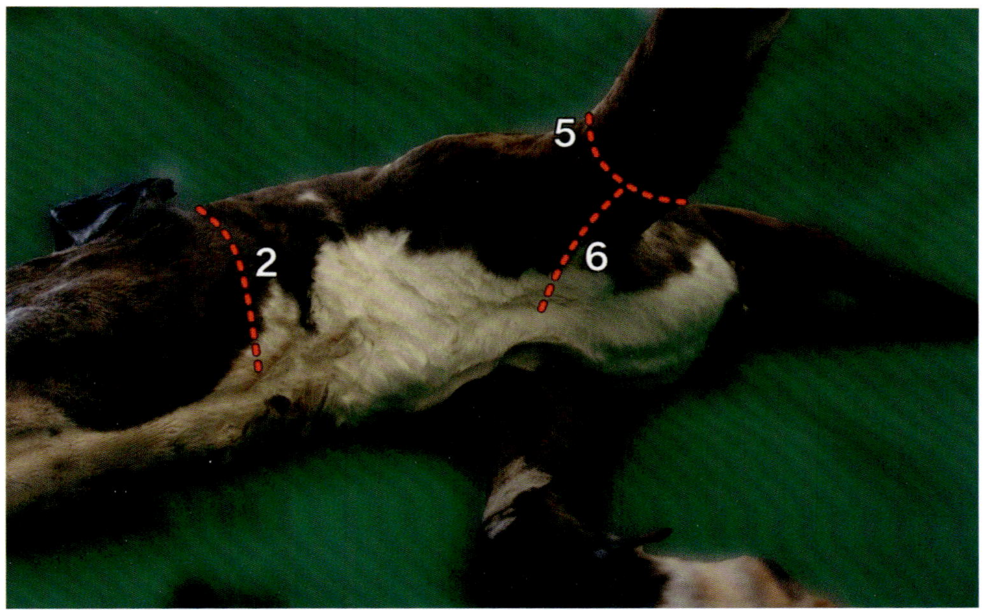

Abb. 2: Schnittlinien zur Umschneidung der Schultergliedmaße.

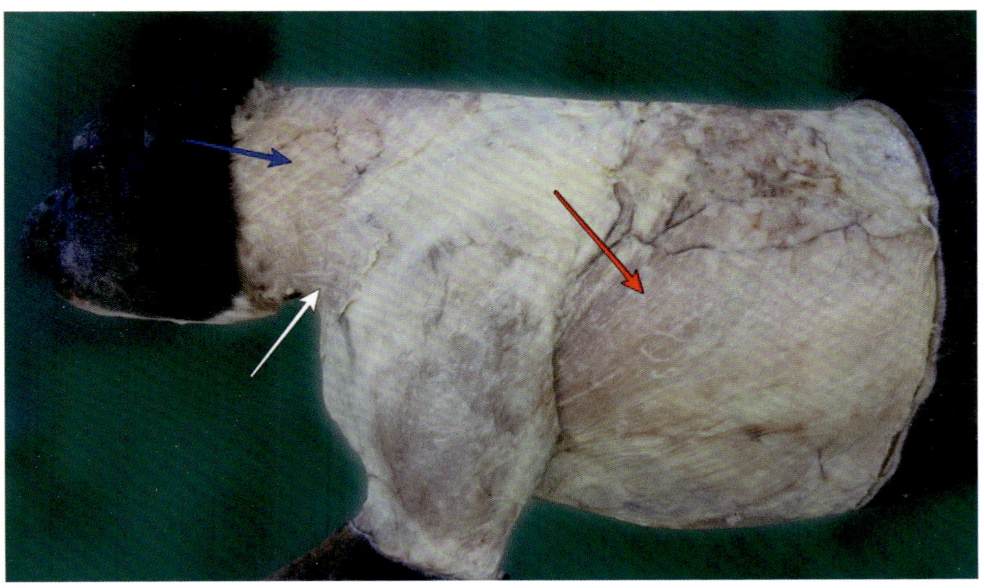

Abb. 3: Übersicht Hautmuskulatur: *M. cutaneus trunci* (rot), *M. sphincter colli supf.* (weiß), *Platysma* (blau).

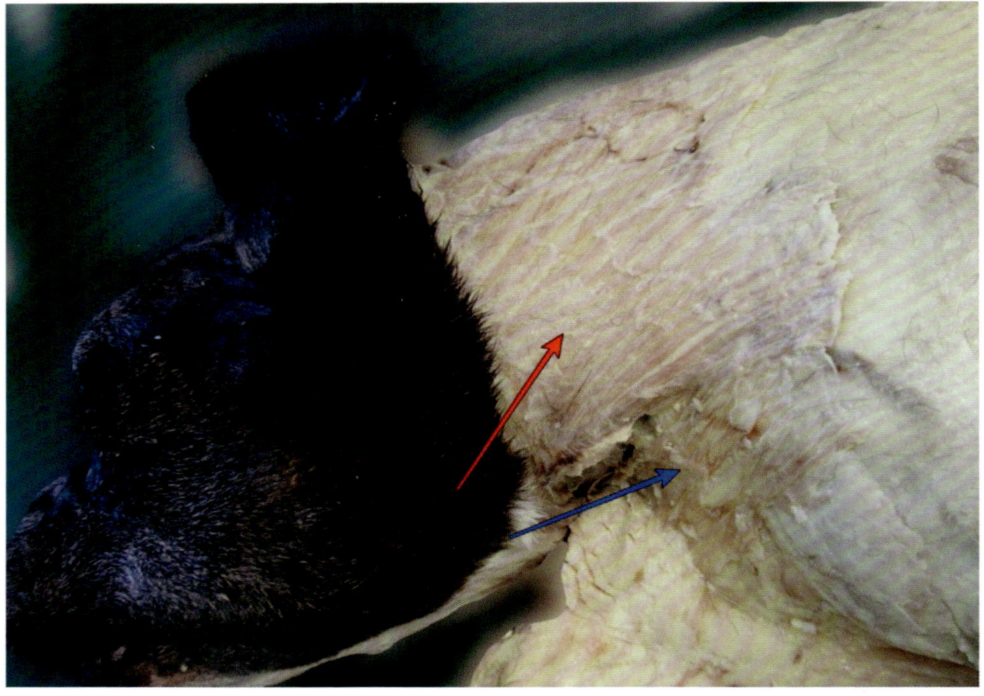

Abb. 4: **Platysma** (rot), **M. sphincter colli supf.** (blau).

Löse *Platysma* und *M. sphincter colli* ausgehend von ihrem kaudalen Rand von darunterliegendem Gewebe und falte die Muskeln nach kranial. Löse *M. cutaneus trunci* ausgehend von seinem ventralen Rand von darunterliegendem Gewebe und falte den Muskel nach dorsal.

Beachte: Um den *M. cutaneus trunci* ventral zu lösen, ist möglicherweise eine scharfe Inzision notwendig. Hierbei soll darunterliegende Muskulatur (*Mm. pectorales, M. latissimus dorsi*) geschont werden.

Entferne Fett- und Bindegewebe. Isoliere oberflächlich verlaufende Venen (*V. cephalica, V. axillobrachialis, V. omobrachialis, V. jugularis externa*).

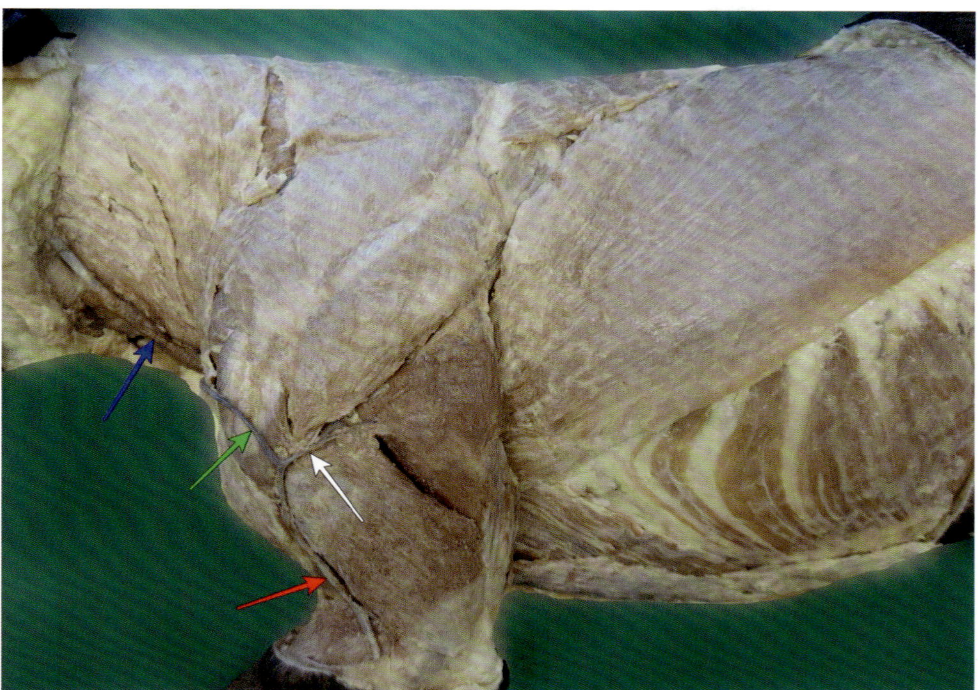

Abb. 5: Übersichtsaufnahme: Der Rumpf des Tierkörpers wurde enthäutet, Hautmuskulatur abpräpariert, Fett und Bindegewebe entfernt: *V. jugularis externa* (blau), *V. cephalica* (rot), *V. axillobrachialis* (weiß) und *V. omobrachialis* (grün).

1.2 Schultergürtelmuskulatur

Isoliere und bestimme die Muskeln, die die Schultergliedmaße am Rumpf befestigen:

Schultergürtelmuskulatur

- *M. latissimus dorsi*
- *M. trapezius*
- *M. brachiocephalicus*
- *M. omotransversarius*
- *M. rhomboideus*
- *Mm. pectorales*
- *M. serratus ventralis*

Der *M. latissimus dorsi* bedeckt die kaudodorsale Thoraxwand breitflächig.

Beachte: Aufgrund des ähnlichen Faserverlaufs wird der *M. cutaneus trunci* häufig fälschlicherweise als *M. latissimus dorsi* interpretiert.

Der *M. latissimus dorsi* ist jedoch deutlich kräftiger als der vor allem bei der Katze hauchdünne Hautmuskel. Isoliere die Ränder des breiten Rückenmuskels und durchtrenne den Muskel entlang der kaudalen Oberarmkontur.

Identifiziere anschließend den rautenförmigen *M. trapezius* dorsal der *Scapula*. Unterscheide die *Pars cervicalis* von der *Pars thoracica* und durchtrenne beide Anteile vor ihrem Ansatz am Schulterblatt.

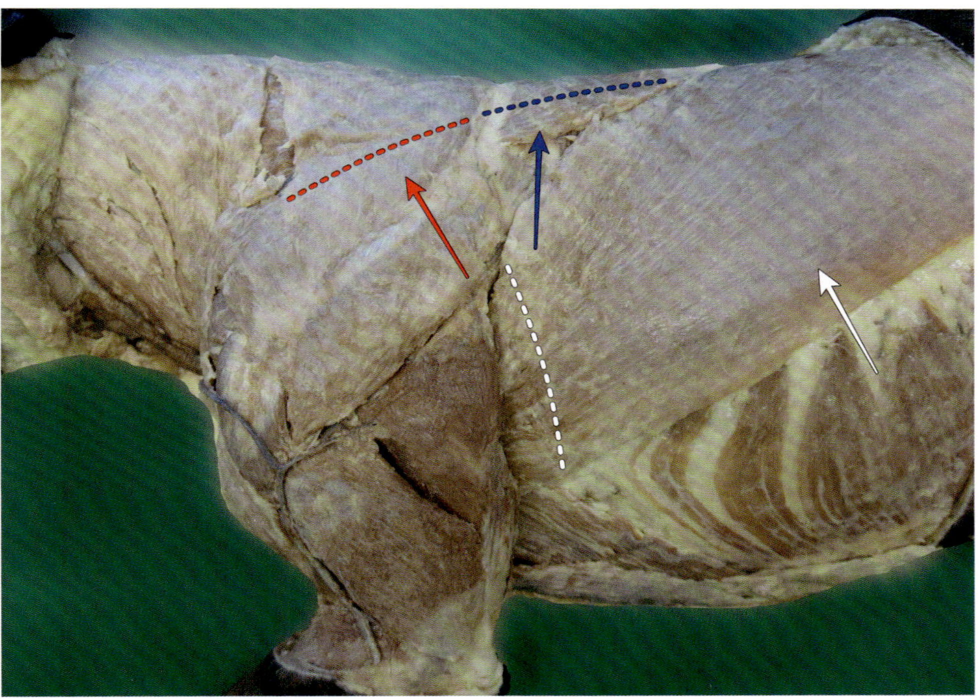

Abb. 6: *M. latissimus dorsi* (weiß), *M. trapezius* mit *Pars cervicalis* (rot) und *Pars thoracica* (blau), jeweils mit Schnittlinien.

Finde den Klavikularstreifen (*Intersectio clavicularis*) kranial des Buggelenks und bestimme die verschiedenen Anteile des *M. brachiocephalicus*. Ein Zurückführen der Gliedmaße spannt seine Anteile und erleichtert somit deren Identifikation:

M. brachiocephalicus

- *M. cleidobrachialis*
- *M. cleidocephalicus*
  - *Pars mastoidea*
  - *Pars cervicalis*

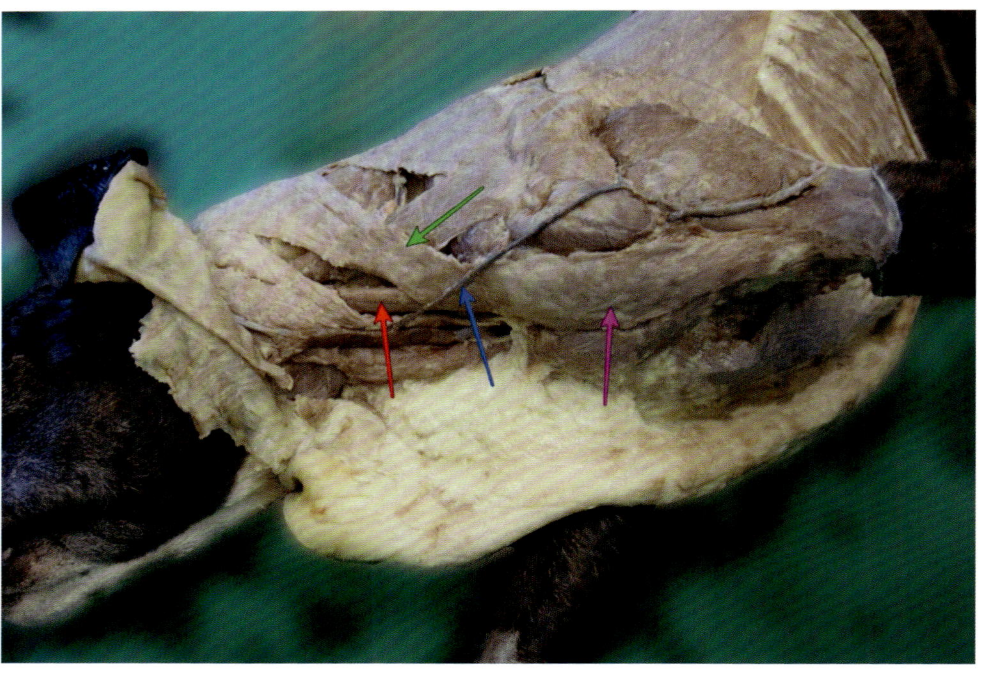

Abb. 7: *M. brachiocephalicus*: *M. cleidobrachialis* (rosa), *Pars mastoidea* (rot) und *Pars cervicalis* (grün) des *M. cleidocephalicus*; Außerdem: *V. omobrachialis* (blau).

Durchtrenne beide Anteile des *M. cleidocephalicus*, um darunter den *M. omotransversarius* darzustellen. Palpiere den wiederum hierunter liegenden, in Fettgewebe eingebetteten Buglymphknoten (*Ln. cervicalis supf.*), bevor Du auch den *M. omotransversarius* mittig durchtrennst.

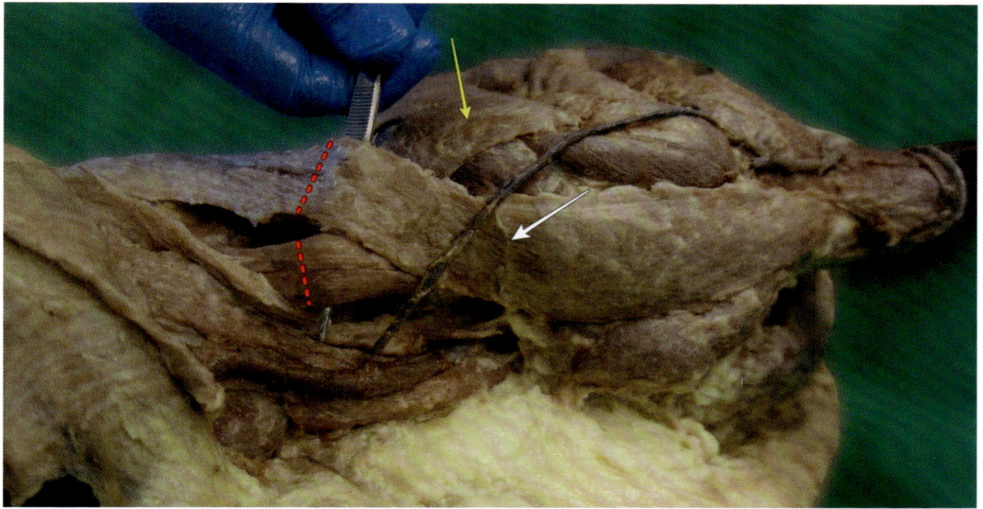

Abb. 8: Frontalansicht auf die Schulterregion: *M. cleidocephalicus* (von Pinzette unterlagert, Schnittlinien rot gestrichelt). *M. omotransversarius* (gelb), Klavikularstreifen (weiß).

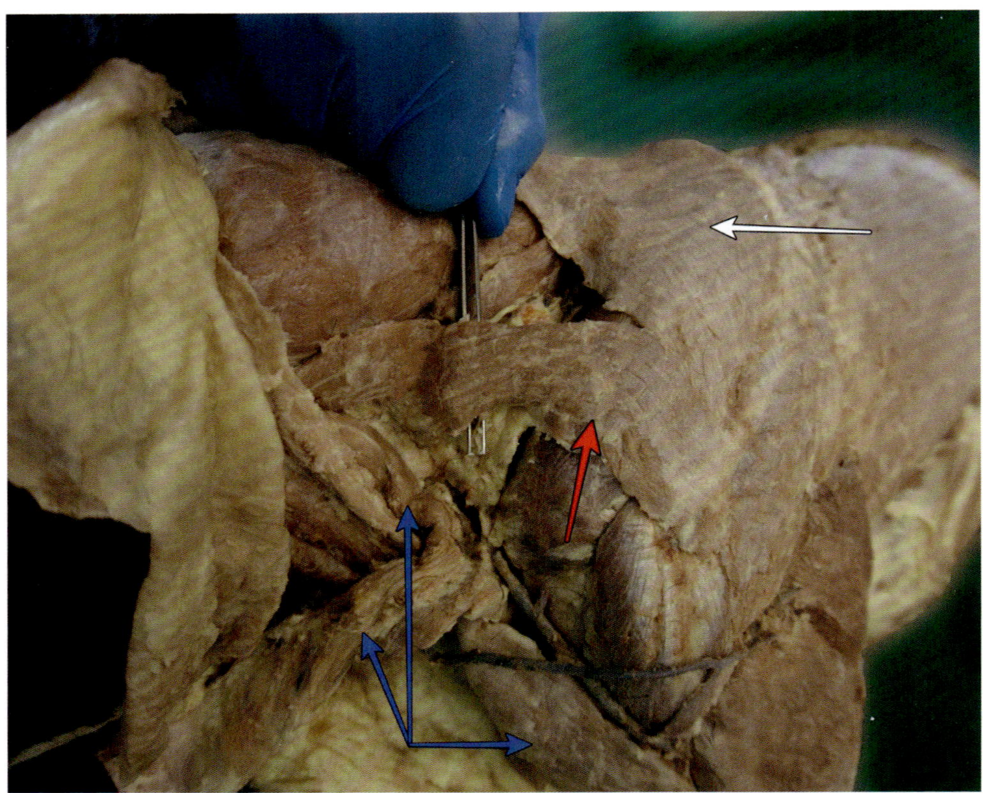

Abb. 9: Schrägaufnahme auf die Schulterregion von kraniolateral nach dem Durchtrennen des *M. cleidocephalicus*: *M. omotransversarius* (rot), Anteile des *M. brachiocephalicus* (blau), *Pars cervicalis* des *M. trapezius* (weiß).

Falte die entstandenen Anteile des *M. cleidocephalicus* sowie des *M. trapezius* nach dorsal bzw. ventral, um darunter den *M. rhomboideus* zu identifizieren. Bestimme seine drei Anteile (*M. rhomboideus capitis* (schmal!), *cervicis* und *thoracis)*, bevor Du diese durchtrennst.

Abb. 10: Dorsalansicht auf den Halsbereich einer Katze: *M. rhomboideus capitis* (rosa), *cervicis* (blau) und *thoracis* (rot) – jeweils mit Schnittlinien, *M. trapezius* (gelb), *Pars cervicalis* des *M. cleidocephalicus* (grün), *M. omotransversarius* (weiß).

Abduziere die Vordergliedmaße und isoliere die verschiedenen Anteile der *Mm. pectorales*. Die Präparation wird durch ein Ausbinden des Tierkörpers in Rückenlage erleichtert. Zur besseren Vor- und Darstellung der anatomischen Gegebenheiten empfiehlt sich eine bilaterale Präparation der Pektoralmuskulatur.

Mm. pectorales

- ***Mm. pectorales superficiales***
  - *M. pectoralis transversus*
  - *M. pectoralis descendens*
- ***M. pectoralis profundus*** *(ascendens)*
  - *Pars principalis*
  - *Pars accessoria*

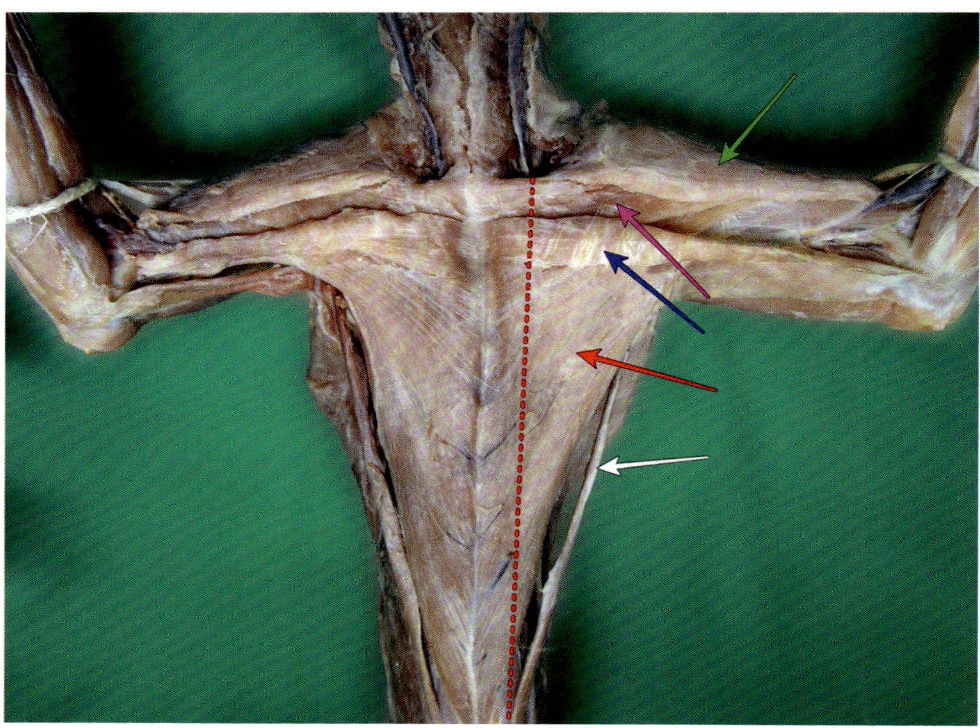

Abb. 11: Pektoralmuskulatur der Katze: *M. pectoralis profundus* mit *Pars principalis* (rot) und Pars accesoria (weiß), *Mm. pectorales superficiales* mit *M. pectoralis transversus* (pink) und *M. pectoralis descendens* (blau); *M. cleidobrachialis* (grün). Rot gestrichelt markiert ist die Schnittlinie durch die gesamte Pektoralmuskulatur.

Verfolge den *M. sternocephalicus* (zählt **nicht** zur Schultergürtelmuskulatur!) vom *Manubrium sterni* nach kranial und separiere *Pars mastoidea* von *Pars occipitalis* (i. d. R. nur weit kranial möglich). Erkenne, wie sich *V. linguofacialis* und *V. maxillaris* kaudal der Kopfbasis zur *V. jugularis externa* (Drosselvene) verbinden. Verfolge deren Verlauf in der u. a. vom *M. sternocephalicus* gebildeten Drosselrinne nach kaudal und beobachte, wie *V. omobrachialis* (fehlt der Katze), *V. cephalica* und *V. cervicalis supf*. in *V. jugularis* externa münden. Stelle weiter kaudal außerdem den Zusammenfluss von *V. subclavia* und *V. jugularis externa* zur *V. brachiocephalica* dar.

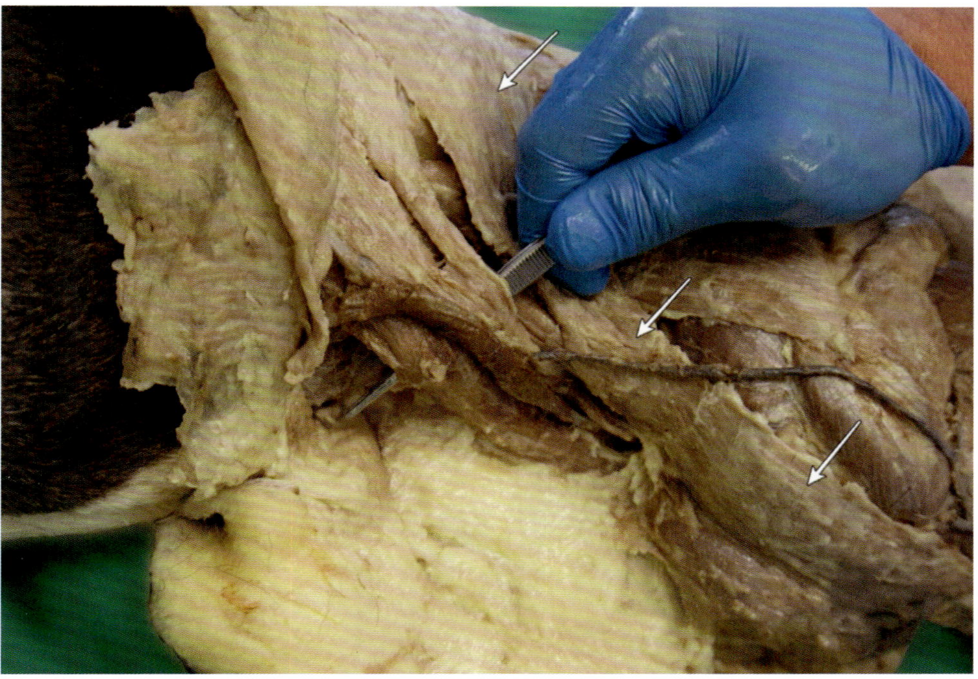

Abb. 12: Ansicht auf die linke Schulter-/Halsregion von kraniolateral (links im Bild=kranial, rechts im Bild=kaudal): Die Pinzette unterlagert *M. sternocephalicus* und *V. jugularis externa*. Der benachbarte *M. brachiocephalicus* ist weiß markiert.

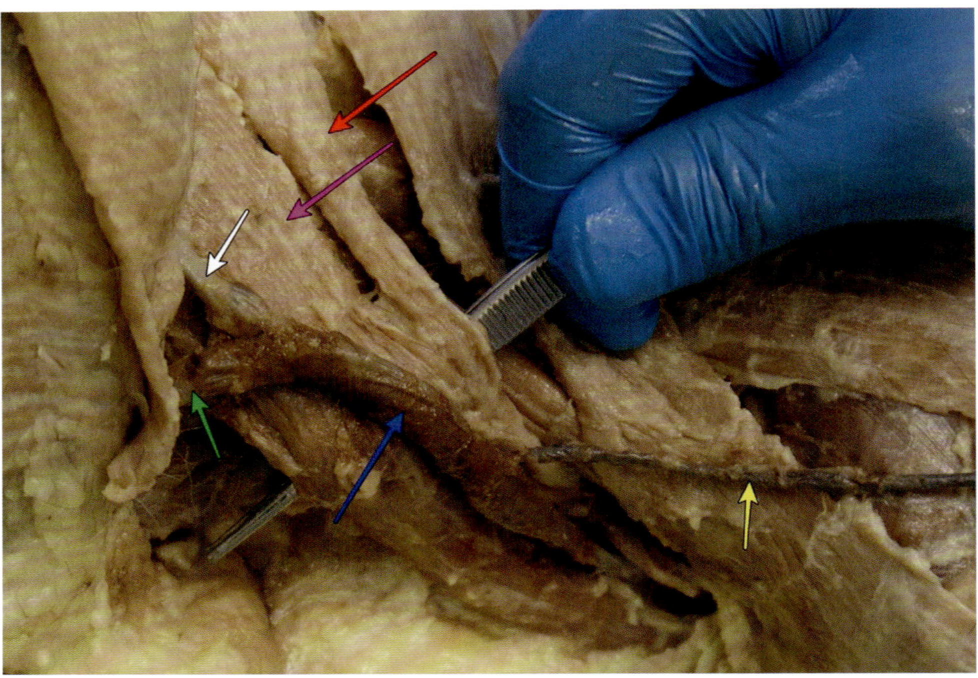

Abb. 13: Nahaufnahme von Abb. 12: *M. sternocephalicus* mit *Pars occipitalis* (rot) und *Pars mastoidea* (rosa), *V. maxillaris* (weiß), *V. linguofacialis* (grün), *V. jugularis externa* (blau), *V. omobrachialis (gelb).*

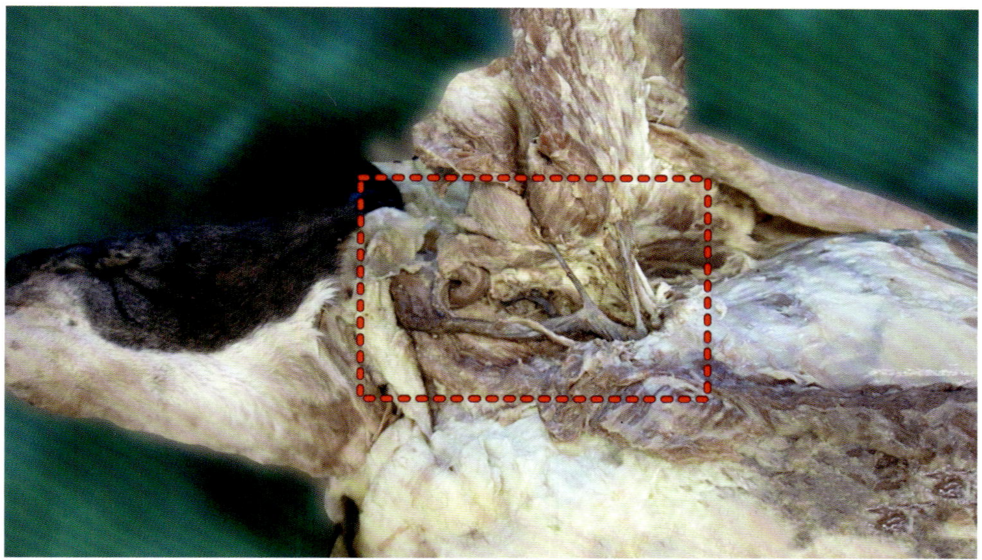

Abb. 14: Ventralansicht auf die Achselhöhle nach Durchtrennung der Pektoralmuskulatur: Zur Darstellung der Aufzweigung der *V. brachiocephalica* wird die Gliedmaße weit abduziert.

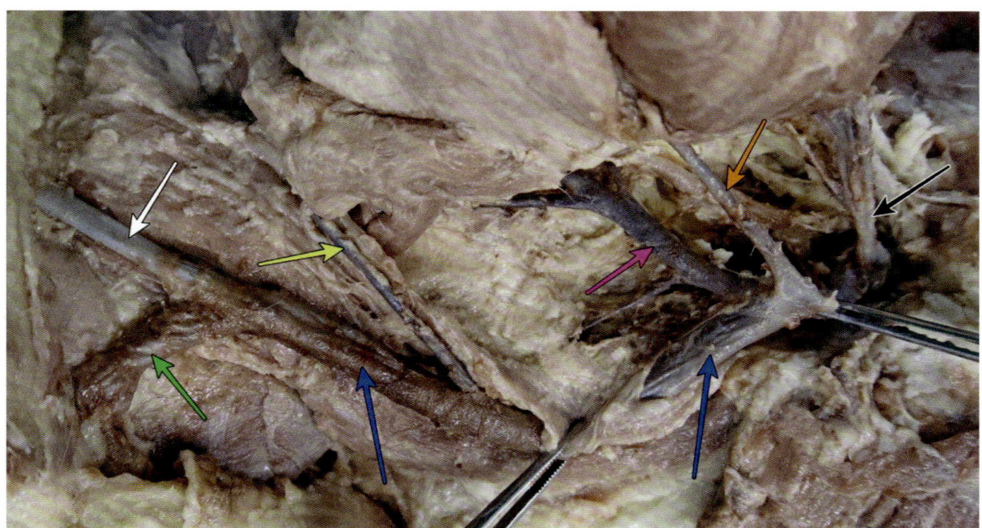

Abb. 15: Nahaufnahme von Abb. 14: *V. maxillaris* (weiß) und *V. linguofacialis* (grün), die Zuflüsse von *V. omobrachialis* (gelb), *V. cervicalis supf.* (rosa), *V. cephalica* (orange) sowie die Vereinigung der *V. jugularis externa* (blau) mit *V. subclavia* (schwarz).

Durchtrenne nun *V. subclavia*, *V. omobrachialis*, *V. cephalica* sowie die Nerven des *Plexus brachialis* in der Achselhöhle körpernah, um die Gliedmaße noch weiter zu abduzieren und schließlich beide Anteile des sägezahnförmigen *M. serratus ventralis* identifizieren zu können (*M. serratus ventralis cervicis, M. serratus ventralis thoracis*). Durchtrenne beide Anteile mittig, um die Vordergliedmaße abzusetzen.

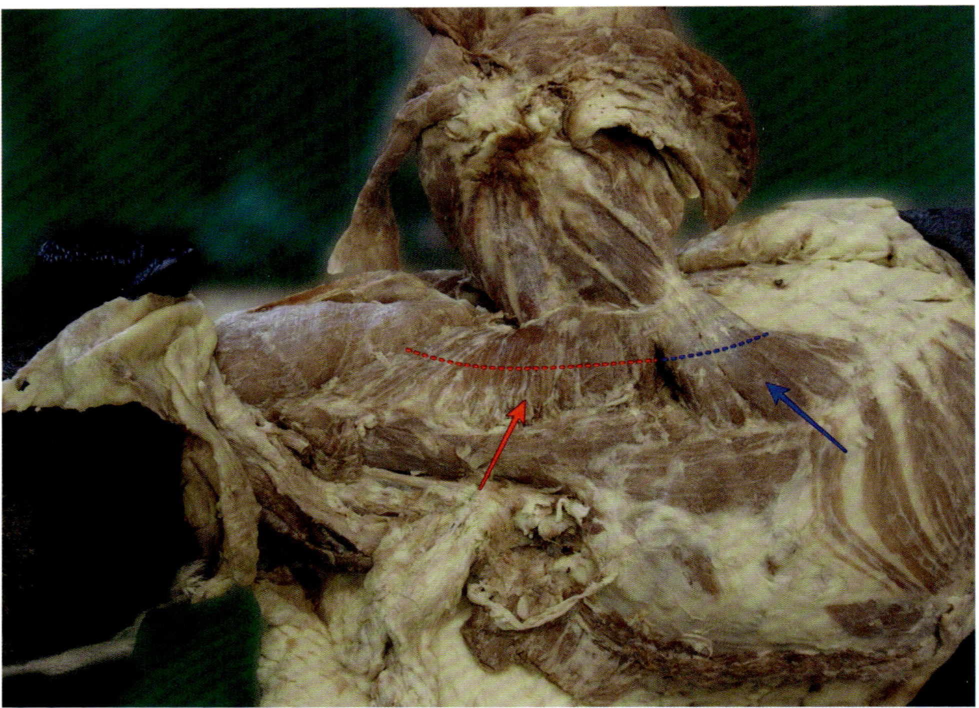

Abb. 16: Ansicht von ventrolateral nach weiter Abduktion der linken Vordergliedmaße: *M. serratus ventralis cervicis* (rot) und *thoracis* (blau).

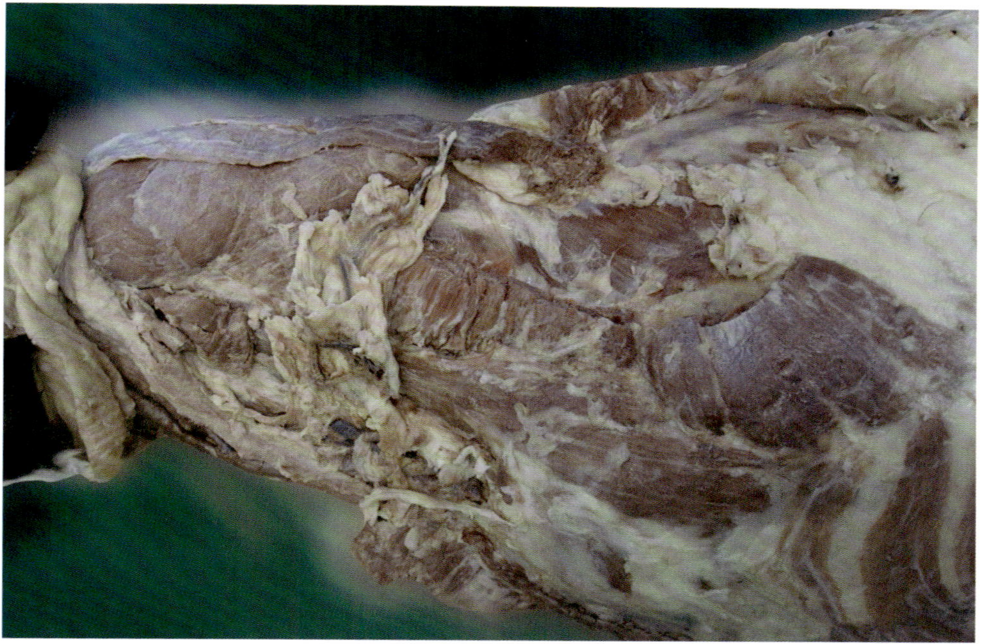

Abb. 17: Übersichtsaufnahme nach dem Absetzen der Vordergliedmaße.

Kapitel 2

Präparation der isolierten Schultergliedmaße

❗

Beachte: Sofern nicht anders vermerkt, handelt es sich in den folgenden Bildern um eine linke Vordergliedmaße.

Tastbare Knochenpunkte der Schultergliedmaße

- *Spina scapulae*
- *Acromion scapulae*
- *Tuberculum majus humeri*
- *Epicondylus medialis/ lateralis humeri*
- *Tuber olecrani*
- *Processus styloideus lateralis/ medialis*
- *Os carpi accessorium*

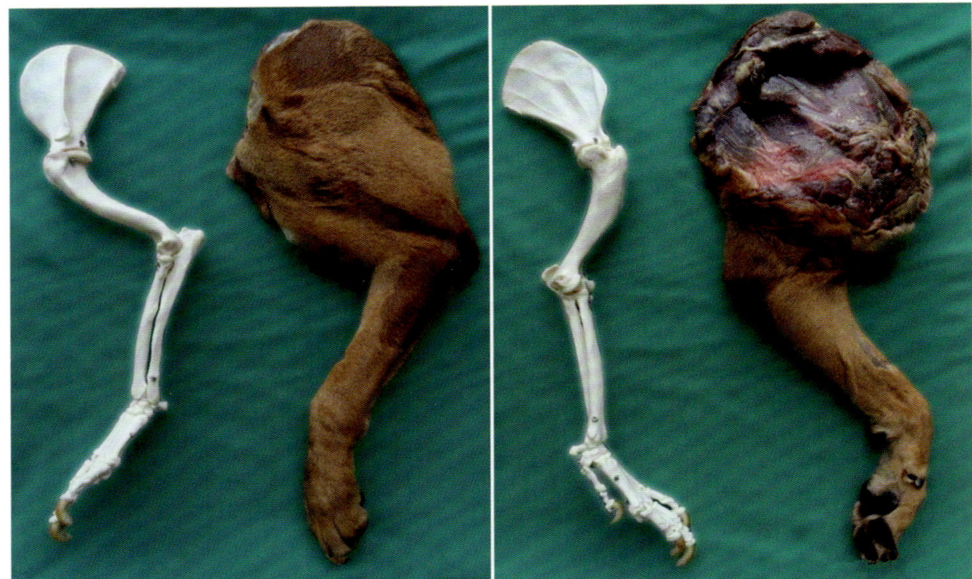

Abb. 18: Knöchernes Skelett und Frischpräparat einer linken Schultergliedmaße von lateral (links) und medial (rechts).

2.1 Präparation der Schultergürtelmuskulatur (Stamm-Gliedmaßen-Muskulatur)

2.1.1 Haut und Faszie (lateral)

Setze zunächst lateral eine scharfe Hautinzision von der Mitte des dorsalen Randes der *Scapula* bis wenige cm distal des Ellenbogengelenks. Platziere einen zirkulären Entlastungsschnitt am distalen Ende der ersten Inzision. Löse die Haut mittels stumpfer Präparation von der darunterliegenden Faszie. Entferne die Faszie sowie überschüssiges Fett- und Bindegewebe, um die darunter liegende Muskulatur zu identifizieren.

!

Beachte: Die an der Schultergliedmaße oberflächlich verlaufenden Venen (*V. cephalica, V. axillobrachialis, V. omobrachialis*) sollen bei der Präparation geschont werden.

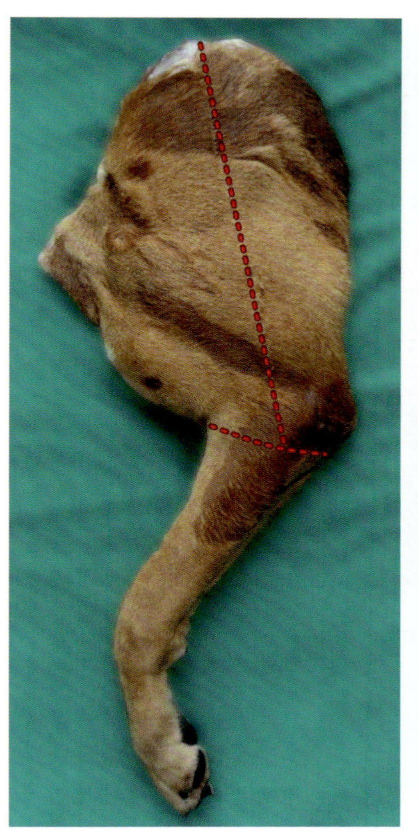

Abb. 19: Schnittlinien lateral am Oberarm.

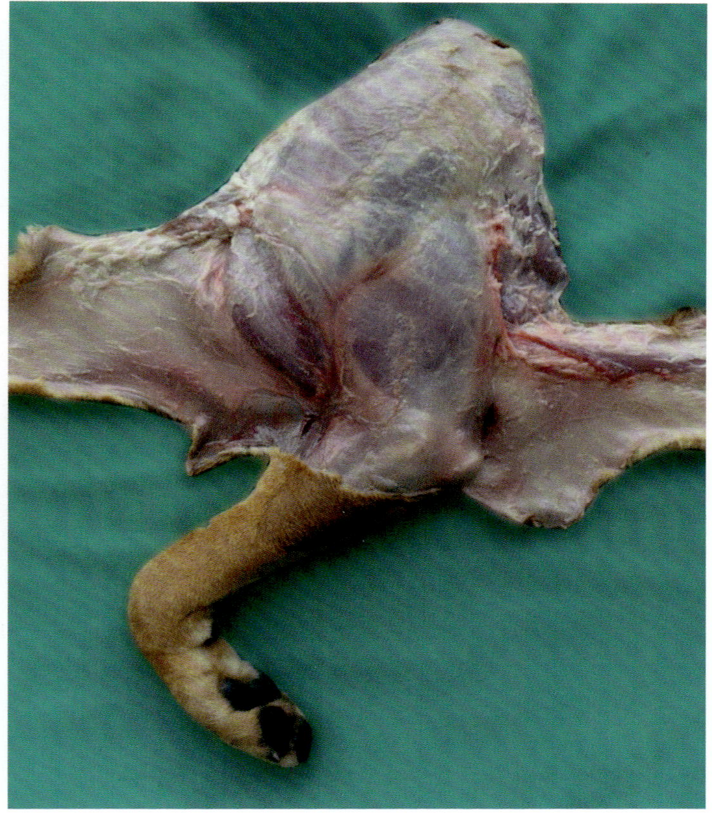

Abb. 20: Vordergliedmaße nach Enthäutung des Oberarms, die Faszie verbleibt zunächst am Präparat.

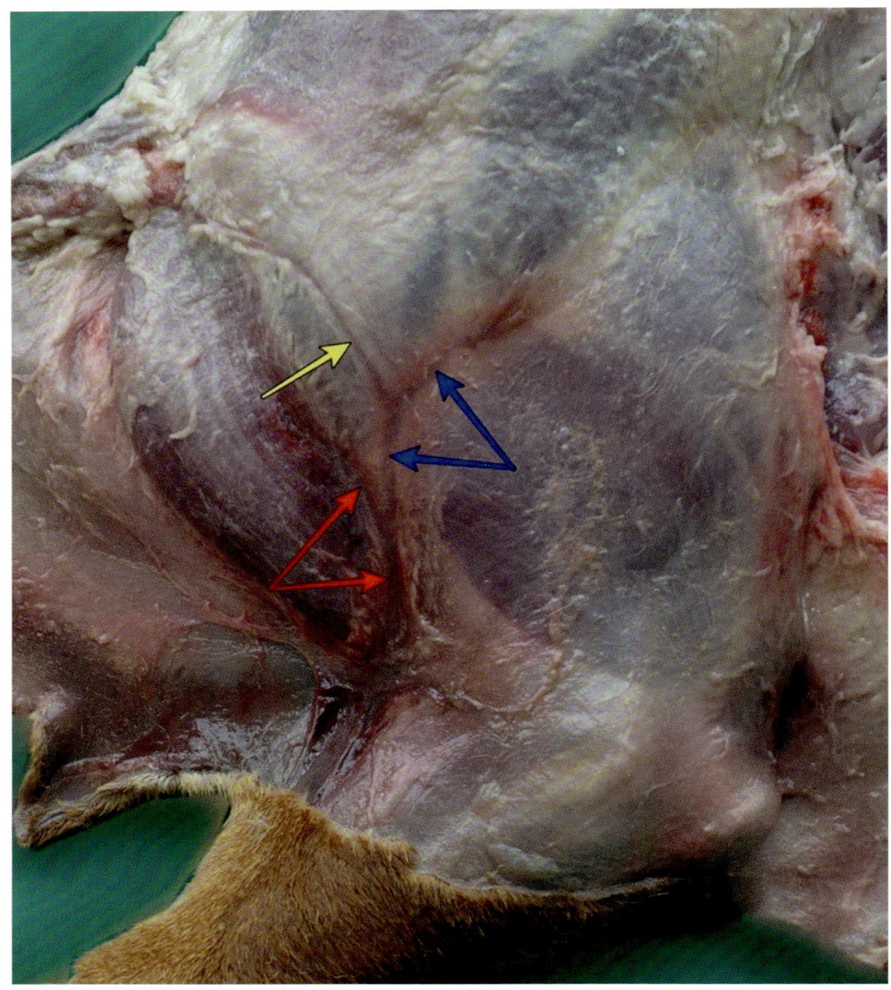

Abb. 21: Nahaufnahme von Abbildung 20 zur Darstellung der oberflächlich verlaufenden Venen lateral am Oberarm: *V. cephalica* (rot), *V. axillobrachialis* (blau), *V. omobrachialis* (gelb).

> **!**
>
> **Beachte:** Die *V. omobrachialis* fehlt der Katze. Stattdessen verläuft hier die *V. cephalica* weiterhin subkutan und passiert die *Pars acromialis* des *M. deltoideus.*

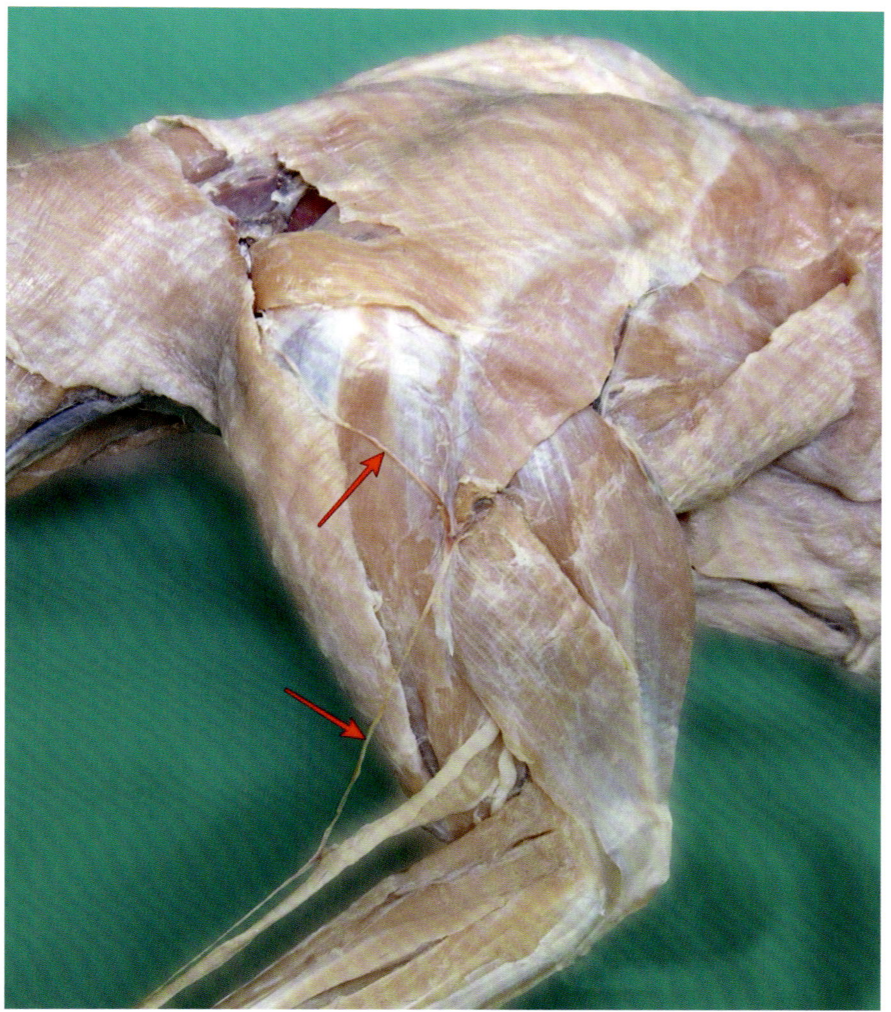

Abb. 22: *V. cephalica* (rot) der Katze.

2.1.2 Haut und Faszie (medial)

Enthäute die mediale Oberarmregion durch eine parallel zum *Humerus* angelegte Hautinzision, die bis wenige cm distal des Ellenbogengelenks reicht, sowie einen auf eben dieser Höhe platzierten, zirkulären Entlastungsschnitt. Identifiziere *A. und V. axillaris* anhand der unterschiedlich starken Wand inmitten des Fettgewebes und isoliere diese sowie die Stümpfe der Plexusnerven zunächst mittels stumpfer Präparation. Entferne das verbliebene Fett- und Bindegewebe. Die entstandenen Hautlappen können abgesetzt werden.

Beachte: Scharfe Inzisionen mit dem Skalpell dürfen medial am Oberarm nur unter größter Vorsicht durchgeführt werden. Die im Fettgewebe eingebetteten Leitungsstrukturen (Nerven des *Plexus brachialis*, Aufzweigung der *A./V. axillaris*) sowie der *Ln. axillaris* sollen bei der Präparation geschont werden.

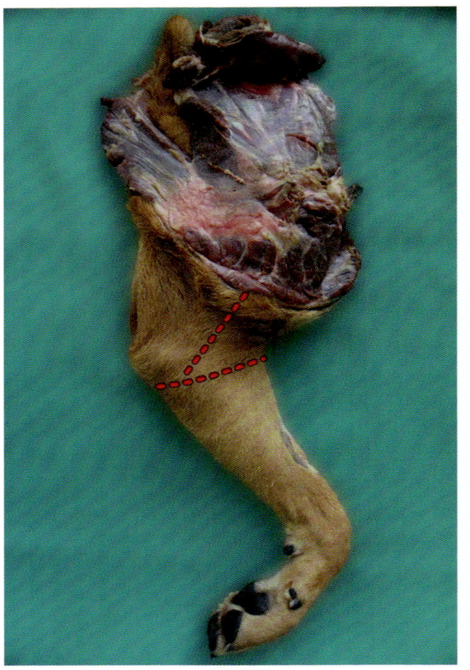

Abb. 23: Schnittlinien medial am Oberarm.

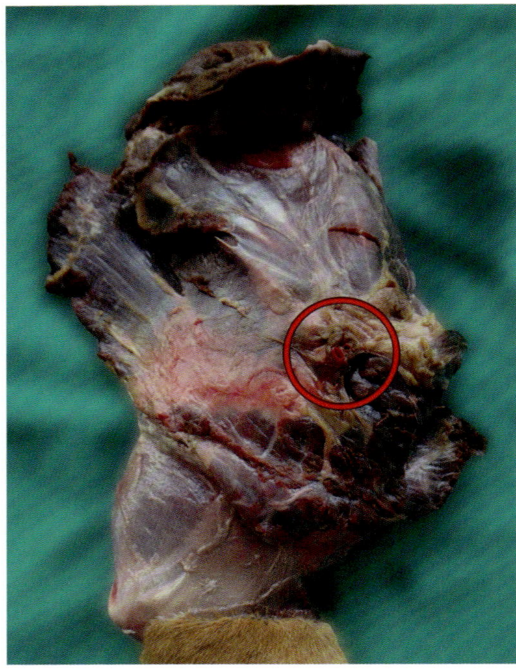

Abb. 24: *A.* und *V. axillaris* (rot).

2.1.3 Schultergürtelmuskulatur

Bestimme nun die an der Gliedmaße verbliebenen Anteile der Schultergürtelmuskulatur.

Schultergürtelmuskulatur

- *M. trapezius*
- *M. omotransversarius*
- *M. brachiocephalicus*
- *M. rhomboideus*
- *M. serratus ventralis*
- *Mm. pectorales*
- *M. latissimus dorsi*

Identifiziere die an der Gliedmaße verbliebenen Anteile des *M. trapezius* und *M. omotransversarius* am kraniodorsalen Aspekt der *Scapula* (s. Seite 40).

Isoliere anschließend den an der Gliedmaße verbliebenen Anteil des *M. brachiocephalicus* am kranialen Rand der Schultergliedmaße. Achte innerhalb des Muskels – auf Höhe des Buggelenks – auf den Klavikularstreifen (*Intersectio clavicularis*), der den *M. cleidobrachialis* vom *M. cleidocephalicus* trennt. Bei der Katze kann gegebenenfalls das Schlüsselbein (*Clavicula*) als solches palpiert werden.

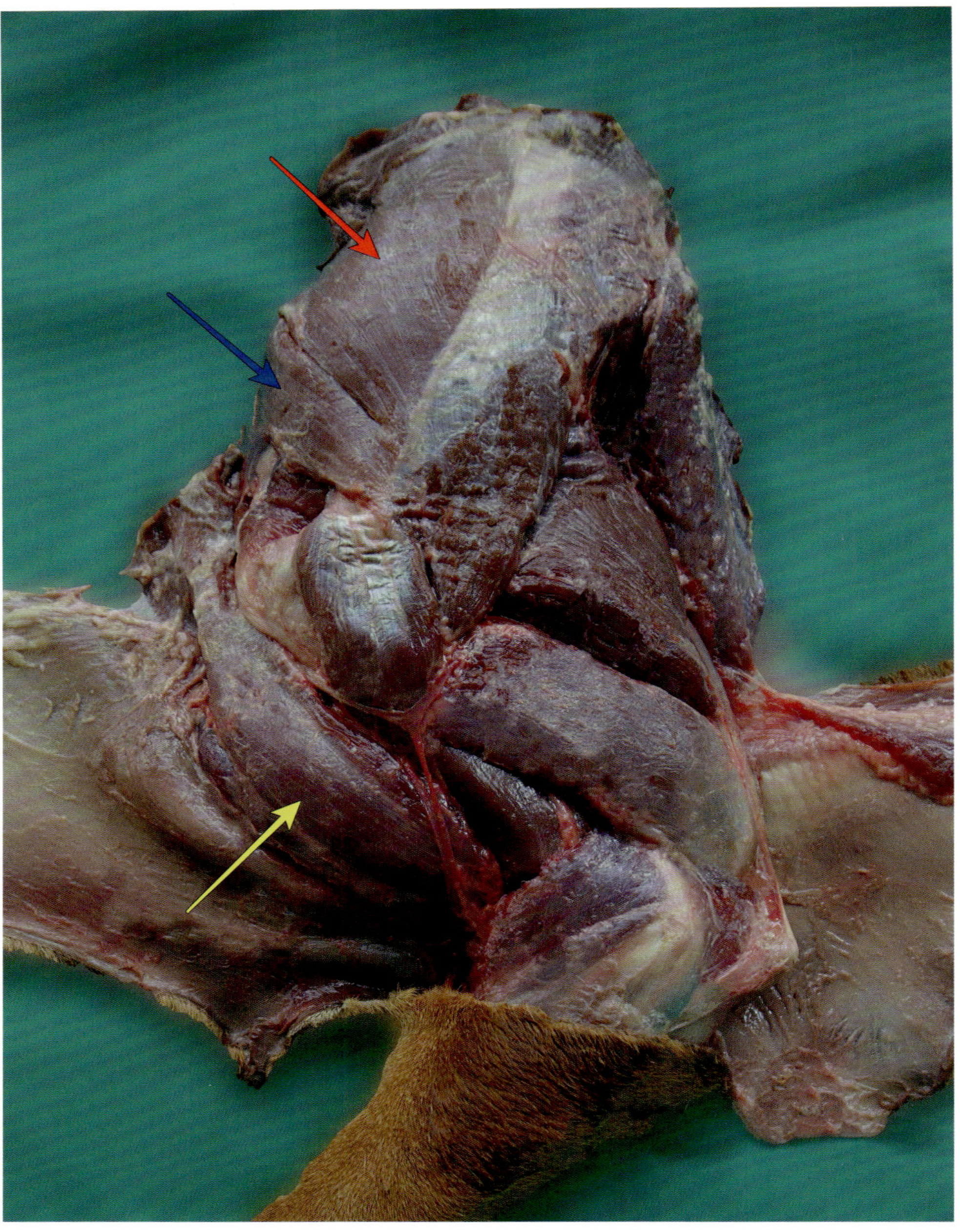

Abb. 25: Laterale Schulter- und Oberarmregion: *M. trapezius, Pars cervicalis* (rot), *M. omotransversarius* (blau), *M. brachiocephalicus* (gelb).

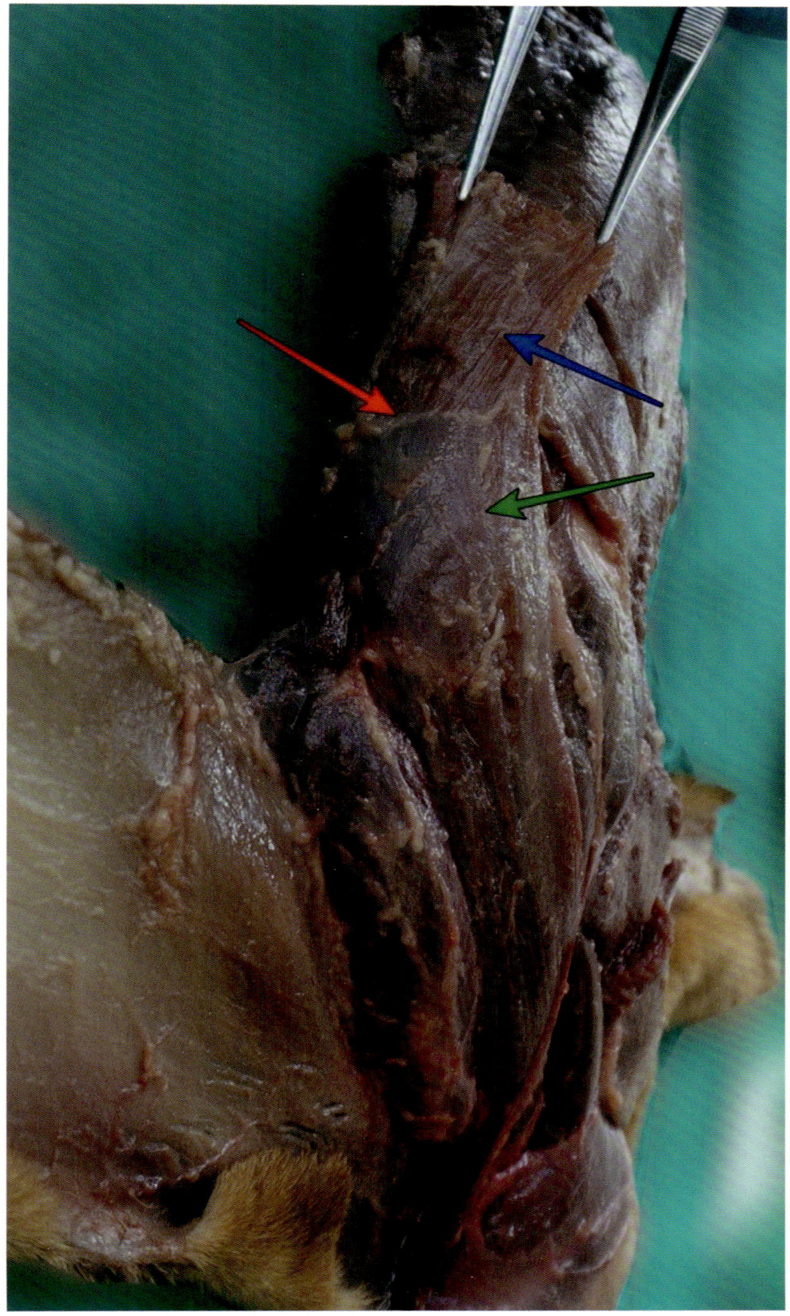

Abb. 26: Frontalansicht auf den Oberarm: Der Klavikularstreifen (rot) teilt *M. brachiocephalicus* in *M. cleidocephalicus* (blau) und *M. cleidobrachialis* (grün).

Bestimme medial am dorsalen Aspekt der *Scapula* den *M. serratus ventralis* und *M. rhomboideus*. Identifiziere *M. latissimus dorsi* kaudal am Oberarm. Beachte *A./V. und N. thoracodorsalis*, die den *M. latissimus dorsi* versorgen. Löse die *Mm. pectorales* vom *M. latissimus dorsi* und dem umliegenden Bindegewebe, sodass sie lediglich an ihren Ansatzstellen am Oberarm befestigt bleiben. Falte die Pektoralmuskulatur nach kranial und unterscheide die *Mm. pectorales superficiales* vom *M. pectoralis profundus*. Die *Nn. pectorales craniales et caudales* sowie die hierzu parallel verlaufenden *A. und V. thoracica externa* sind an diesem Präparat nicht darstellbar.

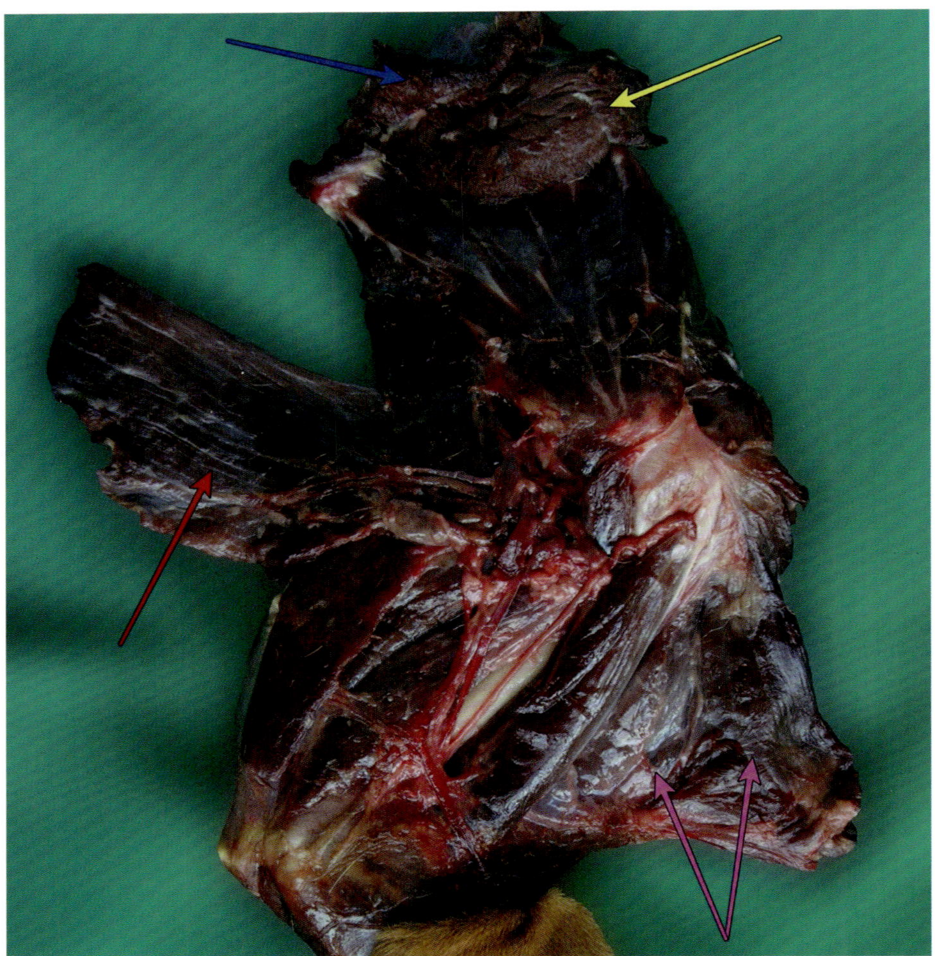

Abb. 27: Mediale Schulter- und Oberarmregion: *M. latissimus dorsi* (rot), *M. rhomboideus* (blau), *M. serratus ventralis* (gelb), *Mm. pectorales* (rosa, nach kranial gefaltet).

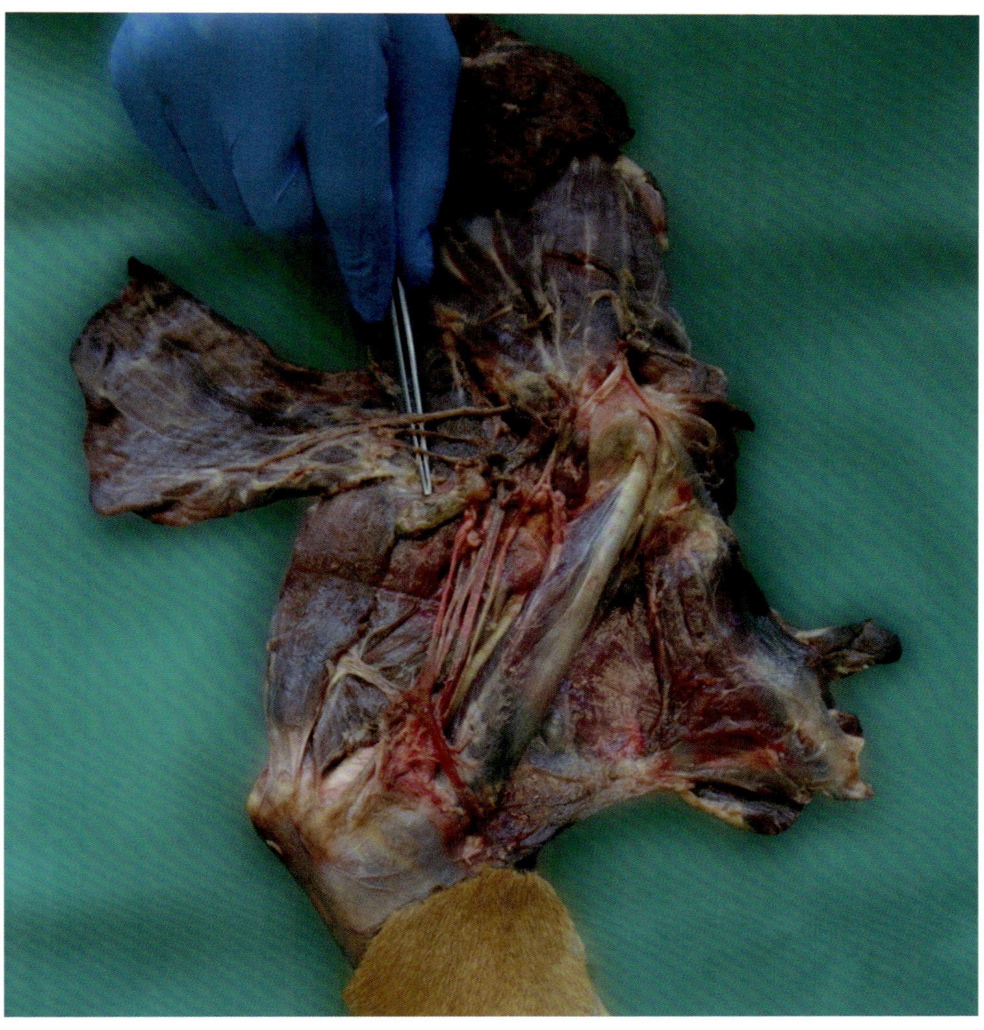

Abb. 28: Die Pinzette markiert *A./V.* und *N. thoracodorsalis.*

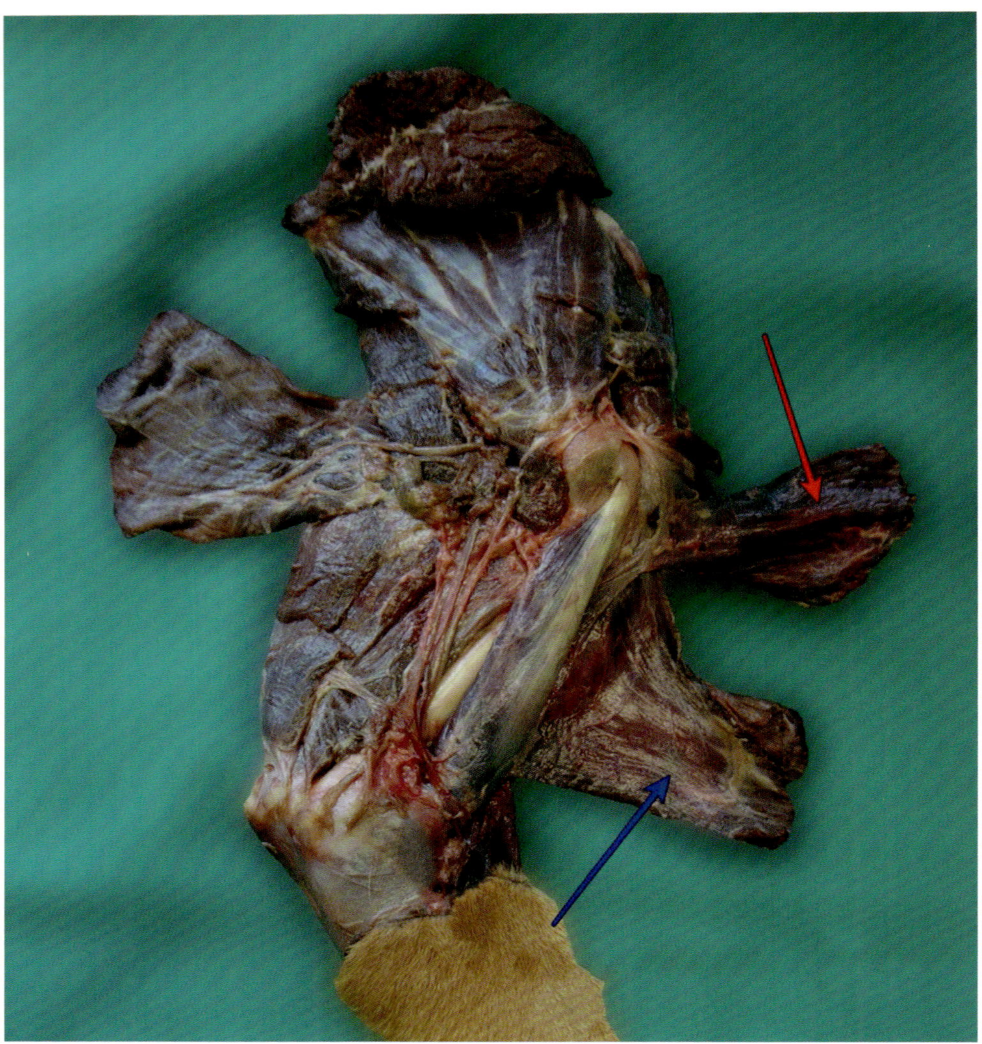

Abb. 29: Die *Mm. pectorales superficiales* (blau) wurden stumpf vom *M. pectoralis profundus* (rot) getrennt.

2.2 Muskulatur und Leitungsstrukturen lateral an Schulter- und Oberarm

Entferne verbliebenes Fett und Bindegewebe lateral an Schulter- und Oberarm. Separiere und bestimme nun die einzelnen, oberflächlich erkennbaren Muskelbäuche.

Oberflächliche, laterale Schulter- und Oberarmmuskulatur

M. trapezius
M. omotransversarius
M. brachiocephalicus
} Schultergürtelmuskulatur

M. deltoideus (Pars acromialis, Pars scapularis)
M. triceps brachii (Caput laterale, Caput longum)
M. anconeus

Bestimme *Pars scapularis* des *M. deltoideus* unmittelbar kaudal der *Spina scapulae* und *Pars acromialis* des *M. deltoideus* anhand ihres Ursprungs am *Acromion scapulae.* Der *M. triceps brachii* formt die kaudale Kontur des Oberarms. In Form eines Dreiecks füllt er den Raum zwischen *Scapula* und *Humerus.* Identifiziere *Caput longum* des *M. triceps brachii* anhand seines Ursprungs an der *Margo caudalis scapulae* sowie sein *Caput laterale*, das dem *Humerus* lateral, flächig anliegt. Bestimme darüber hinaus *M. anconeus*, ein flacher Muskel, lateral am *Olecranon.*

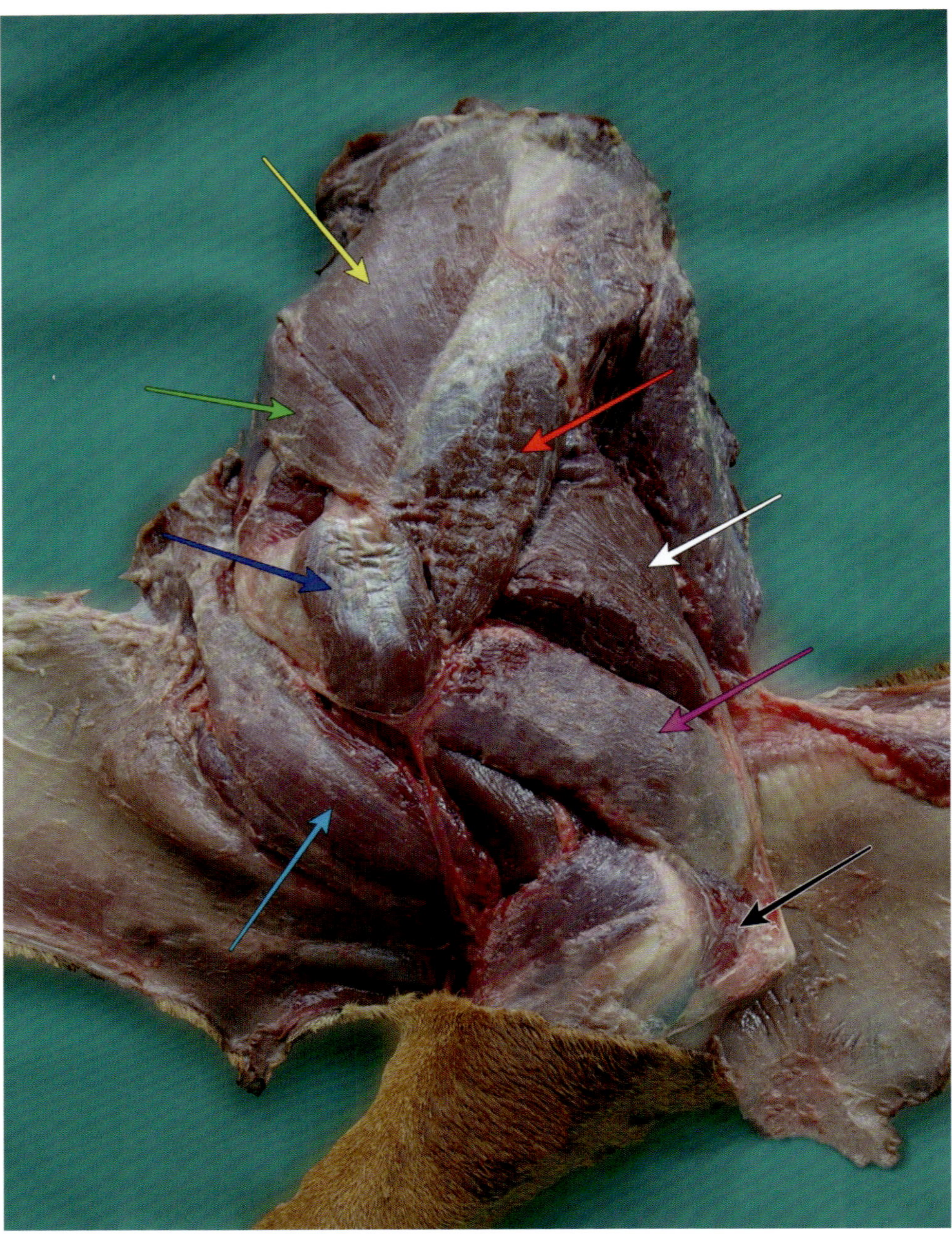

Abb. 30: Oberflächliche Muskulatur lateral an Schulter und Oberarm: *M. trapezius* (gelb), *M. omotransversarius* (grün), *M. deltoideus* mit *Pars scapularis* (rot) und *Pars acromialis* (dunkelblau), *M. brachiocephalicus* (hellblau), *M. triceps brachii* mit *Caput longum* (weiß) und *Caput laterale* (rosa), *M. anconeus* (schwarz).

Verlagere die am Präparat verbliebenen Anteile des *M. trapezius* und des *M. omotransversarius* nach kaudal und identifiziere darunter den *M. supraspinatus.*

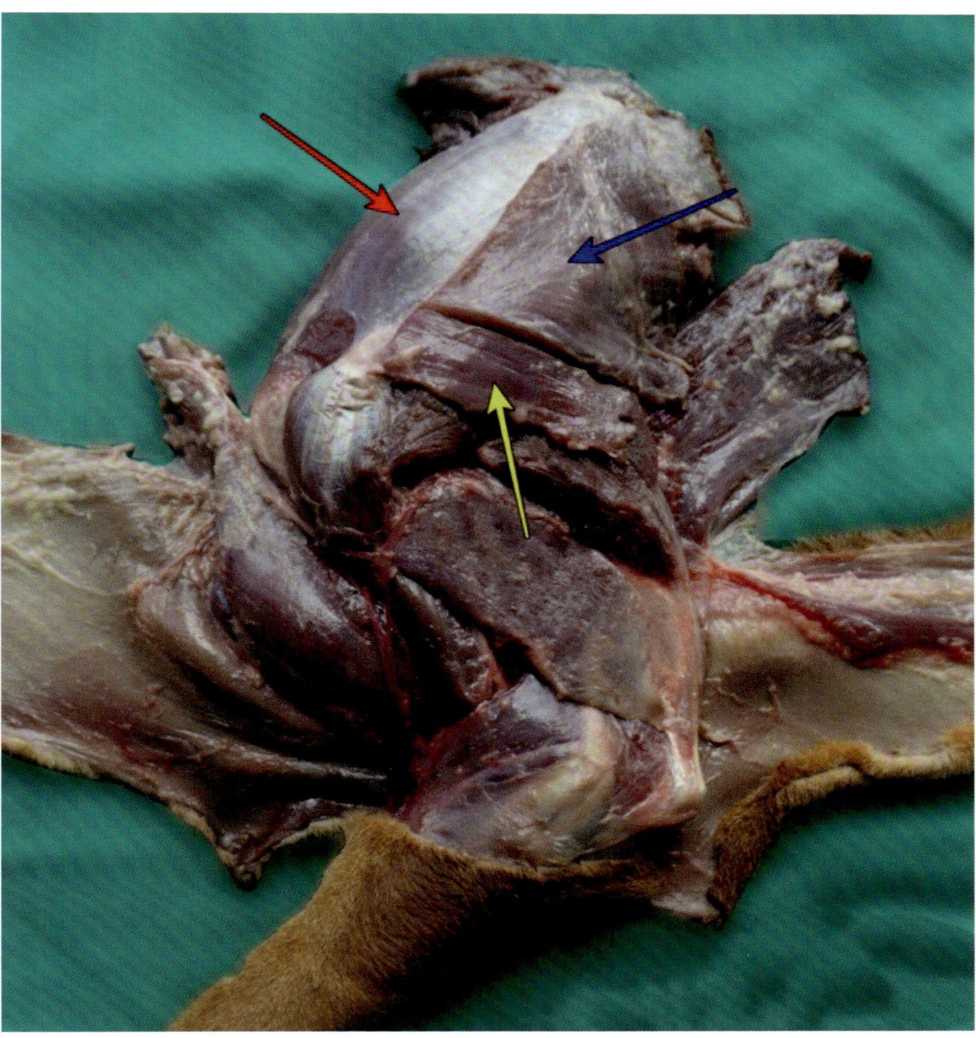

Abb. 31: *M. supraspinatus* (rot), *M. trapezius* (blau) und *M. omotransversarius* (gelb) wurden nach kaudal verlagert.

Durchtrenne *Pars acromialis* und *scapularis* des *M. deltoideus* mit einem Schnitt mittig in ihrem muskulären Anteil und identifiziere darunter *M. infraspinatus* und *M. teres minor*.

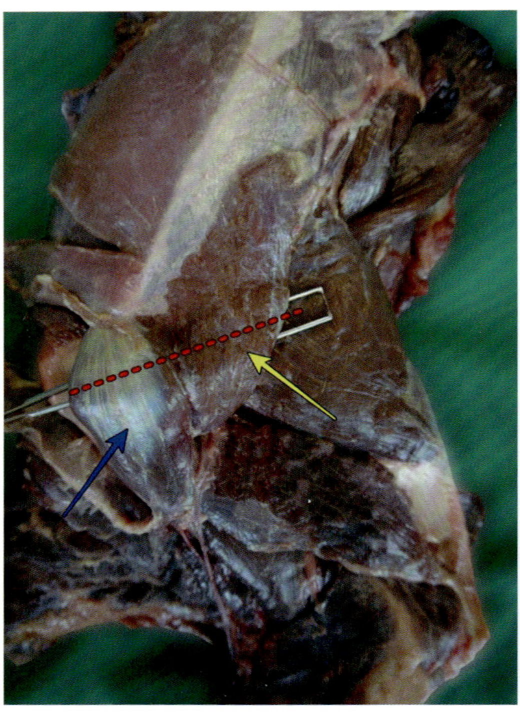

Abb. 32: Schnittführung durch *Pars acromialis* (blau) und *Pars scapularis* (gelb) des *M. deltoideus*.

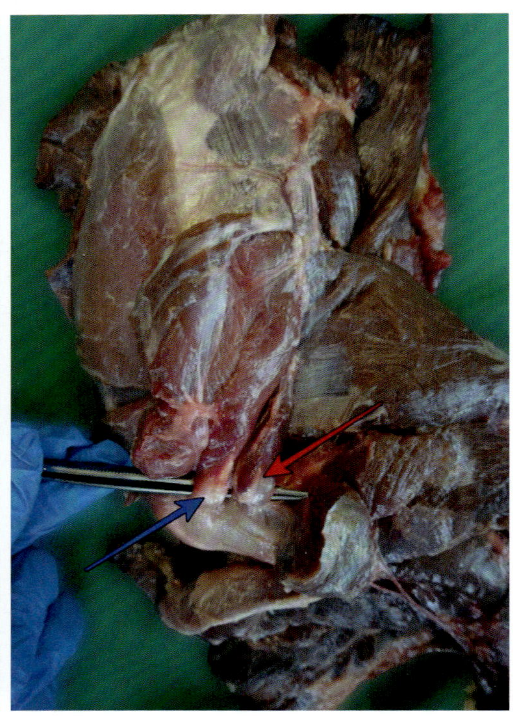

Abb. 33: Beachte die topographische Relation der Endsehnen von *M. infraspinatus* (blau) und *M. teres minor* (rot) am *Humerus*.

Durchtrenne *Caput laterale* des *M. triceps brachii* und identifiziere darunter sein *Caput accesorium* sowie den *M. brachialis*. Achte auf die Aufspaltung des *N. radialis* in *Ramus superficialis* und *Ramus profundus.*

!

Beachte: Um die in der Tiefe liegenden Strukturen bei der Durchtrennung des *Caput laterale* nicht zu verletzen, soll dieses davor mit einer Pinzette von darunterliegendem Gewebe abgehoben werden.

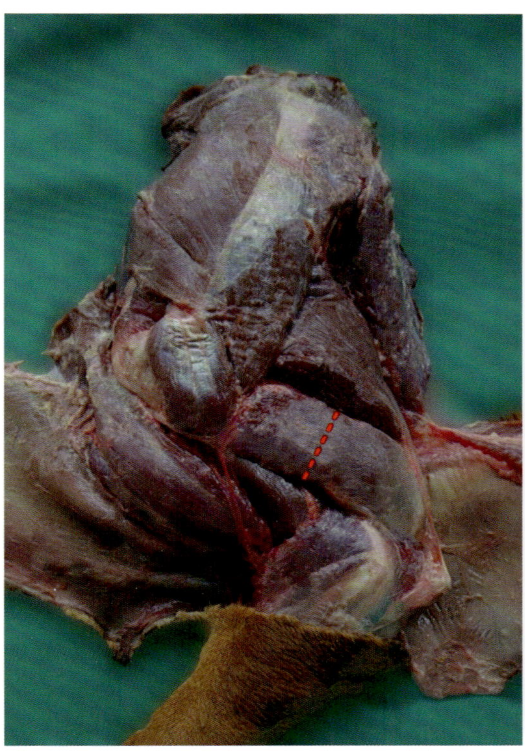

Abb. 34: Schnittführung durch das *Caput laterale* des *M. triceps brachii.*

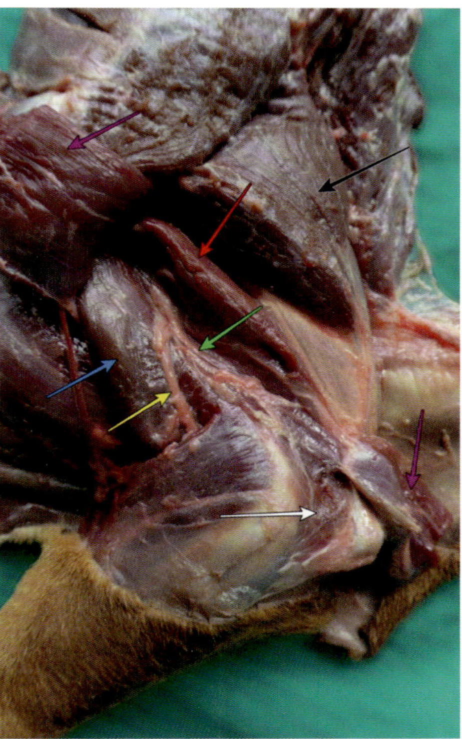

Abb. 35: Ansicht nach Durchtrennung des *Caput laterale* des *M. triceps brachii* (rosa): *M. brachialis* (blau), *Caput accesorium* (rot) und *Caput longum* des *M. triceps brachii* (schwarz), *M. anconeus* (weiß), *Ramus superficialis* (gelb) und *profundus* (grün) des *N. radialis.*

2.3 Präparation der medialen Schulter- und Oberarmregion

Entferne verbliebenes Fett- und Bindegewebe medial an Schulter und Oberarm unter Schonung von Blutgefäßen und Nerven.

Mediale Schulter- und Oberarmmuskulatur

M. latissimus dorsi
Mm. pectorales
M. serratus ventralis
M. rhomboideus
} Schultergürtelmuskulatur

M. subscapularis
M. teres major
M. coracobrachialis
M. biceps brachii
M. tensor fasciae antebrachii
M. triceps brachii (*Caput mediale, Caput longum*)

Identifiziere *M. subscapularis* in der *Fossa subscapularis* und achte auf die *Nn. subscapulares*, die in den Muskel einstrahlen. Bestimme *M. teres major* an der *Margo caudalis scapulae* und beobachte, wie *N. axillaris* sowie *A.* und *V. circumflexa humeri caudalis* zwischen *M. subscapularis* und *M. teres major* in die Tiefe ziehen. Identifiziere außerdem *A./ V.* und *N. suprascapularis*, die zwischen *M. subscapularis* und *M. supraspinatus* in Richtung Lateralfläche des Schulterblatts verlaufen.

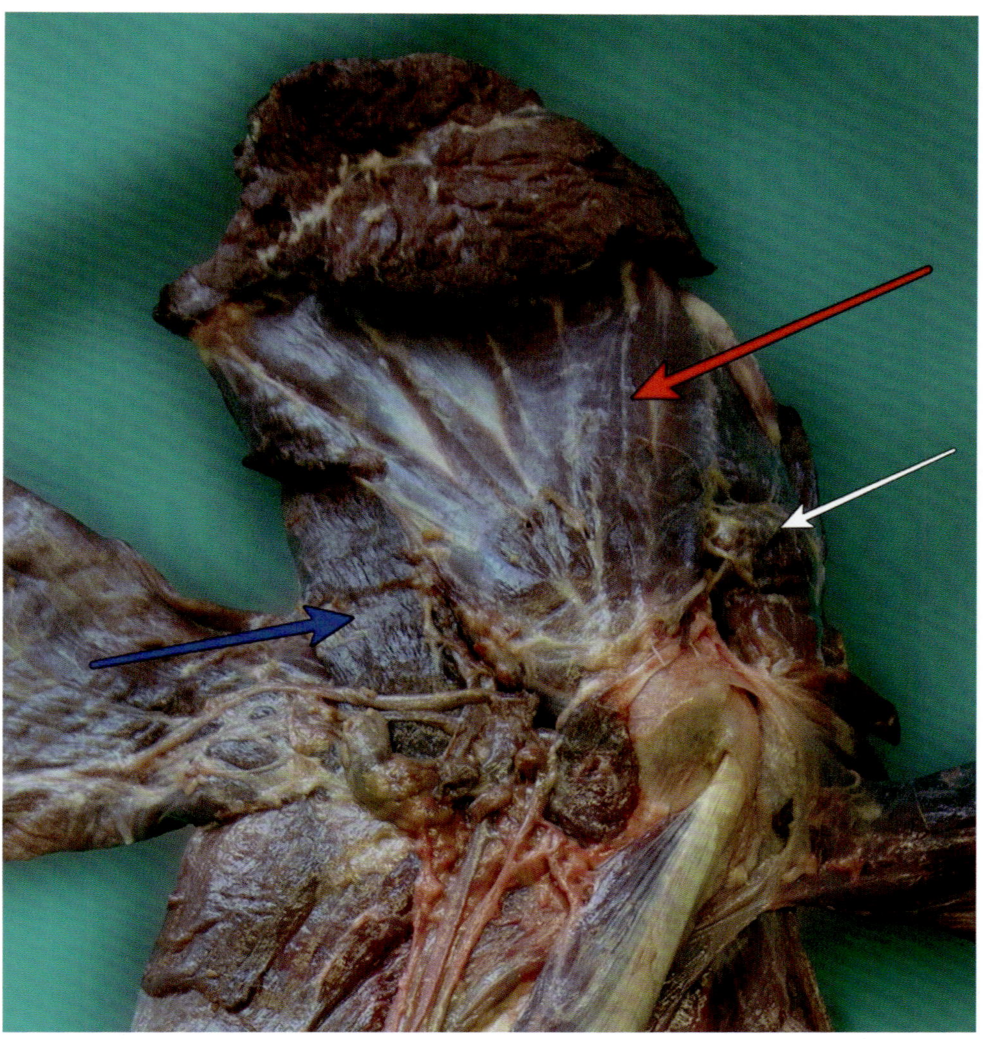

Abb. 36: Ansicht auf die mediale Schulterblatt- und Oberarmregion: *M. subscapularis* (rot), *M. teres major* (blau), *M. supraspinatus* (weiß).

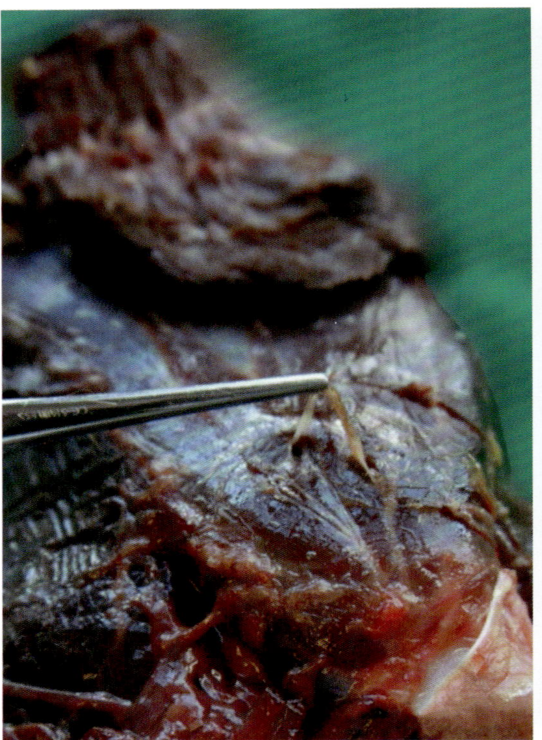

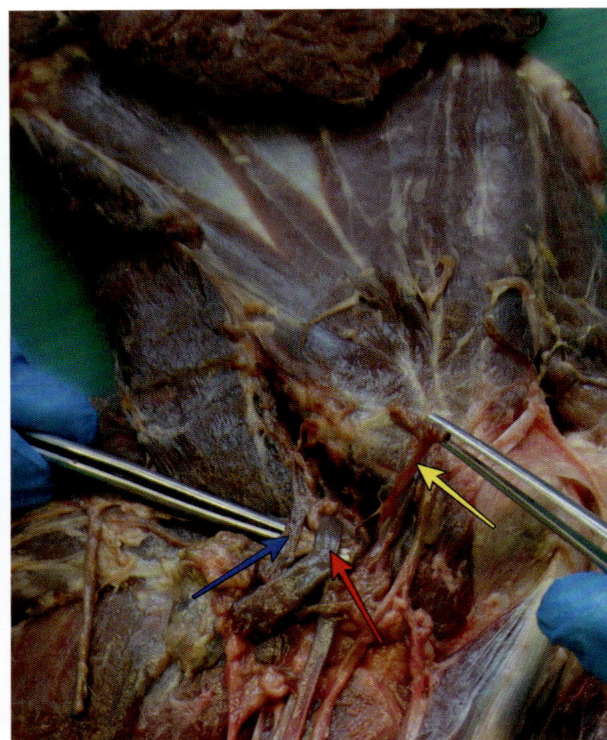

Abb. 37: *Nn. subscapulares.*

Abb. 38: *N. axillaris* (gelb), *A.* (rot) und *V.* (blau) *circumflexa humeri caudalis.*

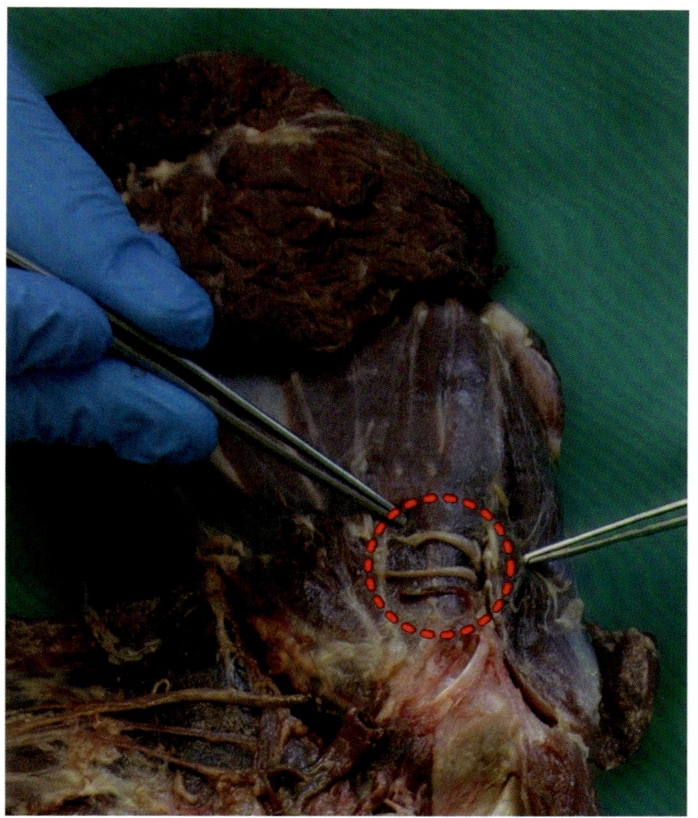

Abb. 39: *A./V.* und *N. suprascapularis* (rot).

Identifiziere den spindelförmigen *M. coracobrachialis* an dem *Angulus ventralis scapulae* und verfolge seine lange Ursprungssehne bis zum *Processus coracoideus scapulae.*

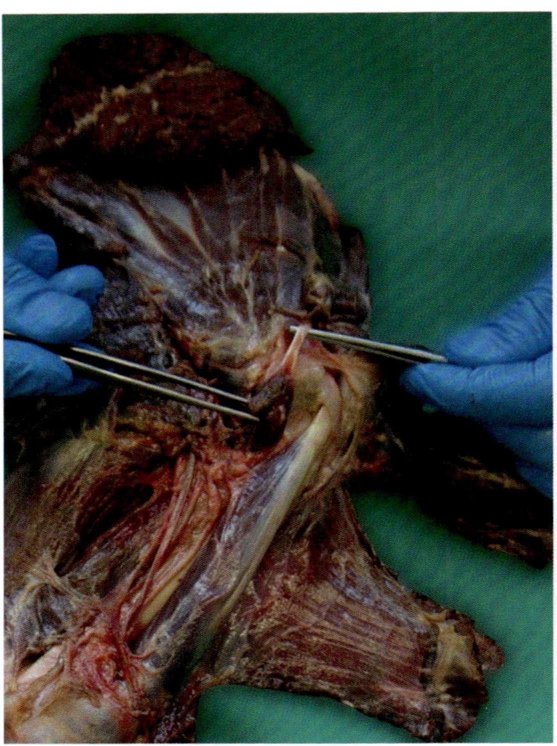

Abb. 40: Ansicht auf die Schulterregion von medial: *M. coracobrachialis.*

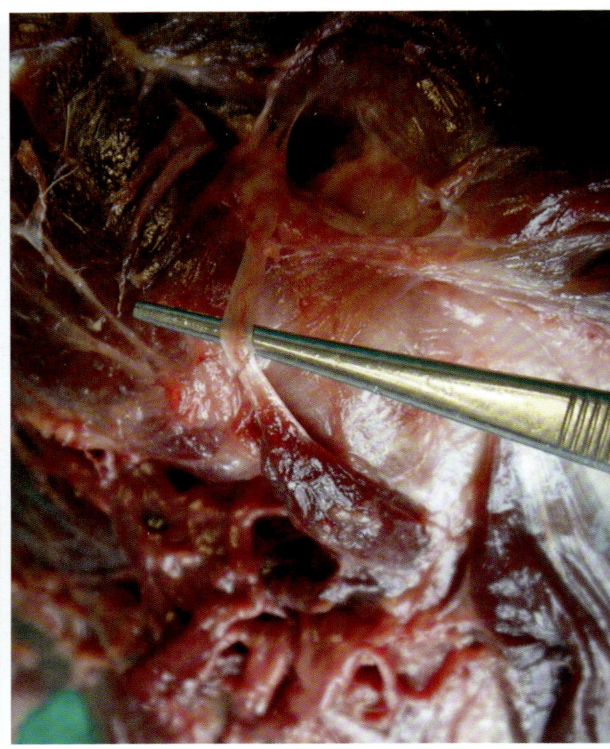

Abb. 41: Ursprungssehne des *M. coracobrachialis.*

Bestimme *M. biceps brachii* am kraniomedialen Aspekt des *Humerus*. Durch sorgfältige Präparation seiner Ursprungssehne kann das *Lig. transversum humeri* dargestellt werden.

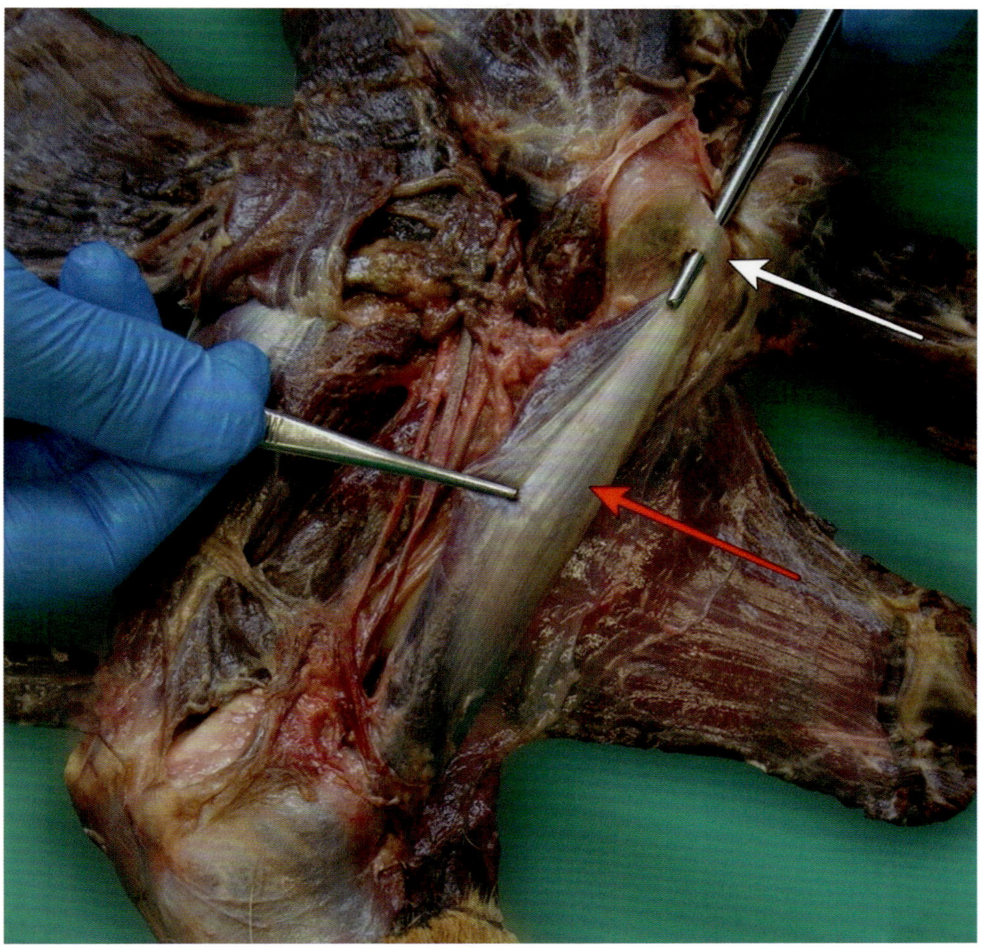

Abb. 42: Ansicht auf den Oberarm von medial: *M. biceps brachii* (rot) und *Lig. transversum humeri* (weiß).

Identifiziere den flachen *M. tensor fasciae antebrachii* kaudal am Oberarm anhand seines Ursprungs am *M. latissimus dorsi*. Durchtrenne den Muskel mittig und bestimme darunter *Caput longum* und *Caput mediale* des *M. triceps brachii*. Achte auf das Gefäß-Nerven-Bündel zwischen *M. biceps* und *triceps brachii*. Unterscheide *A.* und *V. brachialis* anhand ihrer Gefäßwanddicke (*A. brachialis* > *V. brachialis*). Bestimme *N. musculocutaneus* kranial der *A. brachialis* und *N. ulnaris* sowie *N. medianus* zwischen den beiden Gefäßen. Verfolge *N. ulnaris* nach distal in Richtung *Olecranon*. Isoliere darüberhinaus den *Ln. axillaris* auf Höhe des Buggelenks.

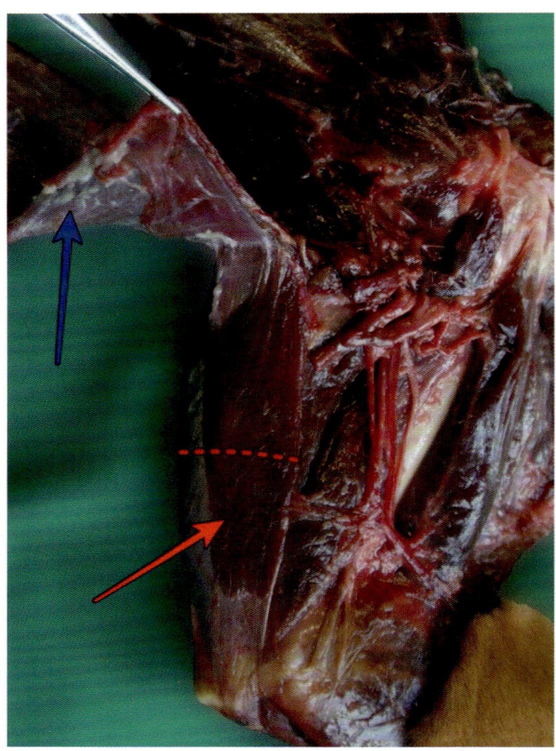

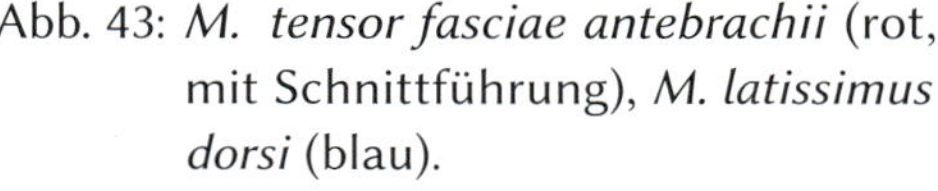

Abb. 43: *M. tensor fasciae antebrachii* (rot, mit Schnittführung), *M. latissimus dorsi* (blau).

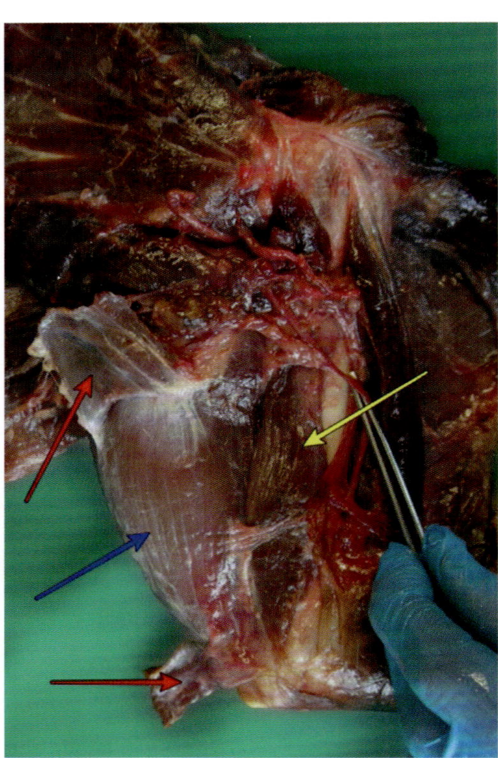

Abb. 44: *Caput longum* (blau) und *Caput mediale* (gelb) des *M. triceps brachii*, durchtrennter *M. tensor fasciae antebrachii* (rot).

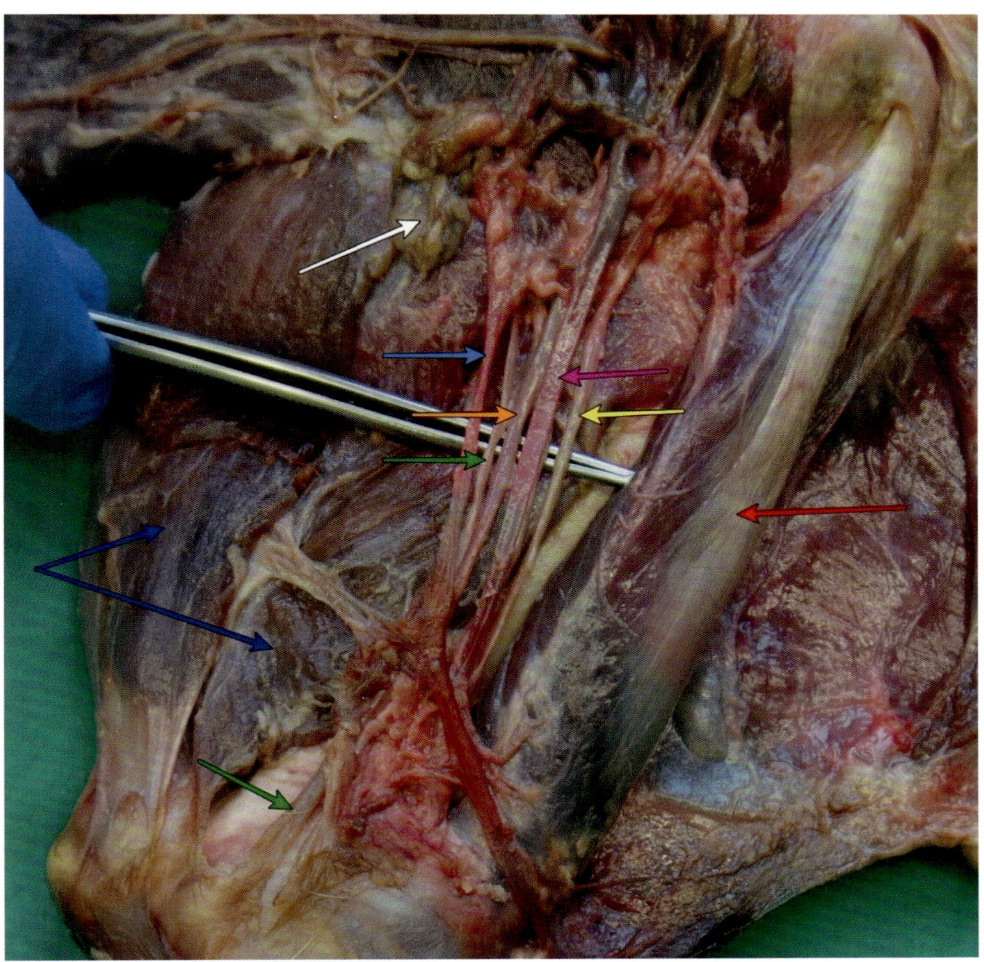

Abb. 45: Mediales Gefäß-Nerven-Bündel zwischen *M. triceps* (dunkelblau) und *biceps brachii* (rot) (links im Bild=kaudal, rechts im Bild=kranial): *N. musculocutaneus* (gelb), *A. brachialis* (rosa), *N. medianus* (orange), *N. ulnaris* (grün), *V. brachialis* (hellblau), *Ln. axillaris* (weiß).

2.4 Präparation des lateralen Unterarms

2.4.1 Haut und Faszie

Setze eine scharfe Hautinzision lateral am Unterarm bis auf Höhe des *Carpus*, proximal des Karpalballens. Platziere dort einen zirkulären Entlastungsschnitt. Enthäute den lateralen Unterschenkel mittels stumpfer Präparation. Beachte und isoliere *V. cephalica* (kranial am Unterarm) und *V. mediana cubiti* (Ellenbogenbeuge) aus dem Unterhautgewebe. Parallel zur *V. cephalica* verlaufen *Ramus lateralis* und *medialis* des *Ramus superficialis n. radialis* sowie *Ramus medialis* und *lateralis* der *A. antebrachialis supf. cran.*

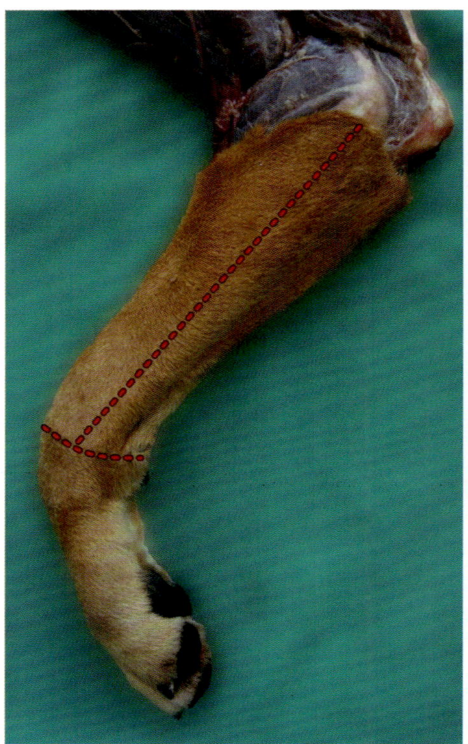

Abb. 46: Schnittführung lateral am Unterarm.

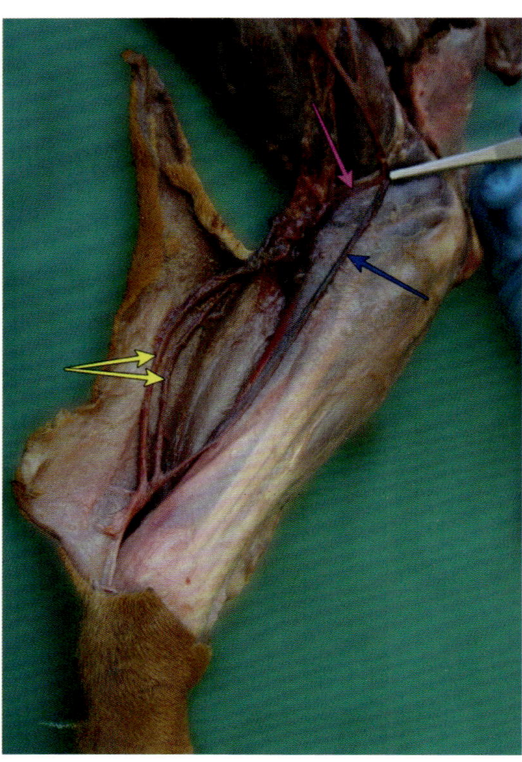

Abb. 47: *V. cephalica* (blau), *V. mediana cubiti* (rosa), *Ramus lateralis* und *Ramus medialis* des *Ramus superficialis n. radialis* (gelb).

2.4.2 Muskulatur

Löse die Unterarmfaszie von der darunterliegenden Muskulatur und identifiziere zunächst die oberflächlich gelegenen Muskelbäuche.

Oberflächliche Muskulatur lateral am Unterarm

- *M. extensor carpi radialis*
- *M. extensor digitalis communis*
- *M. extensor digitalis lateralis*
- *M. extensor carpi ulnaris*

Gegebenenfalls kann außerdem der feine *M. brachioradialis* am kranialen Rand des *M. extensor carpi radialis*, oft zusammen mit *V. cephalica* und den Ästen des *N. radialis*, isoliert werden.

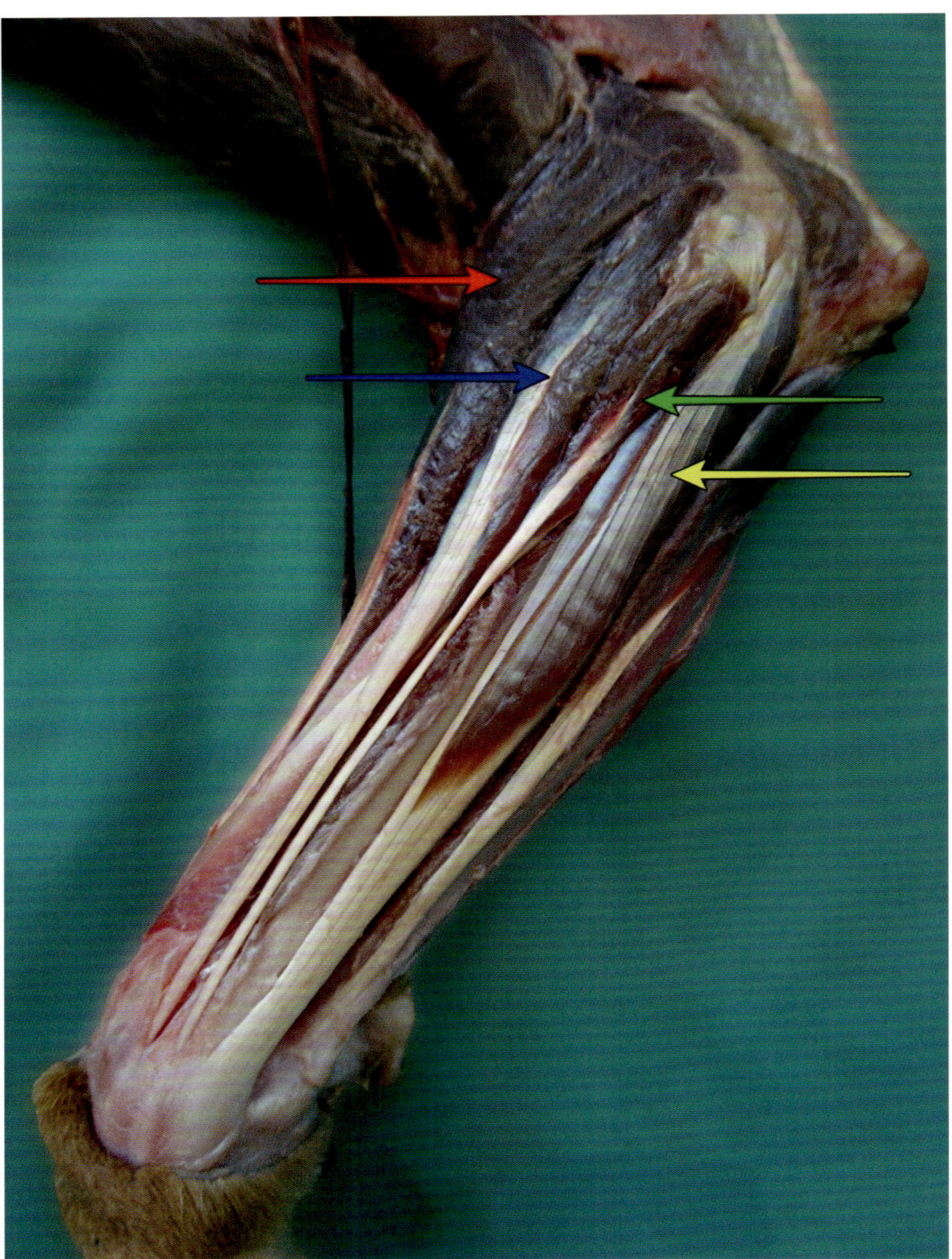

Abb. 48: Oberflächliche Muskulatur lateral am Unterarm: *M. extensor carpi radialis* (rot), *M. extensor digitalis communis* (blau), *M. extensor digitalis lateralis* (grün), *M. extensor carpi ulnaris* (gelb).

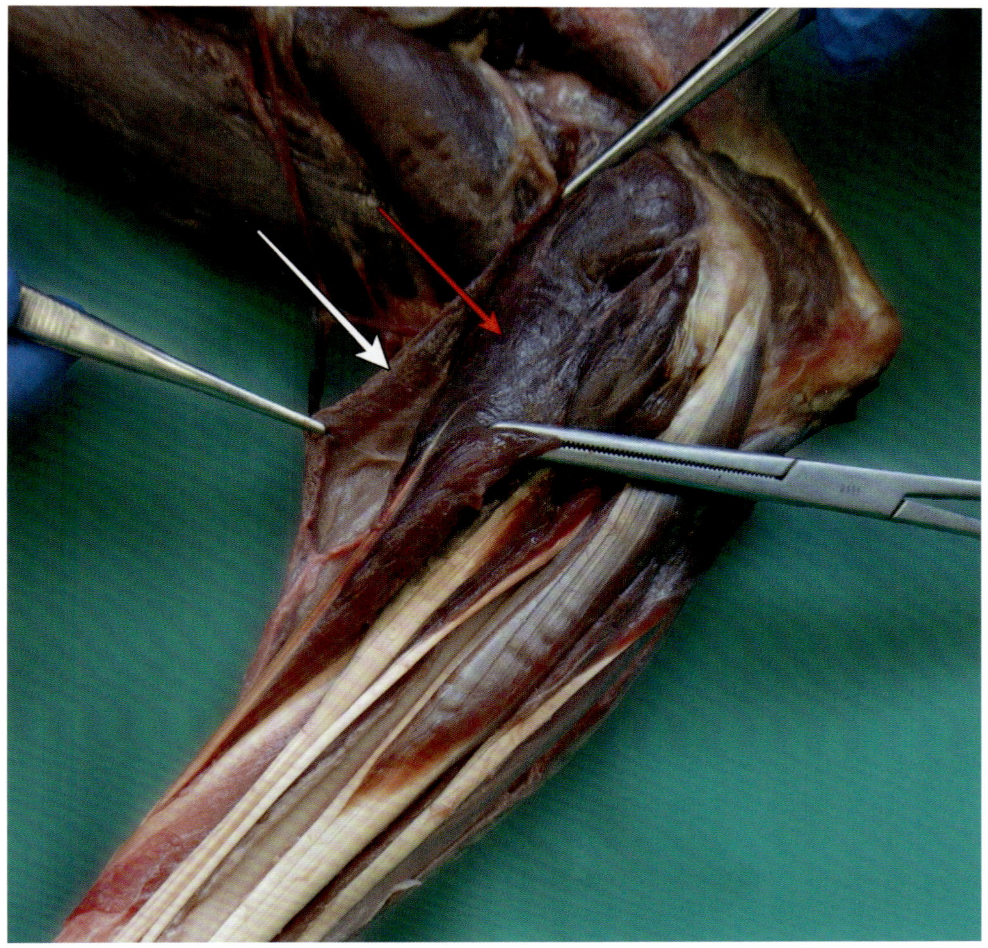

Abb. 49: *M. brachioradialis* (weiß), *M. extensor carpi radialis* (rot).

Beachte: Der *M. extensor carpi radialis* ist bei der Katze zweigeteilt.

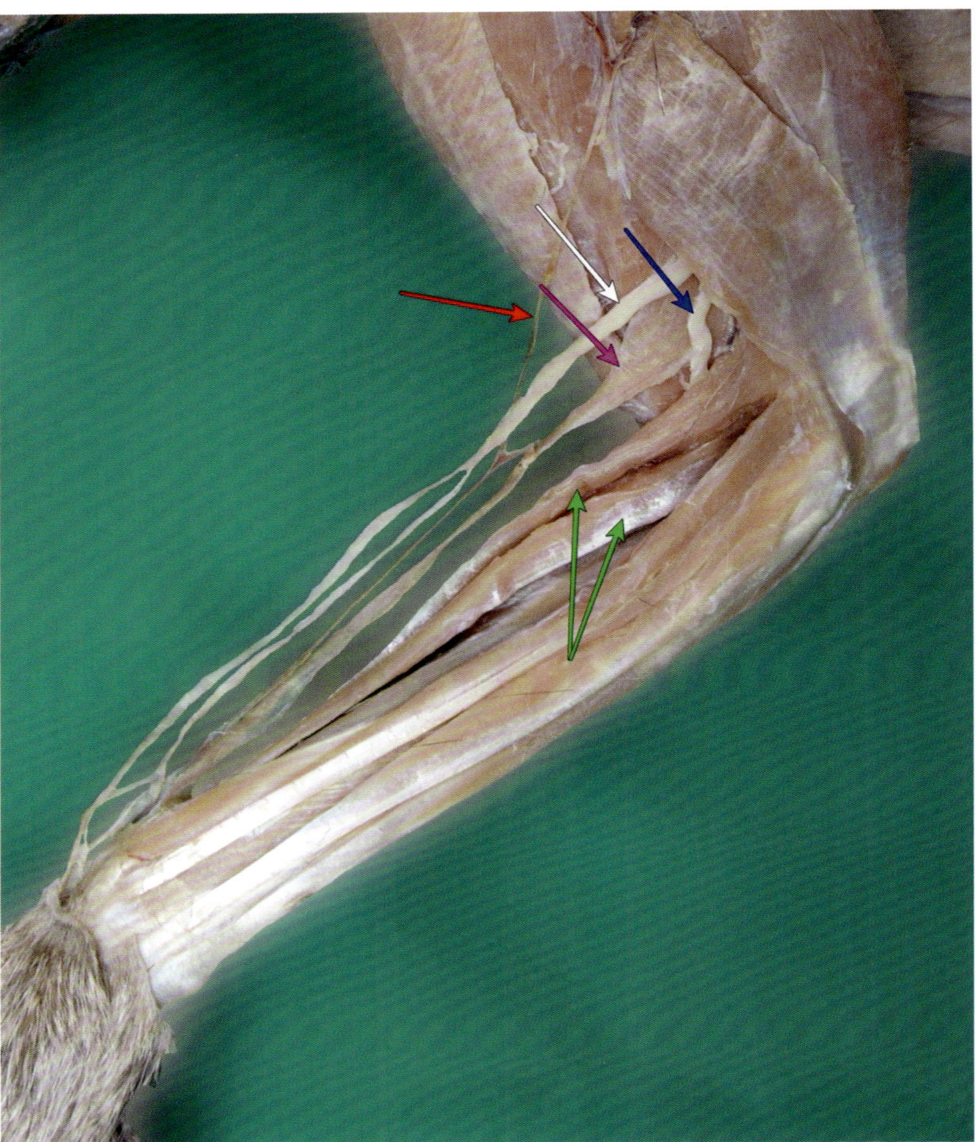

Abb. 50: Linkes Antebrachium einer Katze, Lateralansicht: *M. extensor carpi radialis* (zweigeteilt, grün), *M. brachioradialis* (pink), *V. cephalica* (rot), *Ramus superficialis n. radialis* (weiß), *Ramus profundus n. radialis* (blau).

Ziehe *M. extensor carpi radialis* nach kranial und *M. extensor digitalis communis* nach kaudal, um dazwischen in der Tiefe *M. abductor pollicis longus* und weit proximal auch *M. supinator* zu identifizieren. Um letzteren besser darzustellen, kann der *M. extensor carpi radialis* mittig in seinem muskulären Anteil durchtrennt werden. Der *M. extensor pollicis* entspricht einem schmalen Muskel-Sehnen-Strang am kaudalen Aspekt des *M. abductor pollicis longus.* Du findest ihn, indem Du *M. extensor digitalis communis* nach kranial, *M. extensor digitalis lateralis* nach kaudal ziehst.

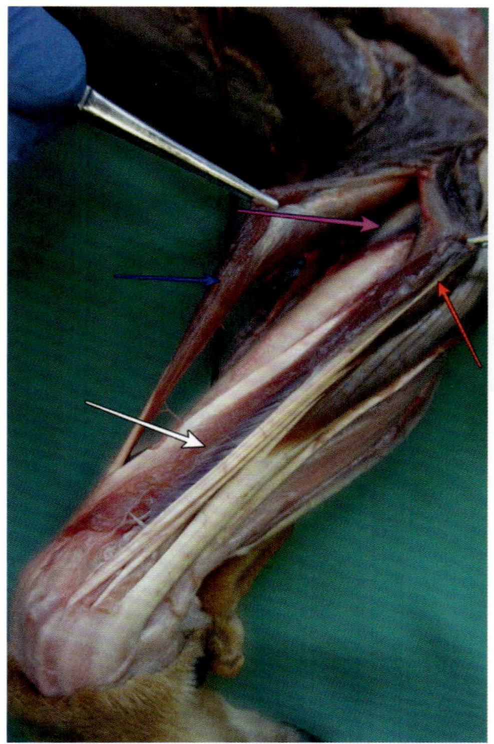

Abb. 51: *M. abductor pollicis longus* (weiß), *M. supinator* (rosa), *M. extensor carpi radialis* (blau), *M. extensor digitalis communis* (rot).

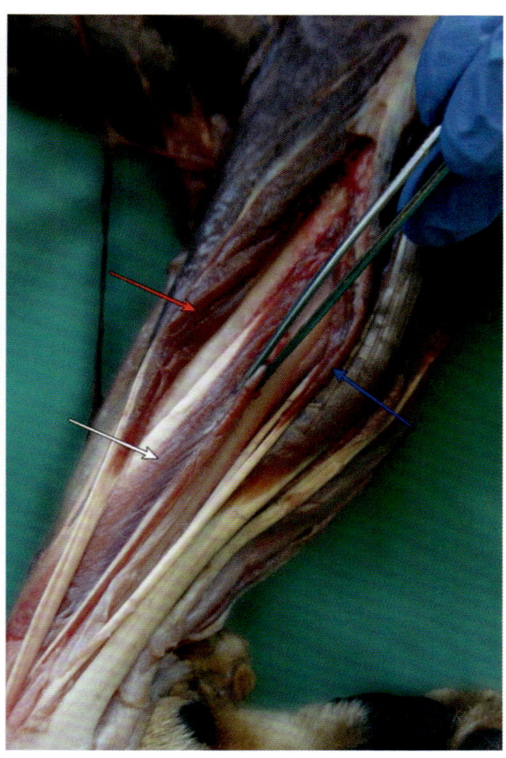

Abb. 52: *M. abductor pollicis longus* (weiß), *M. extensor digitalis communis* (rot) und *lateralis* (blau), *M. extensor pollicis* (von Pinzette gegriffen).

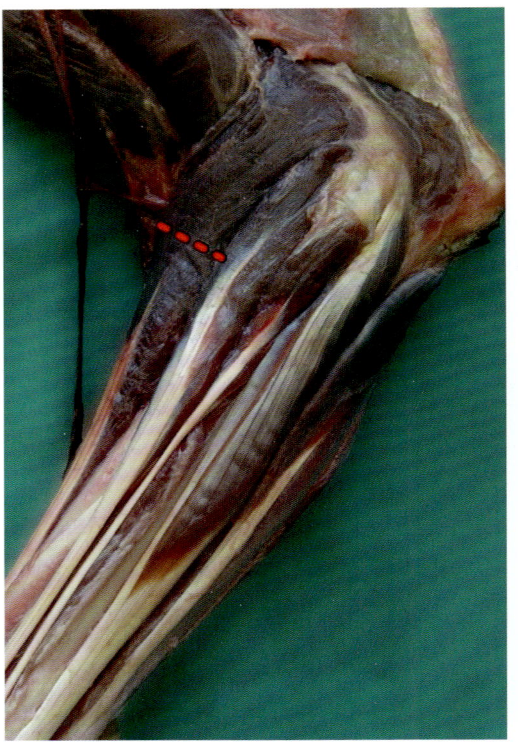

Abb. 53: Schnittführung durch *M. extensor carpi radialis* zur Darstellung des *M. supinator*.

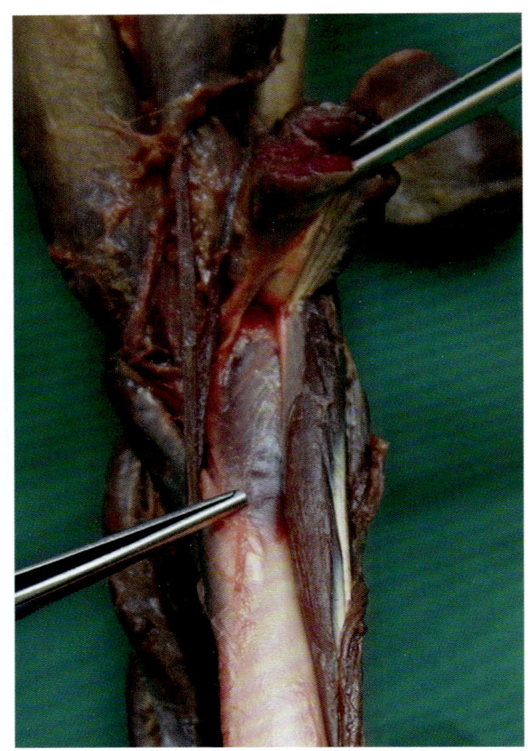

Abb. 54: Kranialansicht auf die Ellenbogenbeuge: Durch Anheben des proximalen Stumpfs des *M. extensor carpi radialis* (obere Pinzette) wird der *M. supinator* (untere Pinzette) sichtbar.

2.5 Präparation des medialen Unterarms

2.5.1 Haut und Faszie

Setze eine scharfe Hautinzision medial am Unterarm bis auf Höhe des *Carpus*, proximal des Karpalballens. Platziere einen zirkulären Entlastungsschnitt, der sich mit demselben auf der lateralen Seite vereinigt. Enthäute den medialen Unterschenkel mittels stumpfer Präparation. Die entstandenen Hautlappen werden abgesetzt. Beachte die distale Aufzweigung der *V. cephalica.* Verfolge diese nach mediodistal und die *V. cephalica accessoria* nach dorsodistal. Entferne das Fettgewebe in der Ellenbogenbeuge um die *V. mediana cubiti* als Anastomose zwischen *V. cephalica* und *V. brachialis* vollständig darzustellen. Löse anschließend die Unterarmfaszie von der darunterliegenden Muskulatur.

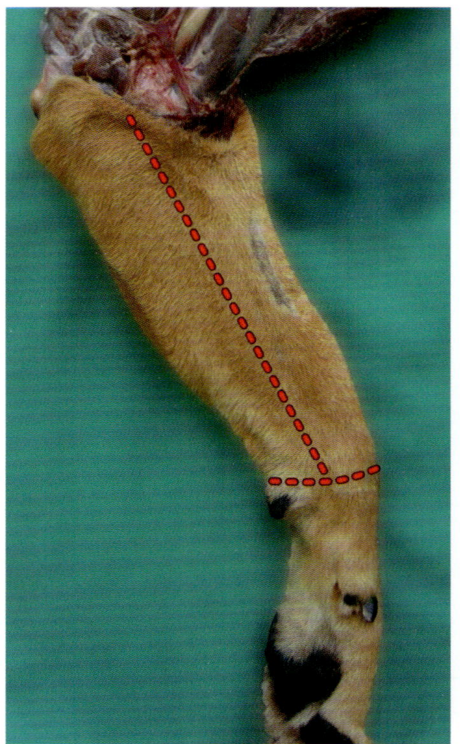

Abb. 55: Schnittführung medial am Unterarm.

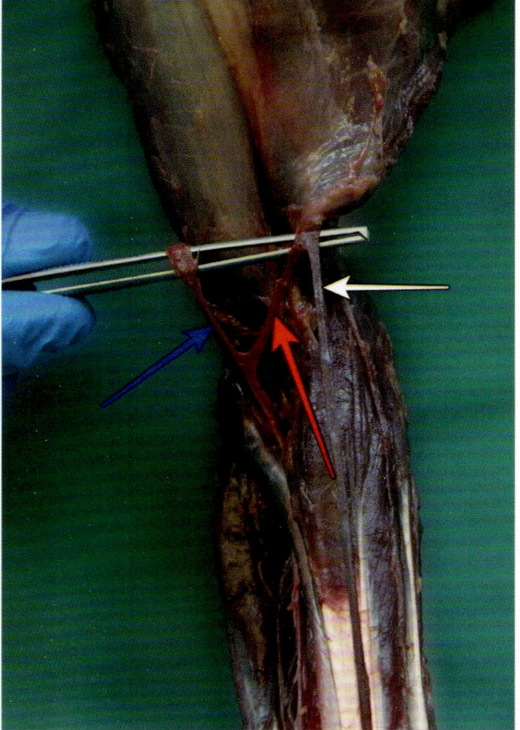

Abb. 56: Ansicht von kranial auf die Ellenbogenbeuge: *V. mediana cubiti* (rot), *V. brachialis* (blau), *V. cephalica* (weiß).

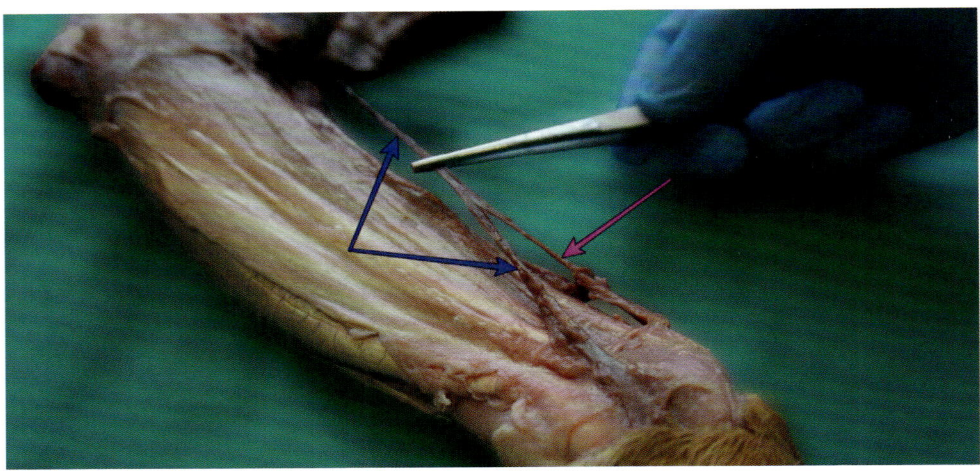

Abb. 57: Unterarm von kraniomedial: *V. cephalica* (blau) und *V. cephalica accesoria* (rosa).

2.5.2 Muskulatur und Leitungsstrukturen

Identifiziere zunächst die oberflächlich gelegenen Muskelbäuche:

Oberflächliche Muskulatur medial am Unterarm

- *M. pronator teres*
- *M. flexor carpi radialis*
- *M. flexor digitalis superficialis*
- *M. flexor carpi ulnaris* (*Caput humerale, Caput ulnare*)

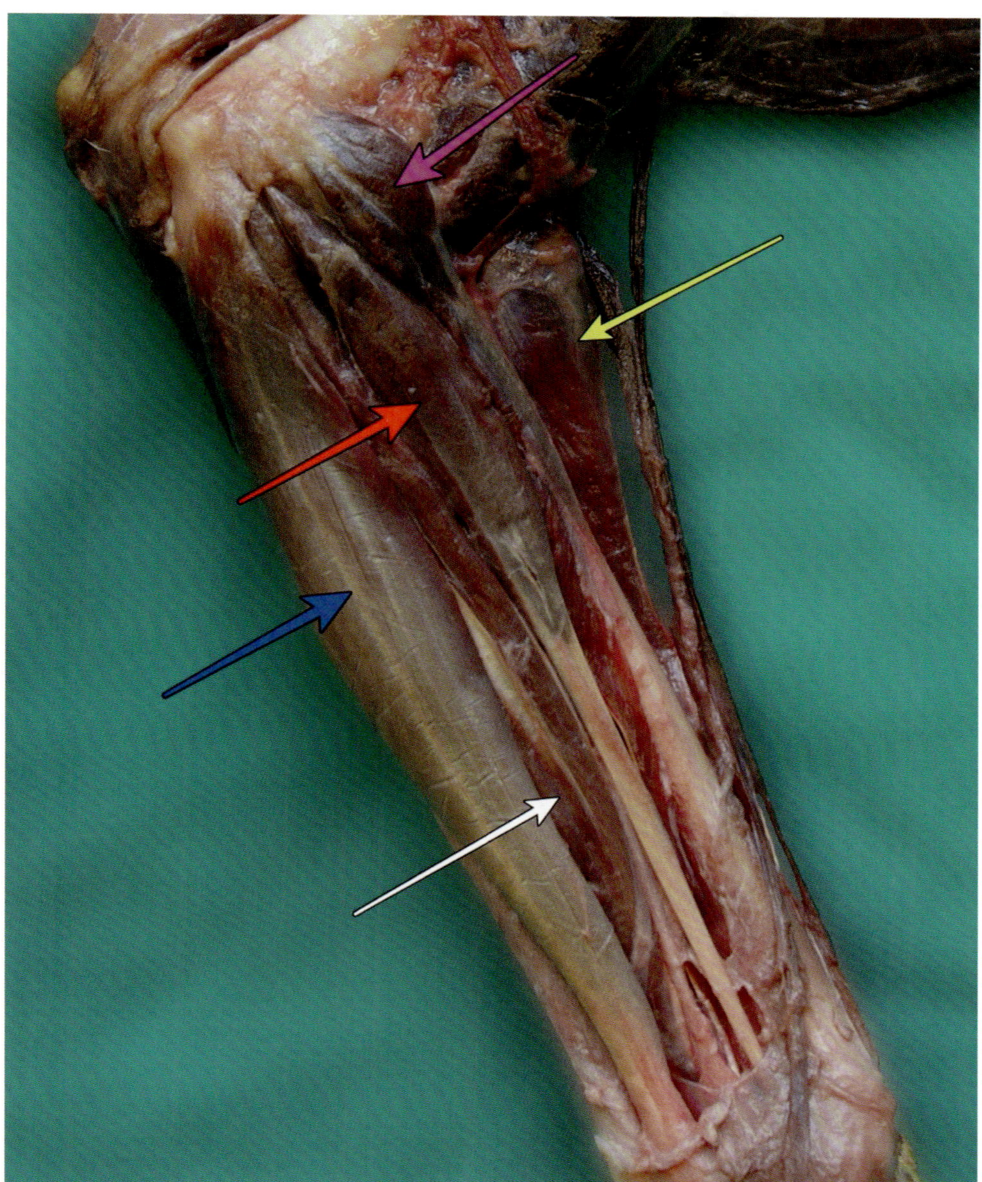

Abb. 58: Oberflächliche Muskulatur medial am Unterarm (links im Bild=kaudal, rechts im Bild=kranial): *M. pronator teres* (rosa), *M. flexor carpi radialis* (rot), *M. flexor digitalis superficialis* (blau). Der *M. extensor carpi radialis* ist gelb markiert. Zwischen *M. flexor carpi radialis* und *M. flexor digitalis superficialis* lugt *M. flexor digitalis profundus* (weiß) aus der Tiefe hervor.

Identifiziere *M. flexor carpi ulnaris* kaudal am Unterarm. Unterscheide das schmale, eher sehnige *Caput ulnare* vom kräftigen, vielmehr muskulösen *Caput humerale*.

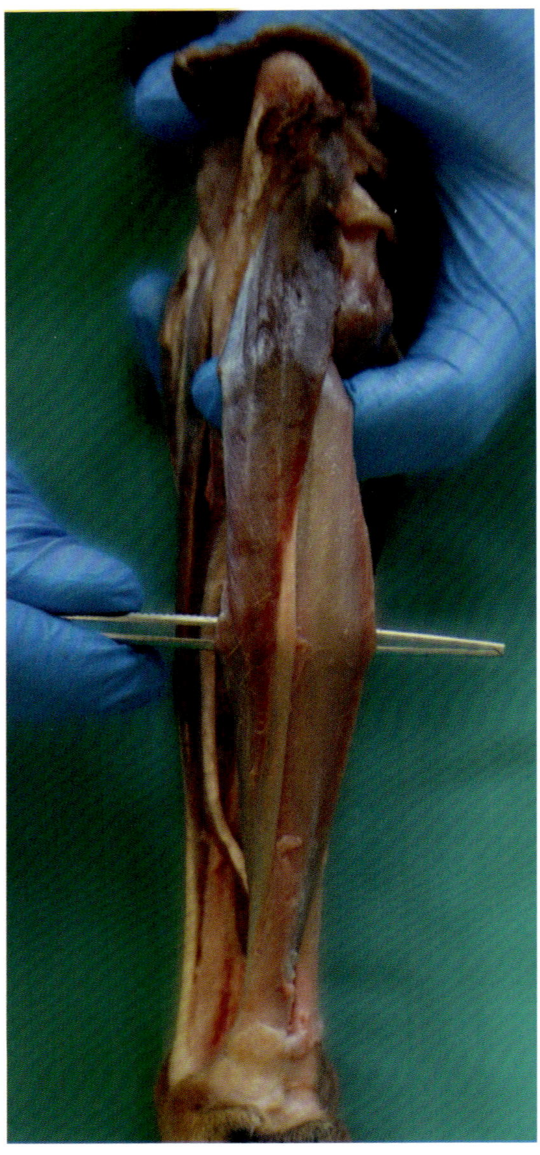

Abb. 59: Ansicht von kaudal: *M. flexor carpi ulnaris*.

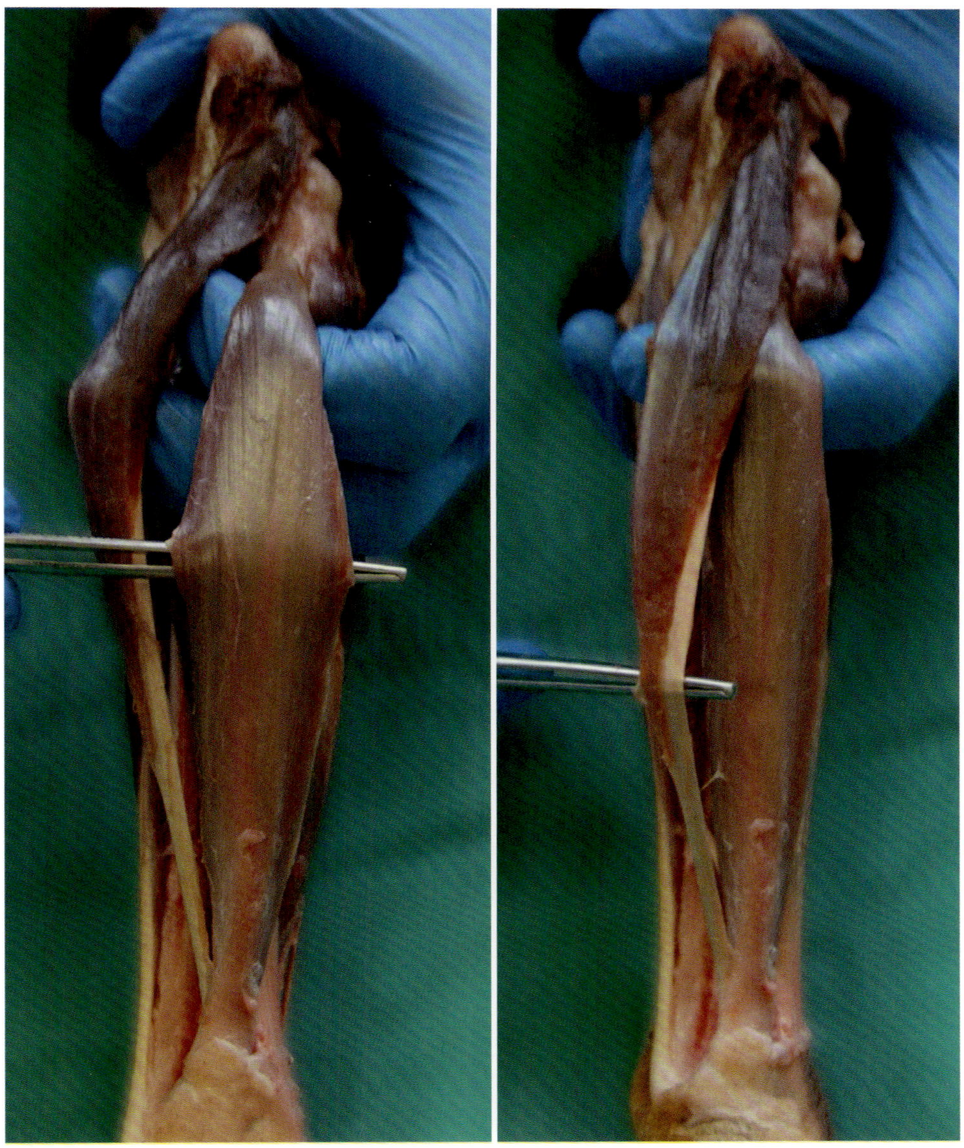

Abb. 60: *Caput humerale* des *M. flexor carpi ulnaris.*

Abb. 61: *Caput ulnare* des *M. flexor carpi ulnaris.*

Führe eine Pinzette zwischen *M. flexor carpi radialis* und *M. flexor digitalis superficialis* in die Tiefe und befördere das üppige *Caput humerale* des *M. flexor digitalis profundus* an die Oberfläche.

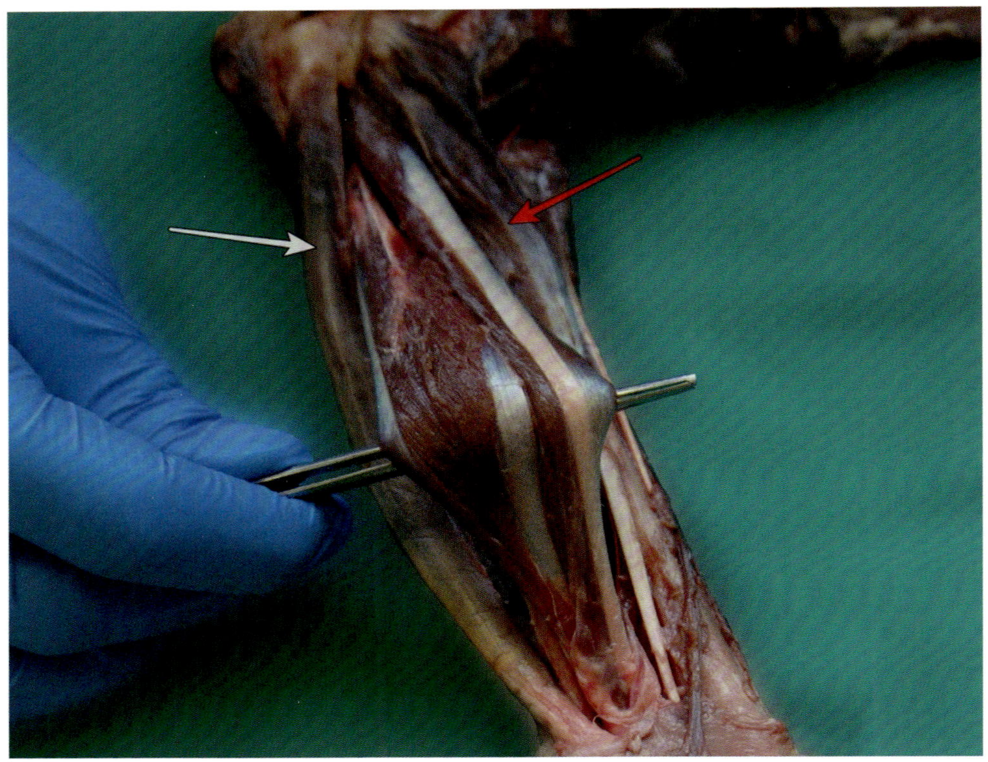

Abb. 62: *M. flexor digitalis profundus* (von Pinzette unterlagert), *M. flexor digitalis superficialis* (weiß) und *M. flexor carpi radialis* (rot) im Hintergrund.

Gegebenenfalls können die filigranen *Caput radiale* und *Caput ulnare* des *M. flexor digitalis profundus* weit in der Tiefe identifiziert werden. Sie liegen *Radius* bzw. *Ulna* eng an.

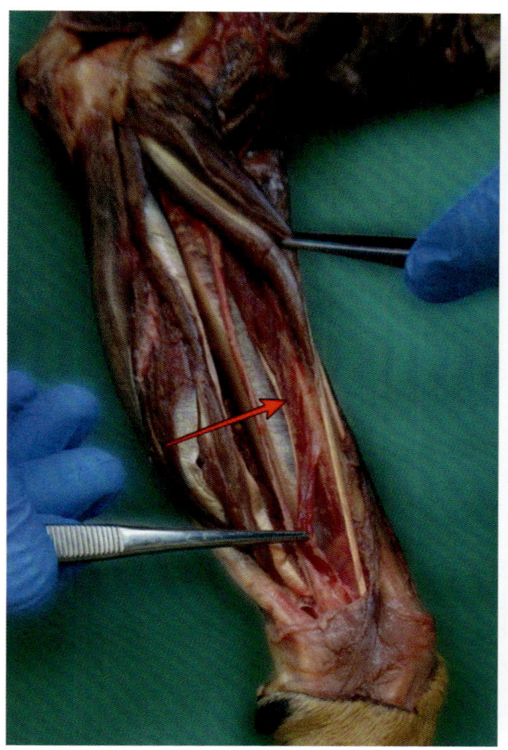

Abb. 63: *Caput radiale* des *M. flexor digitalis prof. (rot markiert und von Pinzette gegriffen).*

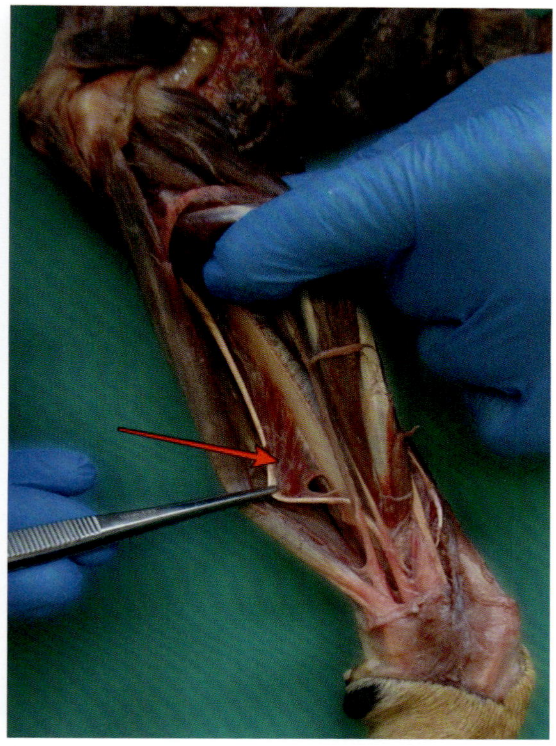

Abb. 64: *Caput ulnare* des *M. flexor digitalis prof. (rot markiert und von Pinzette gegriffen).*

Bestimme ferner den schimmernden *M. pronator quadratus* im *Spatium interosseum antebrachii.*

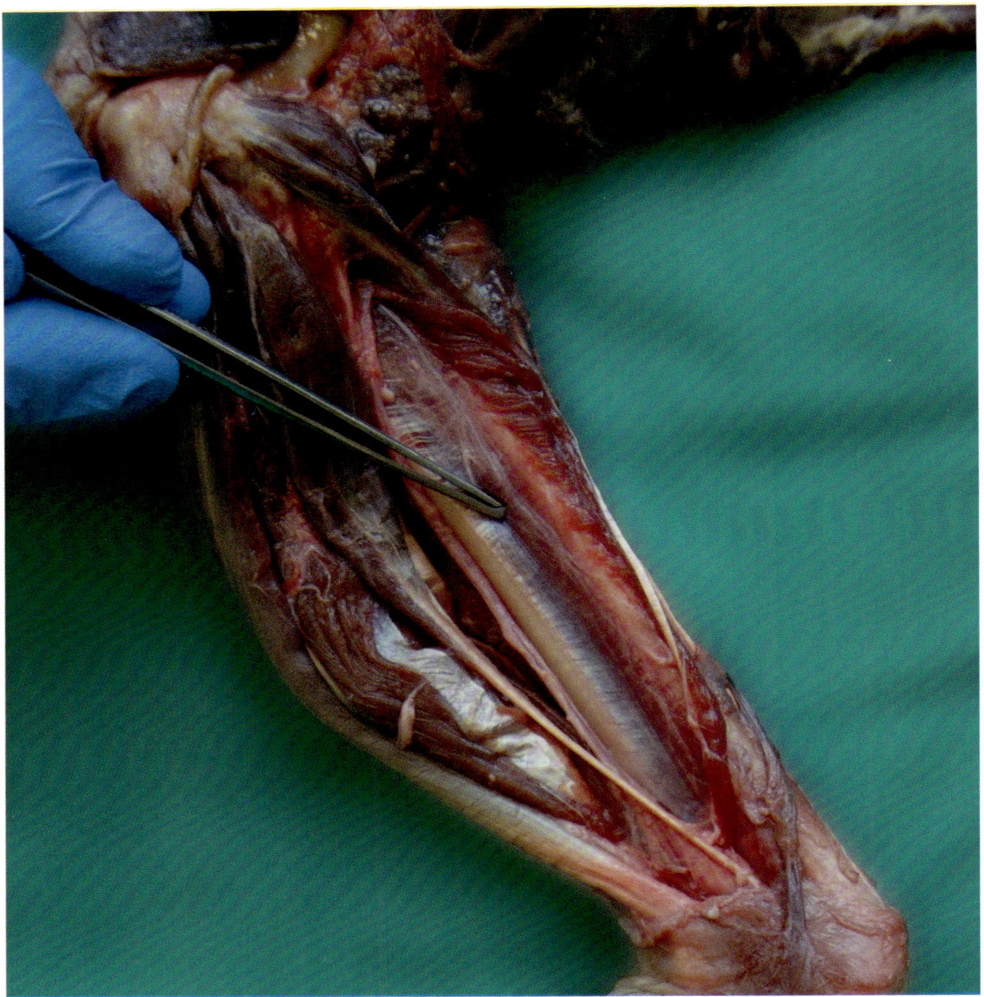

Abb. 65: *M. pronator quadratus* (von Pinzette markiert).

Identifiziere *N. medianus* und *A. mediana* als Fortsetzung der *A. brachialis* in der Tiefe zwischen *M. pronator teres* und *M. flexor carpi radialis*. Verfolge den *N. ulnaris* über den *Epicondylus humeri medialis* hinweg nach distal.

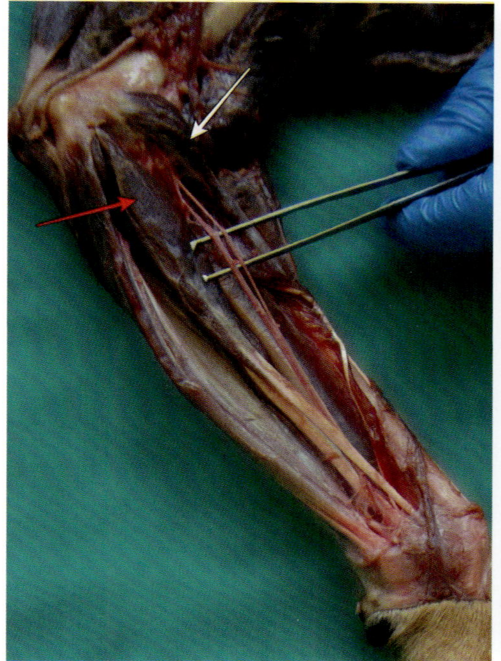

Abb. 66: *A. mediana* und *N. medianus* werden von der Pinzette angehoben. Im Hintergrund: *M. pronator teres* (weiß), *M. flexor carpi radialis* (rot).

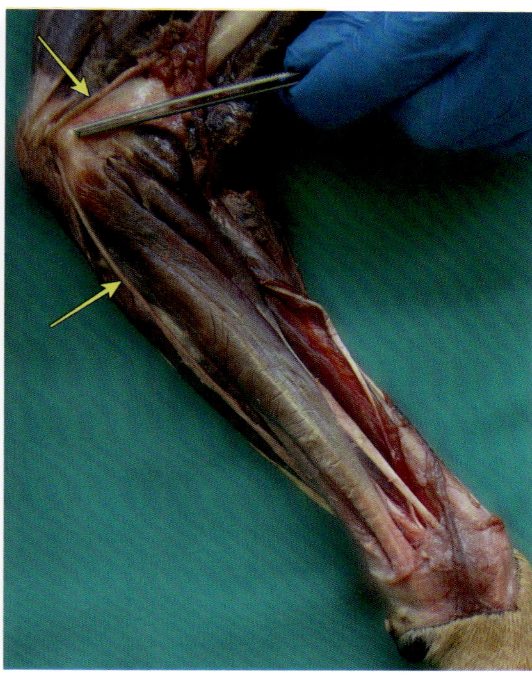

Abb. 67: *N. ulnaris* (gelb) vor und nach Passage des *Epicondylus humeri medialis* (von Pinzette markiert).

2.6 Präparation der Pfote

Setze medial und lateral an der distalen Gliedmaße je eine Hautinzision. Enthäute die Pfote nun durch stumpfe und scharfe Präparation. Setze die Ballen ab, umschneide die Krallen und entferne die Faszie. Verfolge den Verlauf der Streck- und Beugesehnen bis zu den distalen Phalangen. Belasse die Haltebänder (*Retinaculum extensorum/flexorum*) auf Höhe des *Carpus* intakt.

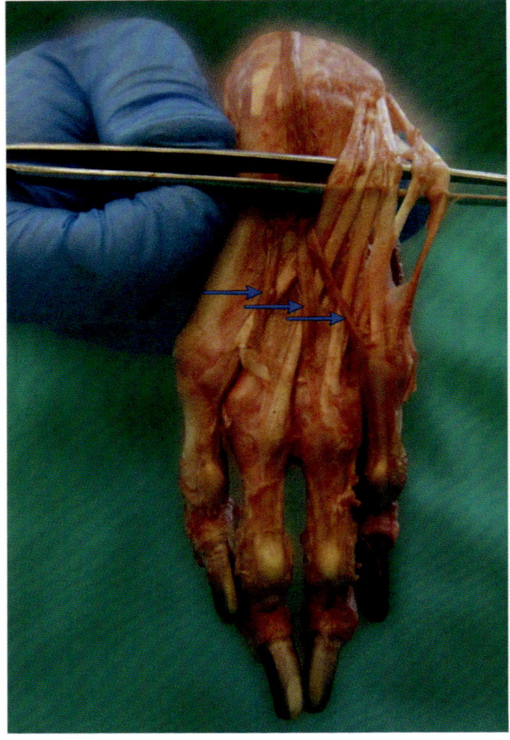

Abb. 68: Dorsalansicht auf die linke Vorderpfote: Strecksehnen (von Pinzette angehoben) und Endaufzweigung der *Vv. digitales dorsales communes* (blau).

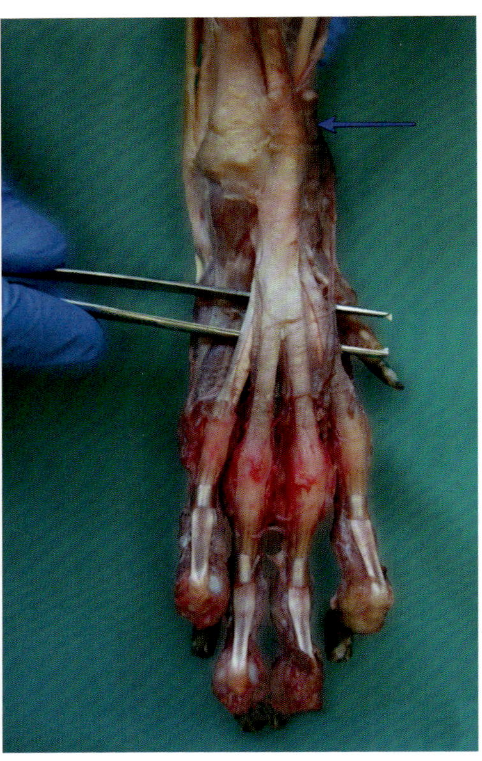

Abb. 69: Palmaransicht auf die linke Vorderpfote: Beugesehnen (von Pinzette angehoben) und *Retinaculum flexorum* (blau).

Eröffne die oberflächliche Lage des *Retinaculum flexorum*, um den *M. flexor digitalis superficialis* daraus zu lösen. Durchtrenne den Muskel mittig. Falte den sehnigen Anteil nach distal, um den Verlauf der tiefen Beugesehne einzusehen. Eröffne auch das tiefe Blatt des Retinaculums. Löse den *M. flexor digitalis profundus* aus dem Bindegewebe und beachte die Zusammenkunft seiner drei Capita. Durchtrenne den tiefen Zehenbeuger distal dieser Zusammenkunft und ziehe den sehnigen Anteil nach distal, um die *Mm. interossei* auf der Palmarfläche der Pfote darzustellen.

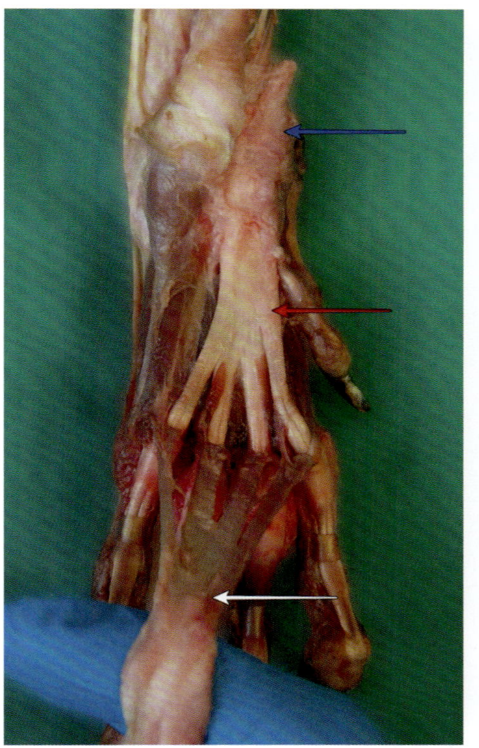

Abb. 70: Palmaransicht auf die Pfote: Zur Ansicht der tiefen Beugesehne (rot) wurde der oberflächliche Zehenbeuger (weiß) aus dem Retinaculum gelöst, durchtrennt und nach distal retrahiert. Die tiefe Lage des Haltebands (blau) ist weiterhin intakt.

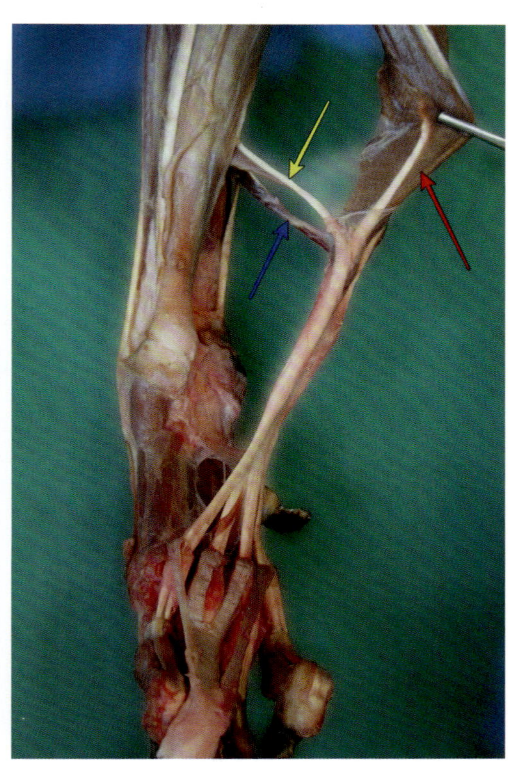

Abb. 71: Palmaransicht auf die Pfote: Auch die tiefe Lage des Retinaculum wurde eröffnet und der tiefe Zehenbeuger aus diesem gelöst, um die Vereinigung von dessen *Caput humerale* (rot), *Caput radiale* (blau) und *Caput ulnare* (gelb) darzustellen.

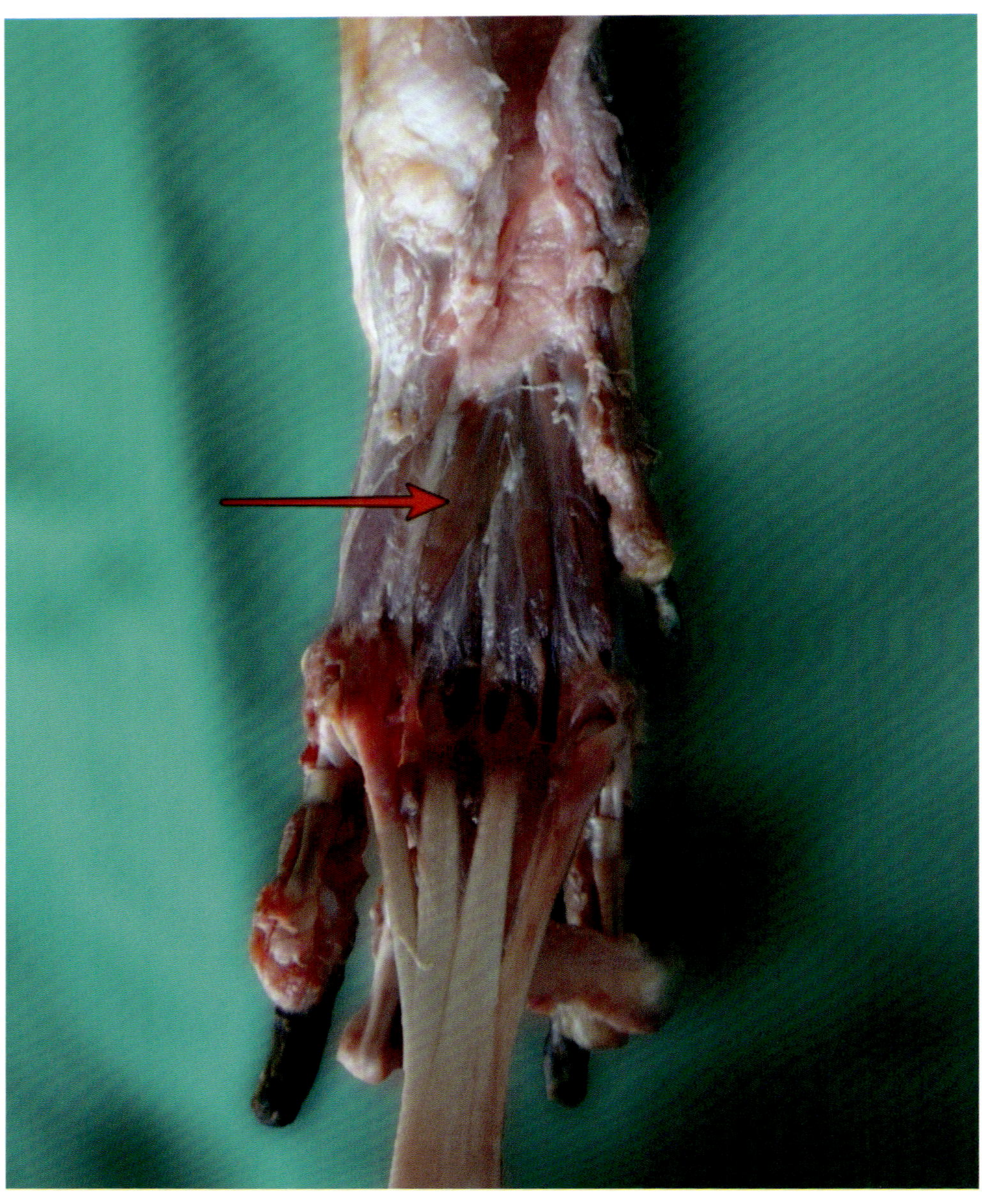

Abb. 72: Palmaransicht auf die Pfote: Zur Darstellung der *Mm. interossei* (rot) wurde der tiefe Zehenbeuger durchtrennt und nach distal gezogen.

Kapitel 3

Protokoll zur Präparation von Halseingeweide und ventraler Wirbelsäulenmuskulatur

Bestimme *Pars mastoidea* und *Pars occipitalis* des *M. sternocephalicus*. Durchtrenne den Muskel unter Schonung der *V. jugularis externa* sternumnah. Isoliere und identifiziere darunter *M. sternohyoideus* sowie den weiter lateral gelegenen *M. sternothyroideus* als Zungenbeinmuskulatur. Beide werden mittig durchtrennt.

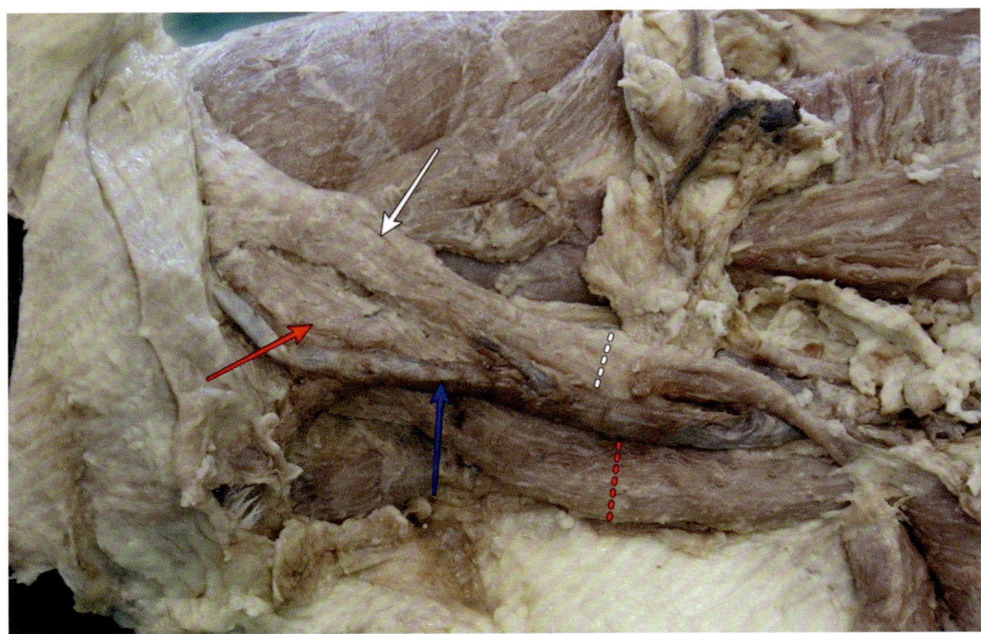

Abb. 73: Lateralansicht auf die linke Halsregion (links im Bild=kranial, rechts im Bild=kaudal): *M. sternocephalicus* mit *Pars mastoidea* (rot, Schnittlinie rot gestrichelt) und *Pars occipitalis* (weiß, Schnittlinie weiß gestrichelt), *V. jugularis externa* (blau).

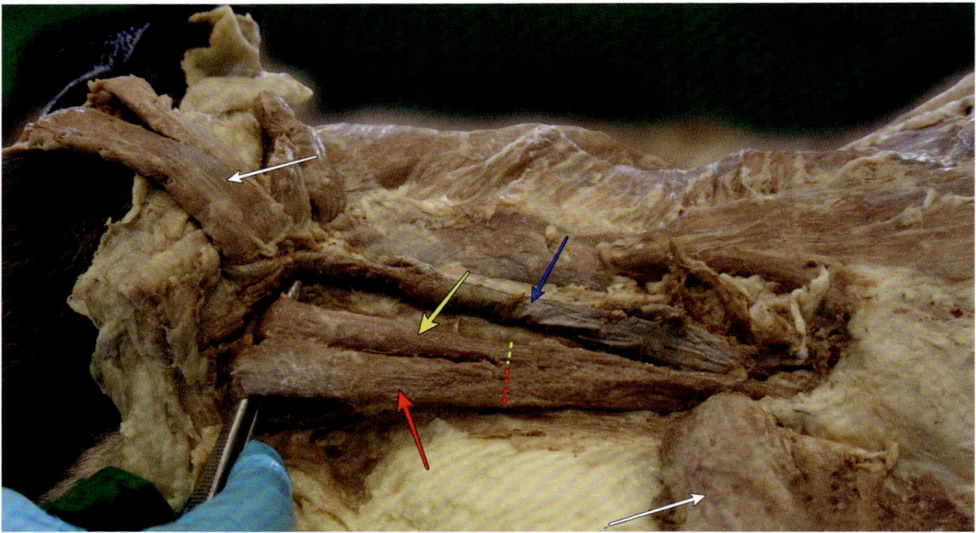

Abb. 74: Der *M. sternocephalicus* (weiß) wurde durchtennt und seine Anteile nach kranial bzw. kaudal gefaltet: *M. sternohyoideus* (rot), *M. sternothyroideus* (gelb), *V. jugularis externa* (blau).

3.1 Spatium colli

Palpiere die Knorpelspangen der Luftröhre (*Trachea*). Entferne Fett- und Bindegewebe im Bereich dorsomedial der *V. jugularis externa*, um ebenda die Eingeweide und Leitungsstrukturen des *Spatium colli* zu identifizieren.

Eingeweide und Leitungsstrukturen im *Spatium colli*

- *Trachea*
- *Oesophagus*
- *Gl. thyroidea*
- *Gl. parathyroidea*
- *A. carotis communis*
- *V. jugularis interna*
- *Truncus vagosympathicus*
- *N. laryngeus recurrens*

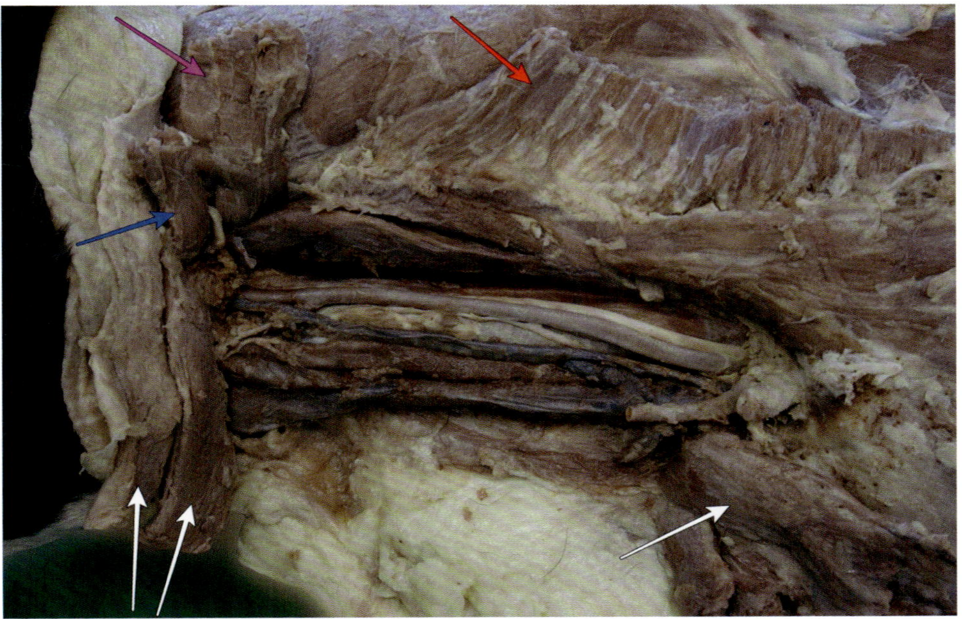

Abb. 75: Lateralansicht auf den linken Halsbereich nach Entfernung von Fett und Bindegewebe. Markiert sind die am Rumpf verbliebenen Stümpfe des *M. serratus ventralis* (rot), *M. omotransversarius* (rosa), *M. cleidocephalicus* (*Pars mastoidea*, blau) sowie der durchtrennte *M. sternocephalicus* (weiß).

Isoliere die Luftröhre unter Schonung der ihr kraniolateral anliegenden Schilddrüse (*Gl. thyroidea*) sowie des *N. laryngeus recurrens*, welcher lateral, entlang der Trachea nach kaudal verläuft und insbesondere zwischen Luftröhre und Schilddrüse leicht zu identifizieren ist.

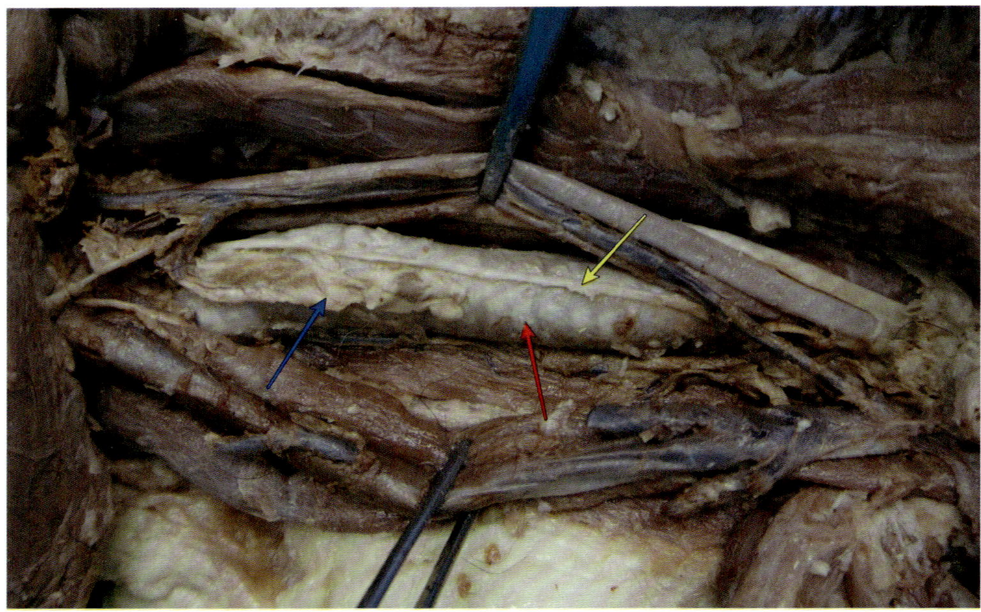

Abb. 76: *Spatium colli*, linksseitig (Links im Bild=kranial, rechts im Bild=kaudal): *Trachea* (rot), *Gl. thyroidea* (blau), *N. laryngeus recurrens* (gelb).

Löse die Faszie (Karotisscheide, *Vagina carotica*), die *A. carotis communis*, *Truncus vagosympathicus* und *V. jugularis interna* dorsolateral der *Trachea* umhüllt. Isoliere die genannten Leitungsstrukturen. Verfolge die *V. jugularis interna* nach kaudal und bestimme den Venenwinkel (*Angulus venosus*) als Zusammenkunft von *V. jugularis interna* und *externa*.

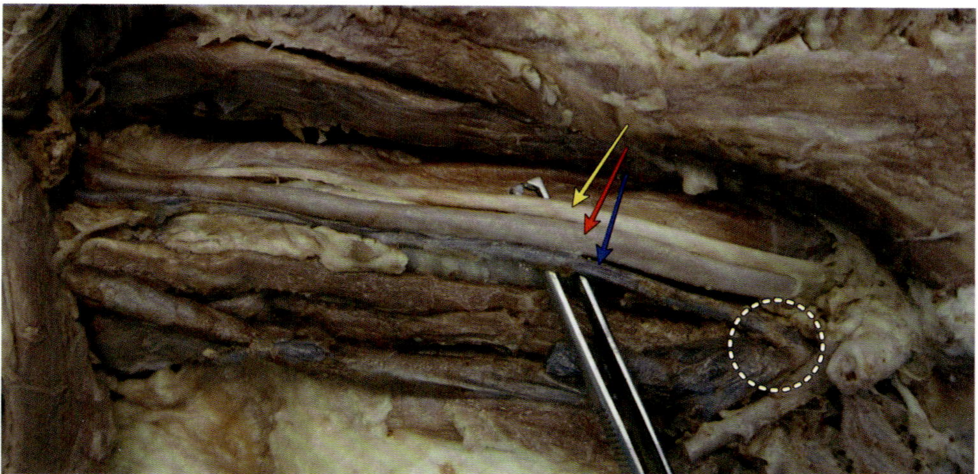

Abb. 77: Die Karotisscheide, *Vagina carotica* wurde eröffnet: *Truncus vagosympathicus* (gelb), *A. carotis communis* (rot), *V. jugularis interna* (blau). Der Venenwinkel ist weiß markiert.

Isoliere die Speiseröhre (*Oesophagus*) dorsal, linksseitig der Luftröhre.

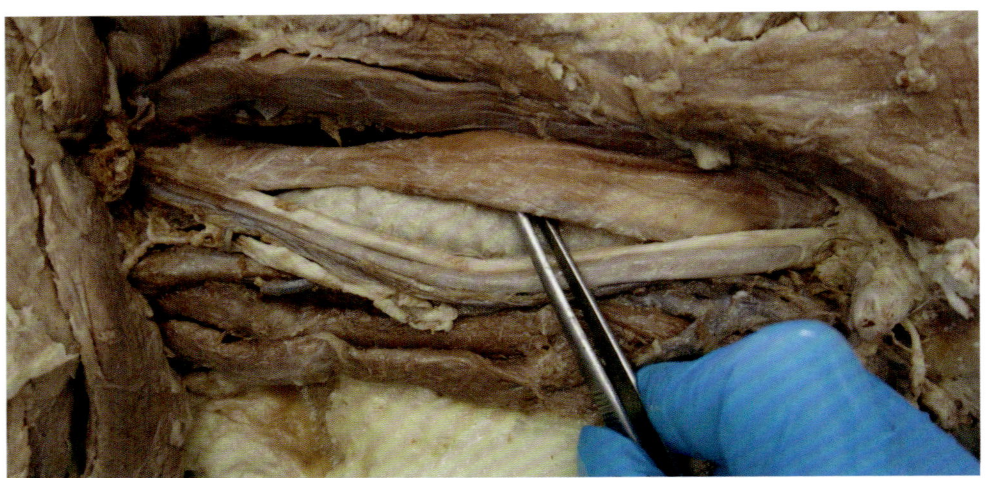

Abb. 78: *Oesophagus* (von Pinzette unterlagert).

Zur besseren Vor- und Darstellung der Halseingeweide empfiehlt sich auch hier eine bilaterale Präparation.

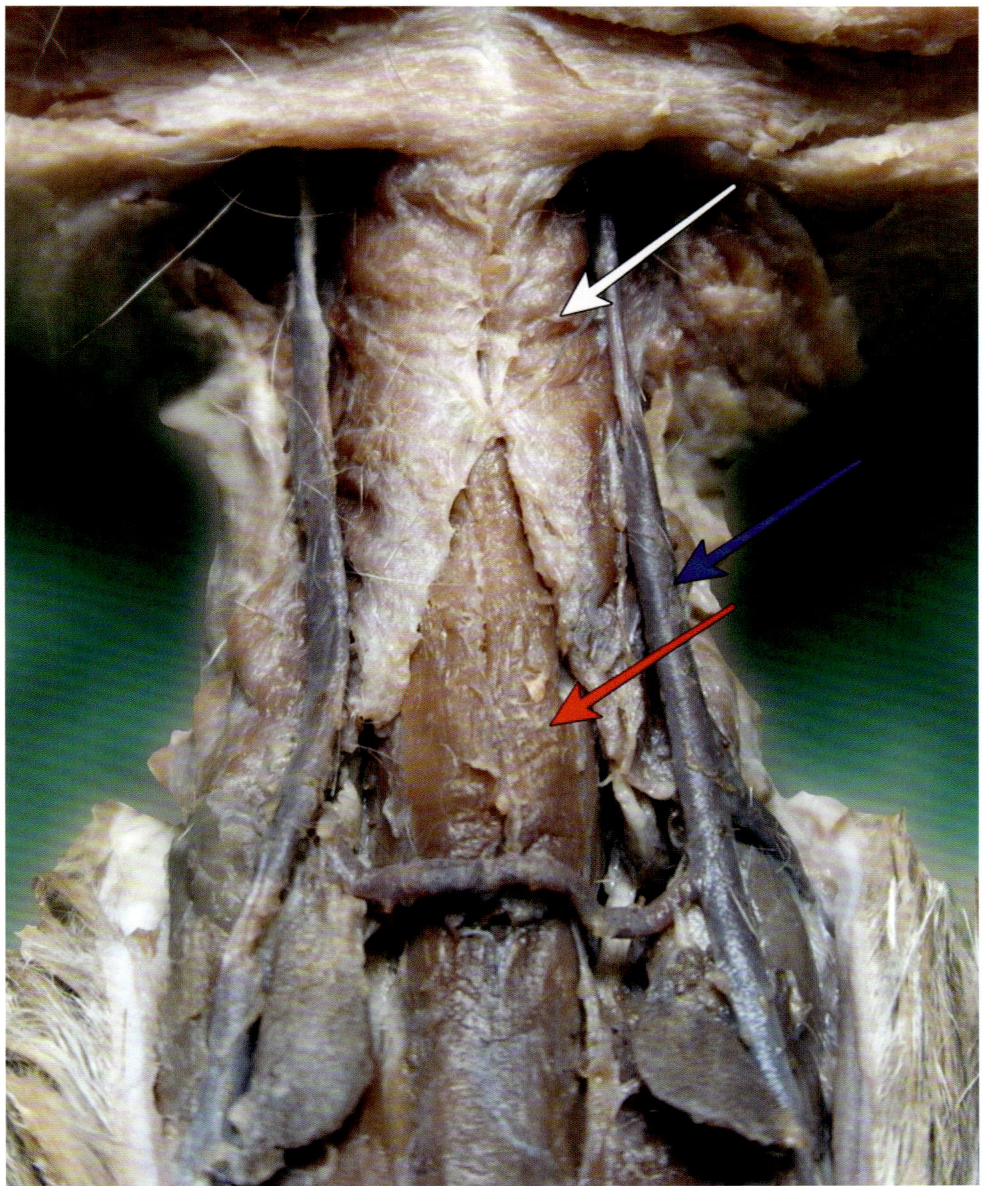

Abb. 79: *Spatium colli* der Katze, Ansicht von ventral (oben im Bild=kaudal, unten im Bild kranial): *M. sternocephalicus* (weiß), *M. sternohyoideus* (rot), *V. jugularis externa* (blau).

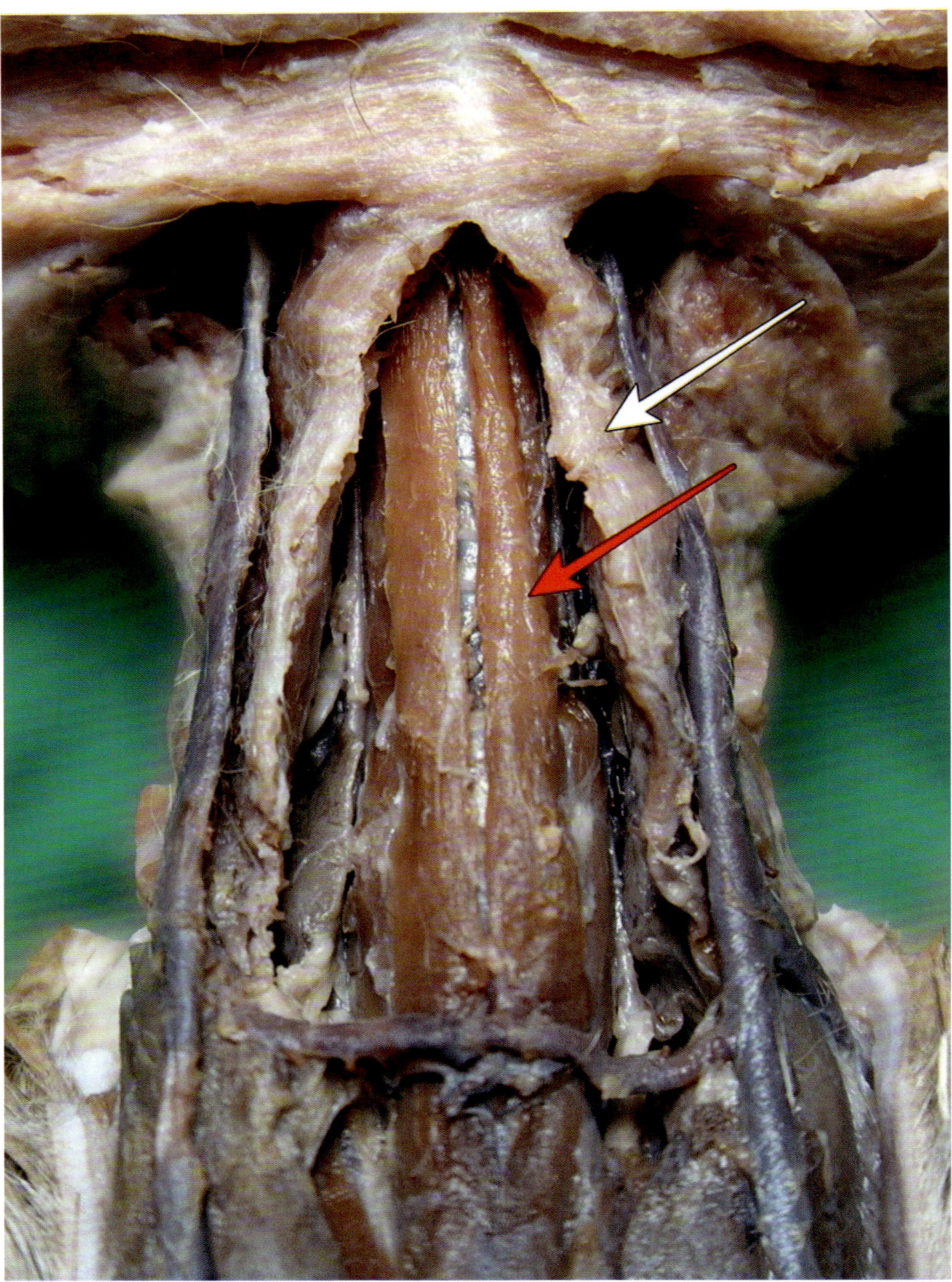

Abb. 80: *Spatium colli* der Katze: Der *M. sternocephalicus* (weiß) wurde nach lateral gespreizt, sodass der *M. sternohyoideus* (rot) vollständig dargestellt werden kann.

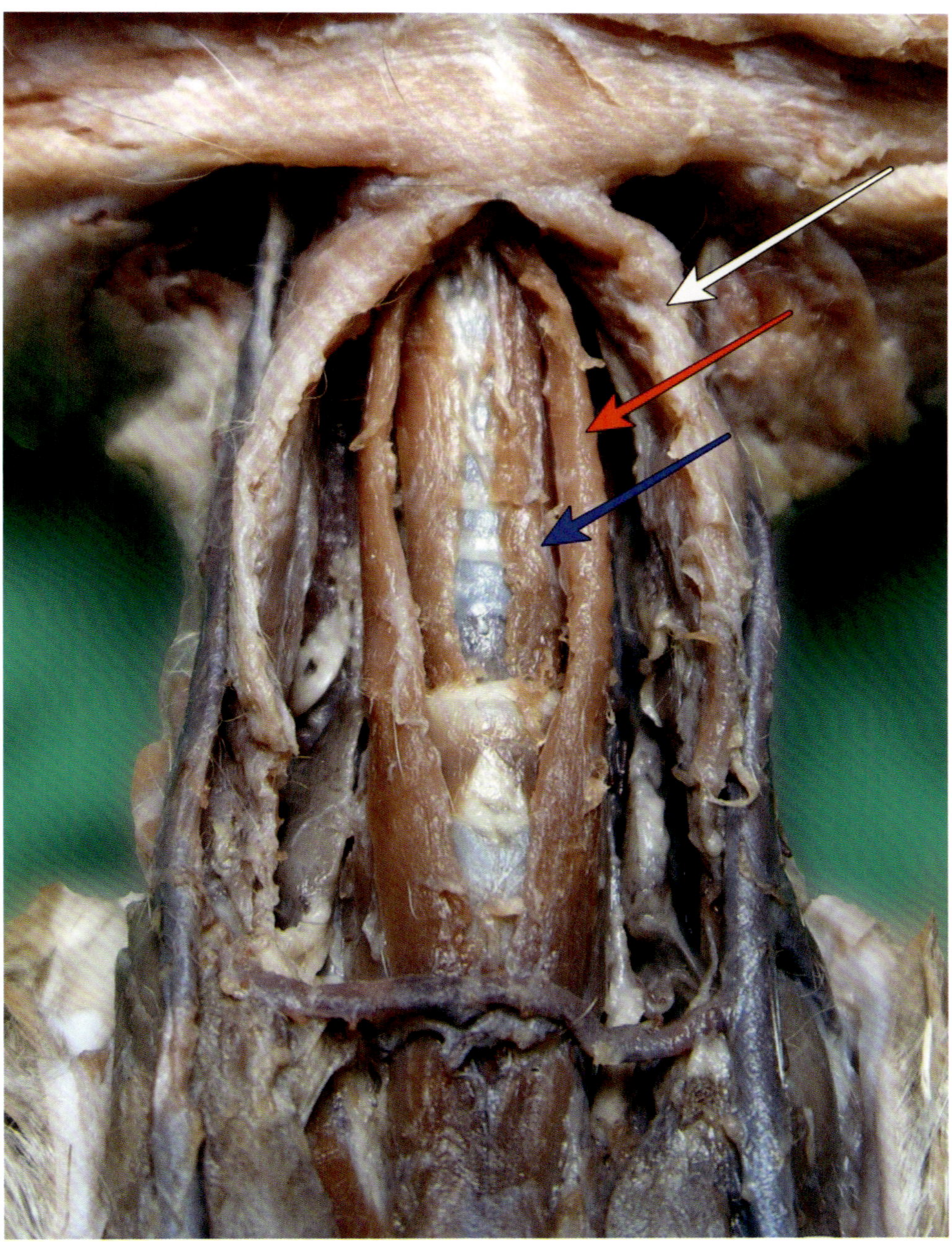

Abb. 81: *Spatium colli* der Katze: Nach dem *M. sternocephalicus* (weiß) wird auch der *M. sternohyoideus* (rot) jeweils nach lateral gespreizt, um darunter den „kürzeren" *M. sternothyroideus* (blau) darzustellen.

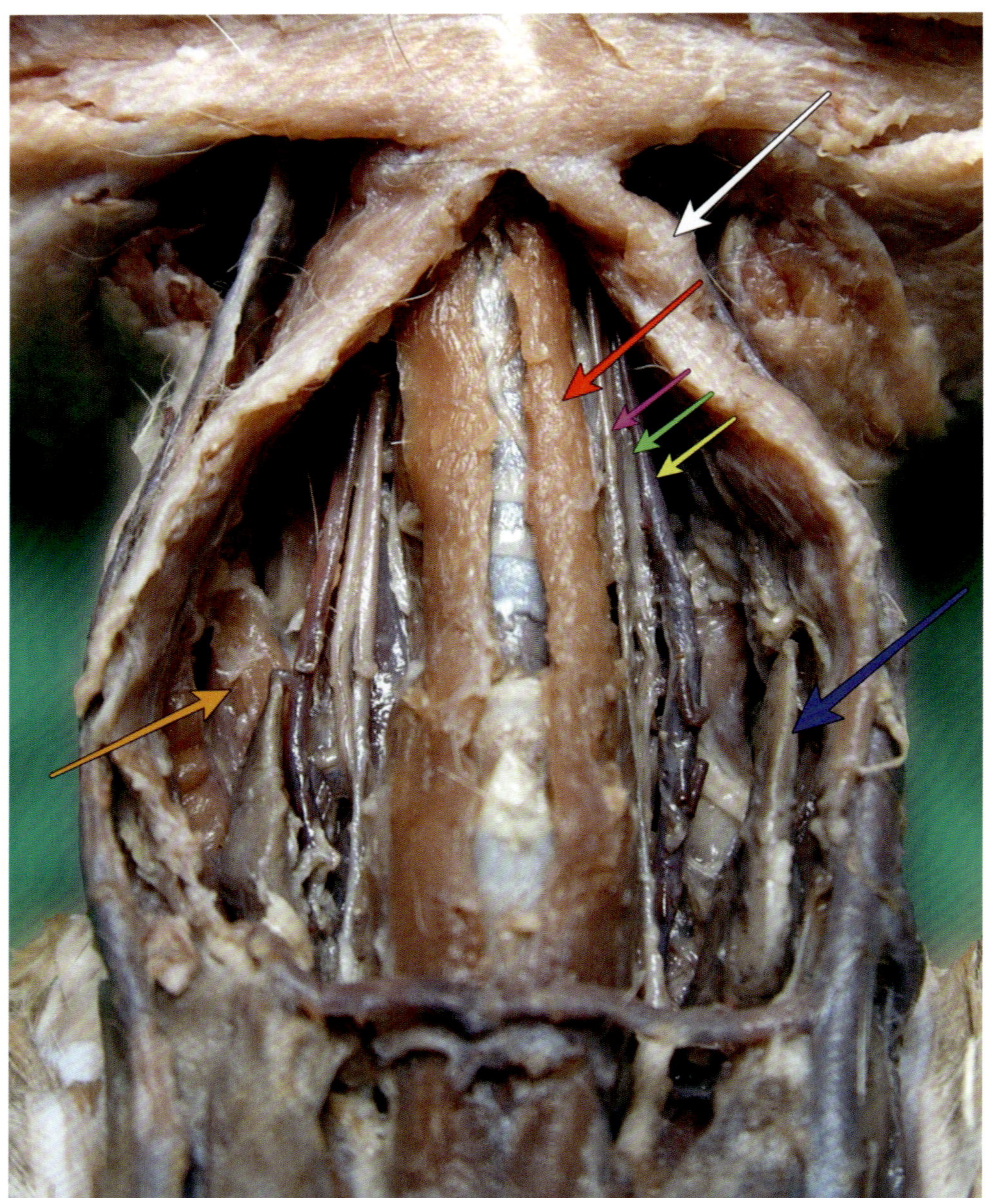

Abb. 82: *Spatium colli* der Katze: Aus dem Bindegewebe werden *Truncus vagosympathikus* (pink), *A. carotis communis* (grün) und *V. jugularis interna* (gelb) sowie die Schilddrüse (blau) freipräpariert. In der Tiefe kann der *M. omotransversarius* (orange) zu seinem Ansatz am Atlasflügel verfolgt werden. Außerdem markiert: *M. sternocephalicus* (weiß), *M. sternohyoideus* (rot).

3.2 Ventrale Wirbelsäulenmuskulatur

Bestimme *M. longus capitis* unmittelbar dorsolateral der Halseingeweide.

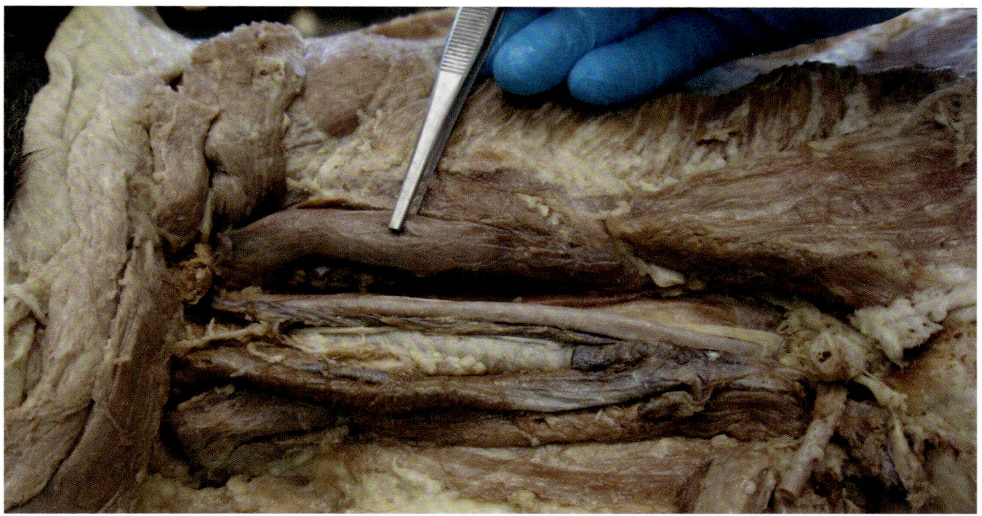

Abb. 83: Linke Halsregion von ventrolateral: *M. longus capitis* (von Pinzette markiert).

Identifiziere den zopfförmigen *M. longus colli* medial des *M. longus capitis*, direkt ventral der Wirbelsäule. Bestimme den 6. Halswirbel palpatorisch anhand seiner kräftigen *Lamina ventralis*.

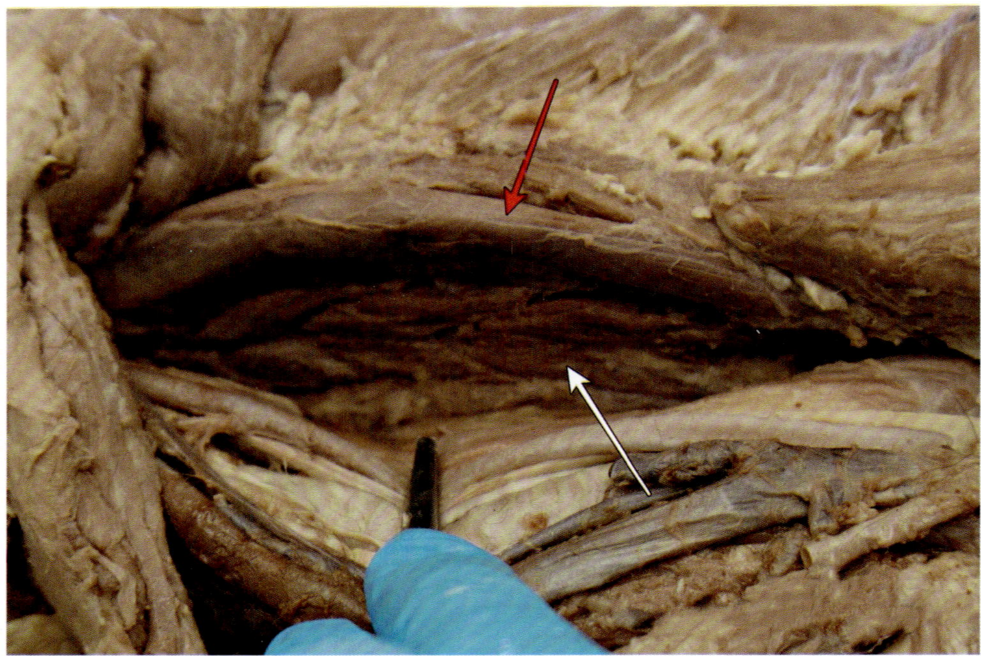

Abb. 84: Linke Halsregion von ventrolateral, die Leitungsstrukturen des *Spatium colli* werden mit der Pinzette nach ventromedial gedrückt: *M. longus colli* (weiß) und *M. longus capitis* (rot).

Bestimme die fächerförmigen *Mm. scaleni* ventral des am Rumpf verbliebenen Anteils des *M. serratus ventralis.* Palpiere die erste Rippe und unterscheide den *M. scalenus medius* vom deutlich größeren und weiter nach kaudal ragenden *M. scalenus dorsalis.*

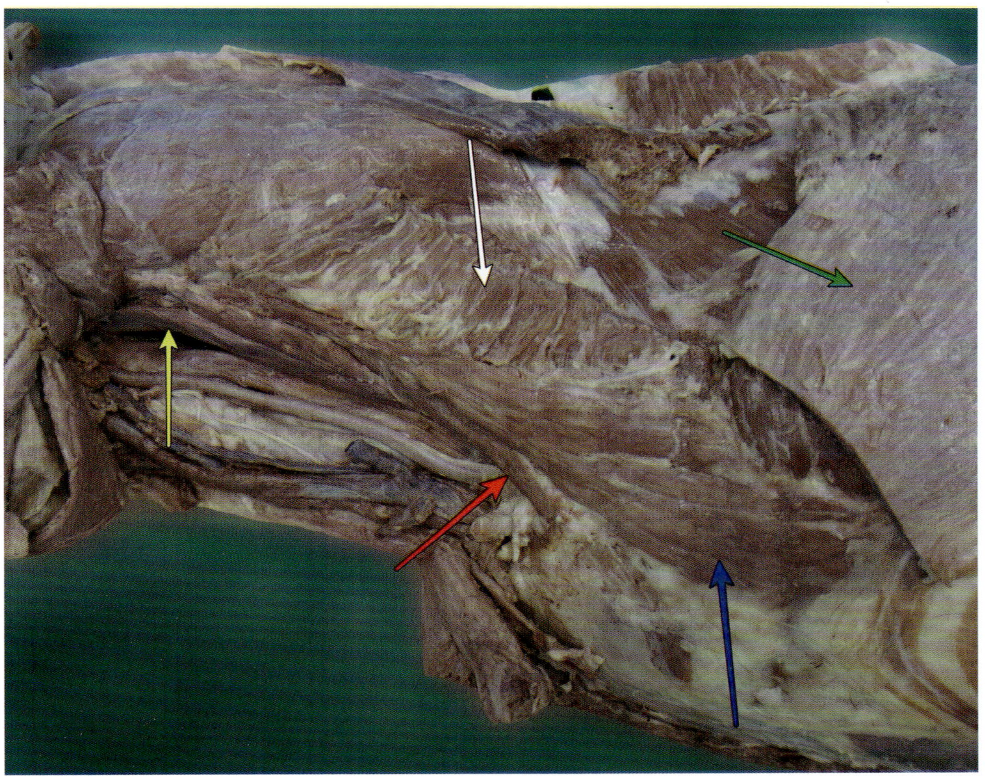

Abb. 85: Linke Halsregion mit Anteilen des Rumpfs, Ansicht von lateral: *M. scalenus medius* (rot), *M. scalenus dorsalis* (blau), *M. longus capitis* (gelb), *M. serratus ventralis* (weiß), *M. latissimus dorsi* (grün).

Kapitel 4

Protokoll zur Präparation der dorsalen Wirbelsäulenmuskulatur

Platziere ausgehend vom ventralen Rand des *M. latissimus dorsi* eine parallel zur Wirbelsäule verlaufende Hautinzison, die sich kaudal bis auf Höhe des Darmbeinflügels (*Ala ossis ilii*) erstreckt. Der kaudale Entlastungsschnitt reicht bis zur dorsalen Mittellinie. Löse die Haut mittels stumpfer Präparation von darunterliegendem Gewebe. Belasse den Hautlappen an der dorsalen Mittellinie des Tierkörpers befestigt.

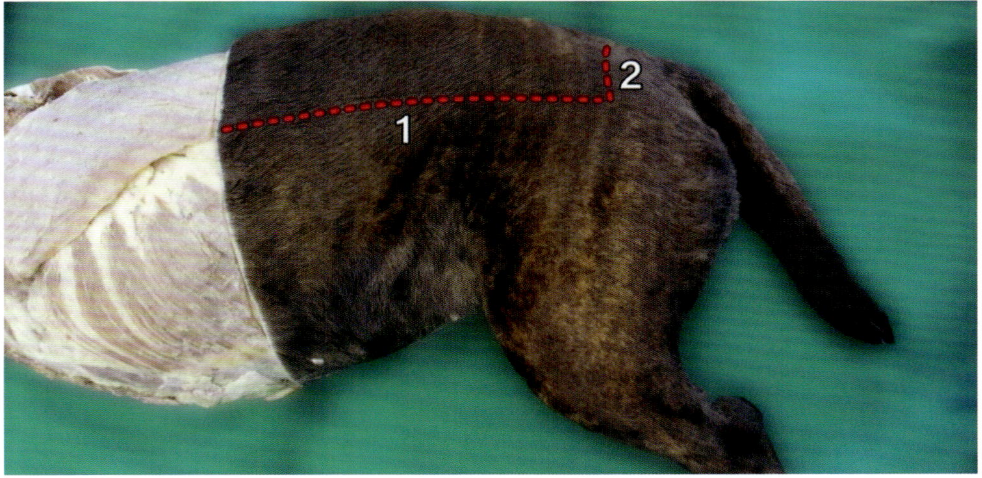

Abb. 86: Kaudale Schnittlinien zur Darstellung der dorsalen Wirbelsäulenmuskulatur.

Falte die am Rumpf verbliebenen Stümpfe des *M. cleidocephalicus*, *M. omotransversarius*, *M. trapezius*, *M. rhomboideus* und *M. latissimus dorsi* nach dorsal und identifiziere *M. serratus dorsalis cranialis* anhand seiner breiten, weißlich schimmernden Aponeurose sowie den eher unscheinbaren, zackenförmigen *M. serratus dorsalis caudalis* am dorsalen Aspekt der letzten drei Rippen. Bestimme außerdem die breite *Fascia thoracolumbalis* im Lendenbereich.

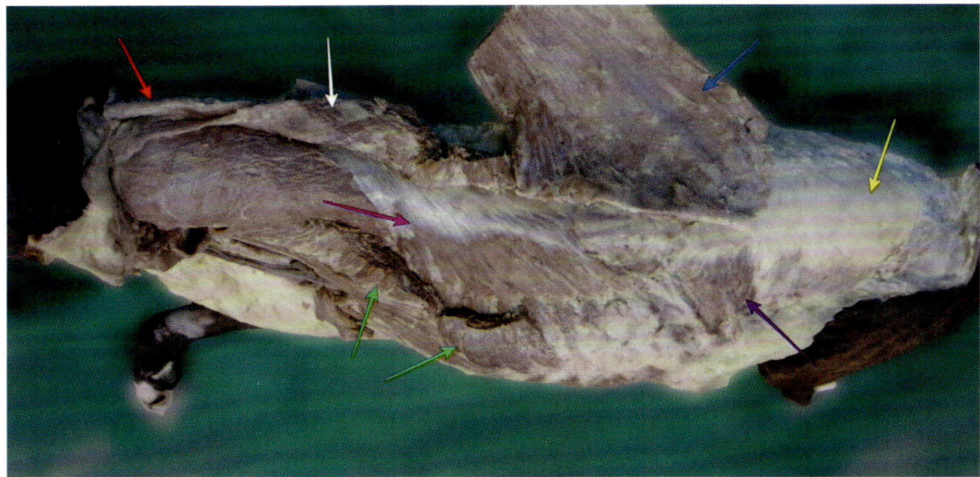

Abb. 87: Dorsolaterale Ansicht (links im Bild=kranial, rechts im Bild=kaudal): *M. serratus dorsalis cranialis* (rosa) und *caudalis* (lila), *Fascia thoracolumbalis* (gelb), *M. serratus ventralis* (grün), *M. cleidocephalicus* (rot), *M. rhomboideus* (weiß), *M. latissimus dorsi* (blau).

Durchtrenne beide Anteile des *M. serratus dorsalis* in ihren flächigen Ursprungssehnen. Eröffne die thorakolumbale Faszie paramedian. Belasse den Ursprung des *M. latissimus dorsi* am Tierkörper.

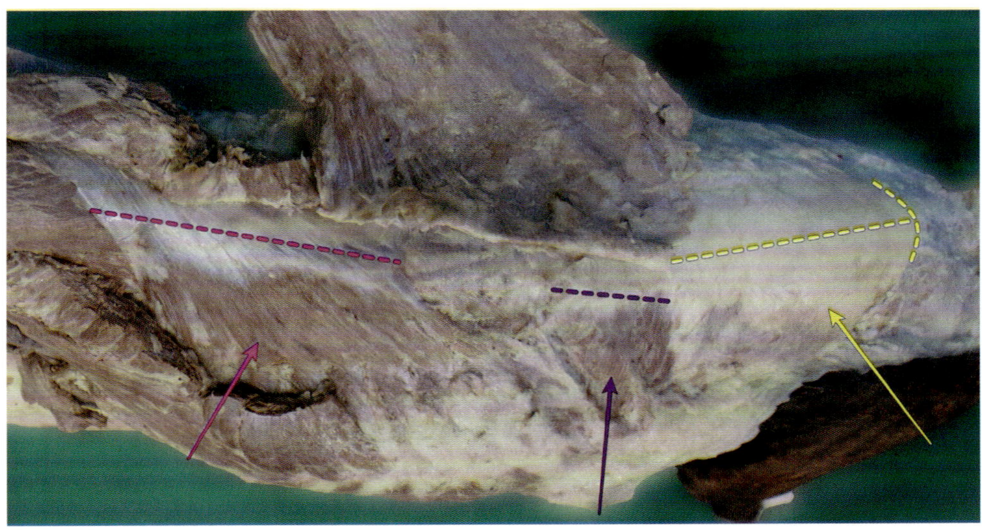

Abb. 88: Nahaufnahme von Abbildung 87 zur Darstellung der Schnittführung durch die Sehnenplatten des *M. serratus dorsalis cranialis* (rosa) und *caudalis* (lila) sowie zur Eröffnung der *Fascia thoracolumbalis* (gelb).

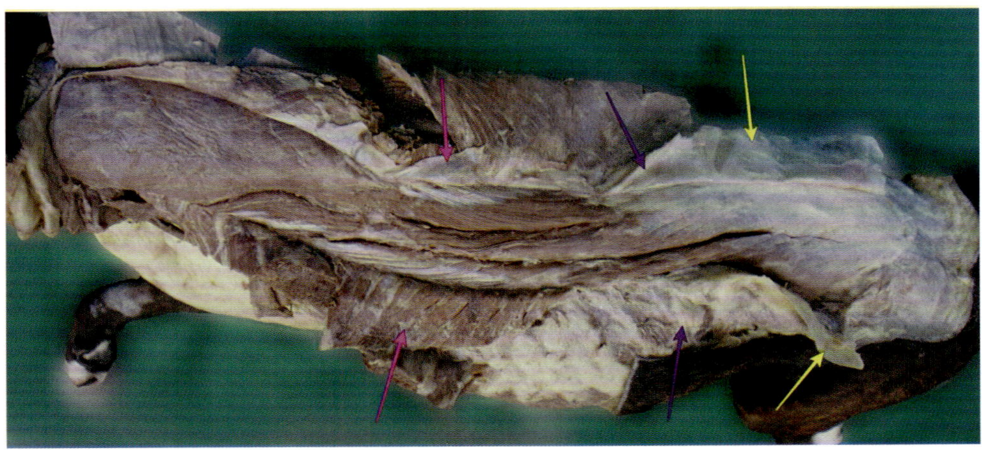

Abb. 89: Dorsolaterale Ansicht: Die durchtrennten Anteile des *M. serratus dorsalis cranialis* (rosa) und *caudalis* (lila) sowie der *Fascia thoracolumbalis* (gelb) wurden zur Seite gefaltet.

Bestimme zunächst die drei großen Systeme des *M. erector spinae* und identifiziere anschließend die jeweils beteiligte Muskulatur.

M. erector spinae

- Iliocostalis-System
  - *M. iliocostalis lumborum*
  - *M. iliocostalis thoracis*
- Longissimus-System
  - *M. longissimus lumborum*
  - *M. longissimus thoracis*
  - *M. longissimus cervicis*
  - *M. longissimus capitis*
- Transversospinalis-System
  - *M. splenius*
  - *M. semispinalis capitis* (*M. biventer cervicis*, *M. complexus*)
  - *M. spinalis et semispinalis cervicis et thoracis*
  - *Mm. multifidi*
  - (*Mm. rotatores*, *Mm. interspinales*, *Mm. intertransversarii*)

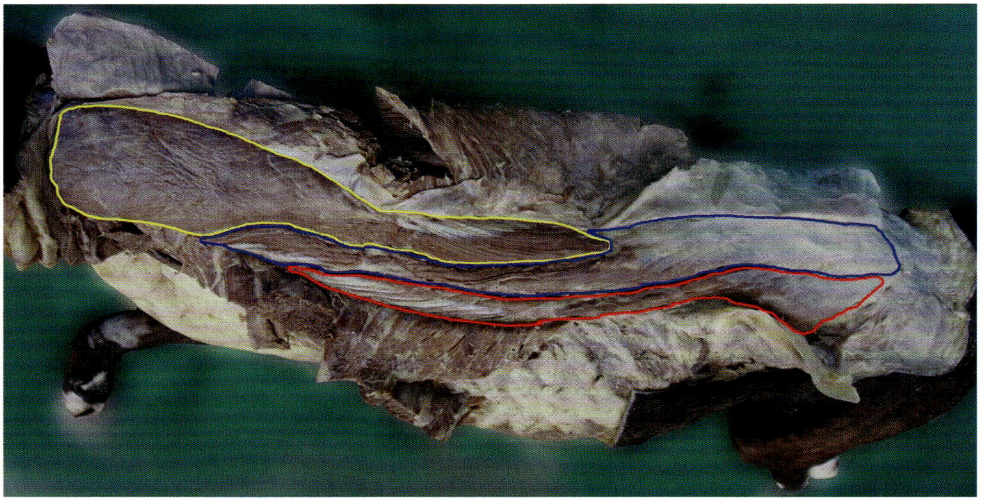

Abb. 90: Iliocostalis-System (rot), Longissimus-System (blau), Transversospinalis-System (gelb).

Identifiziere den breiten *M. splenius* im dorsalen Halsbereich. Isoliere die Ränder des Muskels und durchtrenne den Muskel nah an seinem Ansatz am Schädel. Bestimme darunter *M. semispinalis capitis* und *M. longissimus capitis*. Unterscheide den *M. biventer cervicis* anhand seiner quer verlaufenden Zwischensehnen vom weiter ventral gelegenen *M. complexus*.

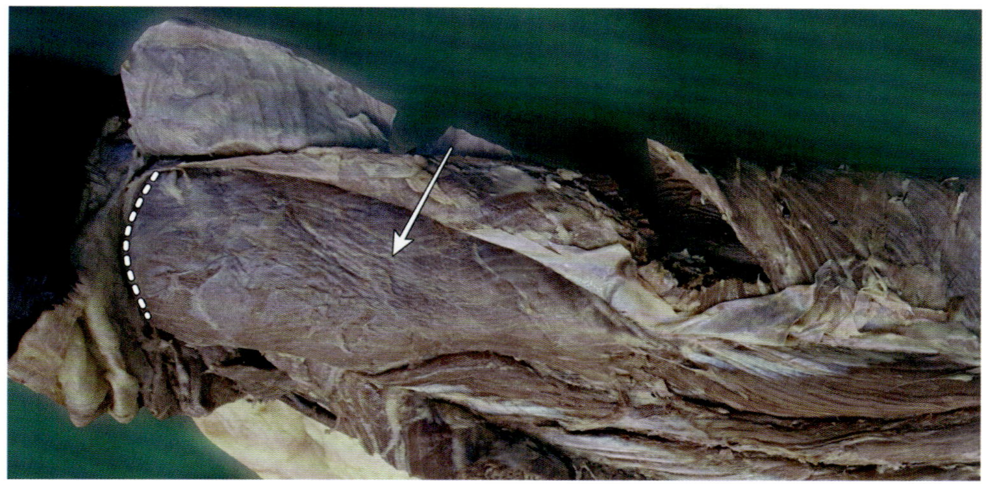

Abb. 91: *M. splenius* (weiß, Schnittlinien weiß gestrichelt).

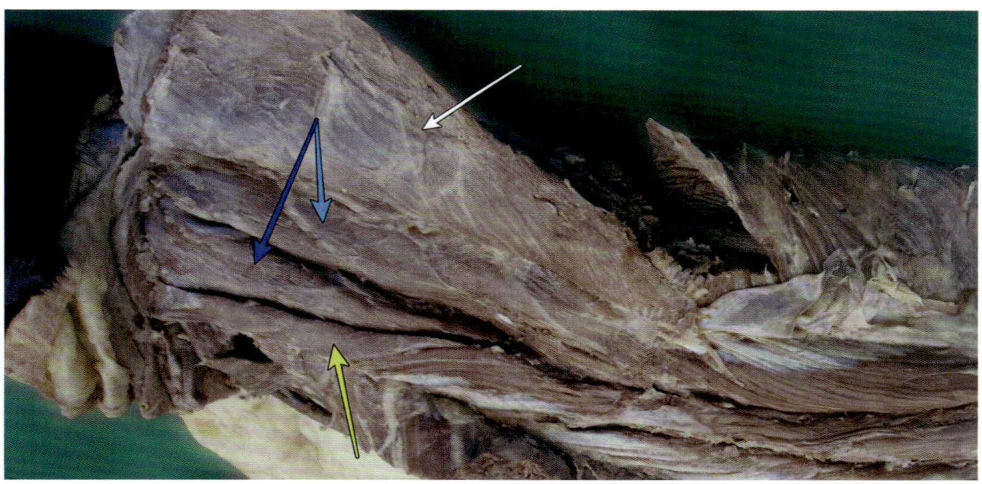

Abb. 92: *M. splenius (weiß) durchtrennt und nach dorsal gefaltet. Darunter: M. semispinalis capitis mit M. biventer cervicis (hellblau) und M. complexus (dunkelblau) sowie M. longissimus capitis (gelb).*

Bestimme *M. longissimus cervicis* kaudal des *M. longissimus capitis* und verfolge *M. longissimus thoracis et lumborum* (keine deutliche Trennung!) nach kaudal. Identifiziere *M. iliocostalis thoracis* und *M. iliocostalis lumborum* lateral sowie *M. spinalis et semispinalis cervicis et thoracis* medial des *M. longissimus*.

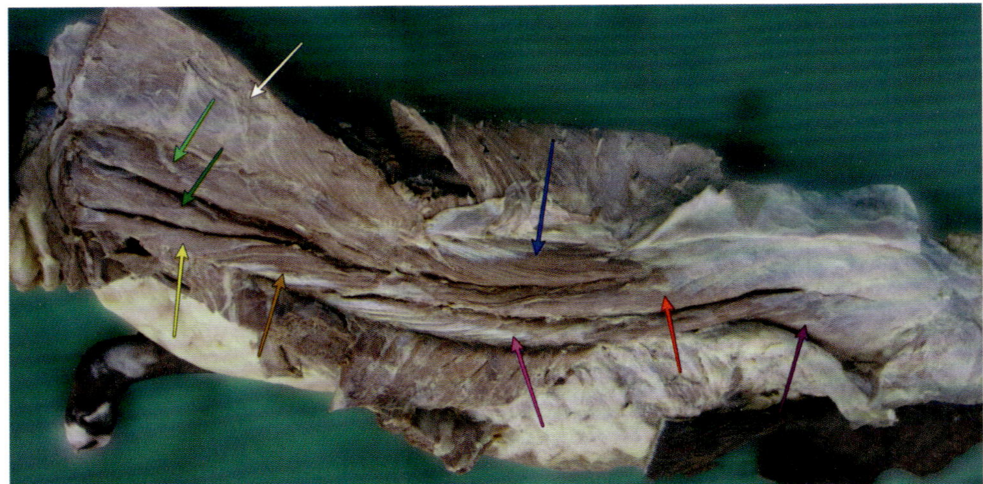

Abb. 93: *M. splenius* (weiß), *M. biventer cervicis* (hellgrün), *M. complexus* (dunkelgrün), *M. longissimus capitis* (gelb), *M. longissimus cervicis* (orange), *M. longissimus thoracis et lumborum* (rot), *M. spinalis et semispinalis cervicis et thoracis* (blau), *M. iliocostalis thoracis* (rosa), *M. iliocostalis lumborum* (lila).

Durchtrenne *M. complexus* weit kranial und löse die kaudale, aponeurotische Befestigung des *M. biventer cervicis*, um ersteren nach ventral und letzteren nach dorsal zu ziehen. Identifiziere in der Tiefe das gelblich erscheinende Nackenband (*Ligamentum nuchae*) – es fehlt der Katze –, den kranialen Anteil des *M. spinalis et semispinalis cervicis et thoracis*, *M. multifidus cervicis* sowie *M. rectus capitis dorsalis* und *M. obliquus capitis caudalis* als dorsale Kopfbeweger.

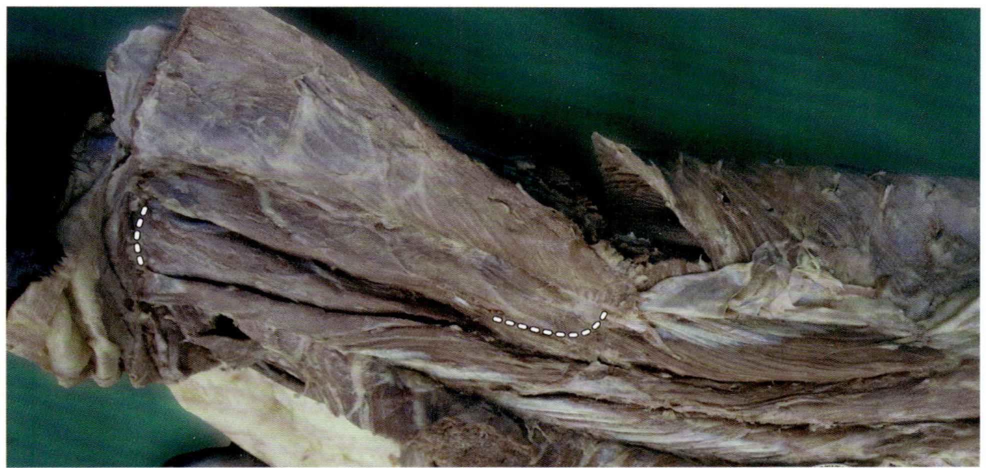

Abb. 94: Schnittführung *M. semispinalis capitis*.

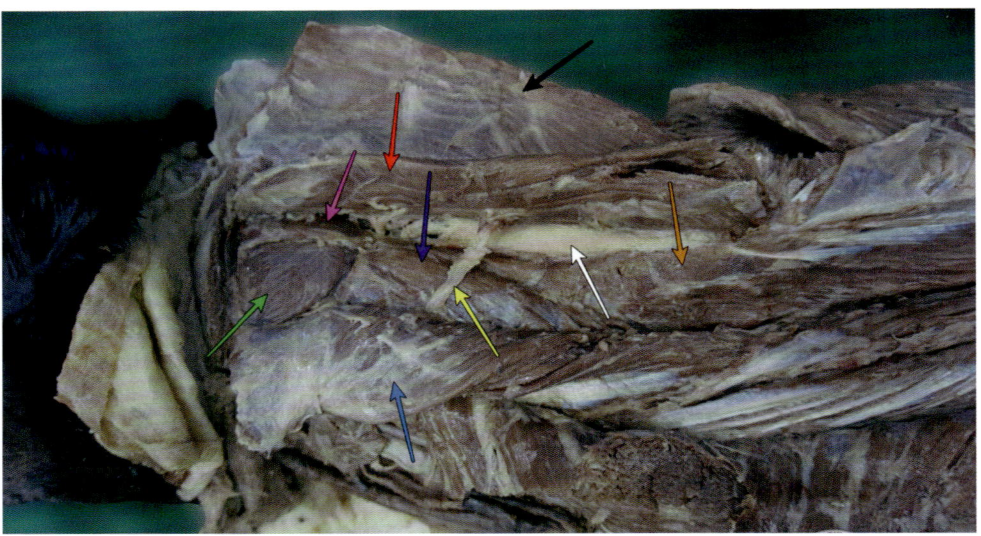

Abb. 95: Die Schnitte durch *M. biventer cervicis* (rot) und *M. complexus* (blau) wurden entsprechend des Protokolls durchgeführt und beide Muskeln sowie *M. splenius* (schwarz) zur Seite gefaltet. Darunter: *Ligamentum nuchae* (weiß), *M. rectus capitis dorsalis major* (rosa), *M. obliquus capitis caudalis* (grün), *M. multifidus cervicis* (lila), kranialer Anteil des *M. spinalis et semispinalis cervicis et thoracis* (orange), Spinalnerv (gelb).

Kapitel 5

Protokoll zur Präparation von Atmungs- und Bauchmuskulatur inkl. Rektusscheide

5.1 Atmungsmuskulatur

Inspiratoren	Exspiratoren
Diaphragma	***Mm. intercostales interni****
Mm. intercostales externi*	***M. serratus dorsalis caudalis****
M. serratus dorsalis cranialis*	*M. retractor costae*
Mm. levatores costarum	*Mm. subcostales*
M. rectus thoracis*	*M. transversus thoracis*
* am Präparat zu identifizieren	

Identifiziere *M. serratus dorsalis cranialis* anhand seiner breiten, durchscheinenden Aponeurose dorsal des *M. serratus ventralis*. Bestimme den eher unscheinbaren, zackenförmigen *M. serratus dorsalis caudalis* am dorsalen Aspekt der letzten drei Rippen sowie den *M. rectus thoracis* ventral der

Mm. scaleni. Schneide ein Fenster in die oberflächlich in den Zwischenrippenräumen gelegenen *Mm. intercostales externi*. Löse die äußere von der inneren Muskelschicht und identifiziere damit einen der *Mm. intercostales interni*. Beachte den Faserverlauf der In- und Exspiratoren.

> **Beachte:** Anhand des Faserverlaufs kann die Funktion eines Atemmuskels als **Inspirator** (Faserverlauf nach **kaudoventral**) oder **Exspirator** (Faserverlauf nach **kranioventral**) bestimmt werden.

Abb. 96: Übersicht zur Atmungsmuskulatur.

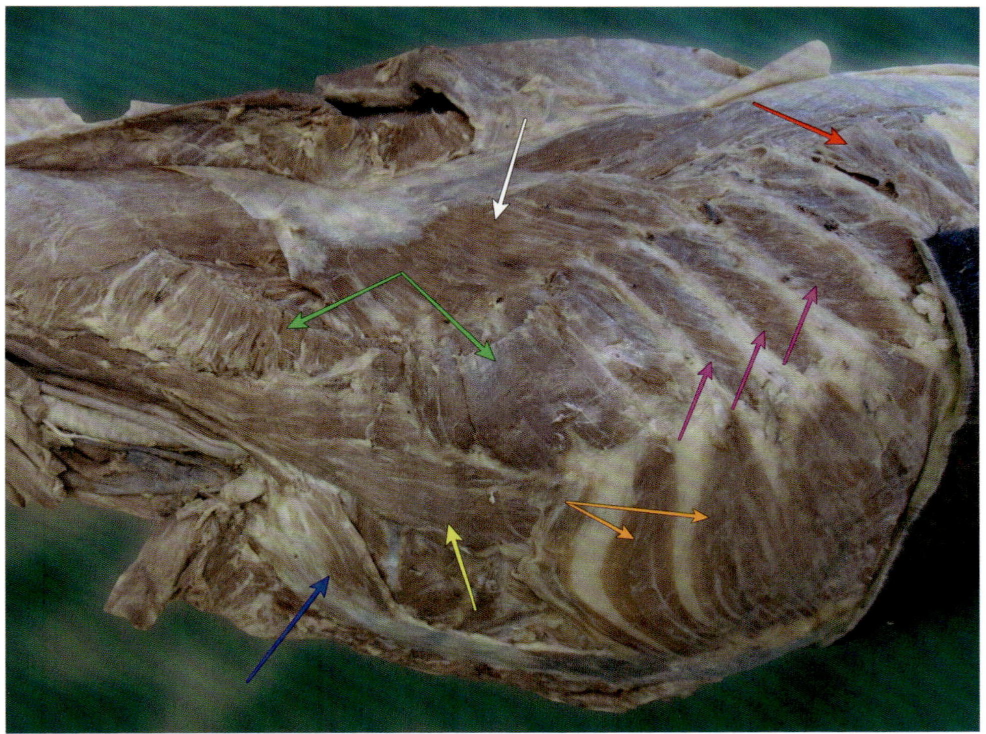

Abb. 97: Nahaufnahme von Abbildung 96: *M. serratus dorsalis cranialis* (weiß) und *caudalis* (rot), *Mm. intercostales externi* (rosa), *M. rectus thoracis* (blau), *Mm. scaleni* (gelb), *M. serratus ventralis* (grün), *M. obliquus externus abdominis* (orange).

Abb. 98: Zur Darstellung der *Mm. intercostales interni* wurde ein Fenster in die *Mm. intercostales externi* geschnitten und dieses mit der Pinzette angehoben. Beachte den unterschiedlichen Faserverlauf der Muskeln.

5.2 Bauchmuskulatur

Beachte die Hautanhangsorgane an der Bauchwand (*Mamma, Praeputium*), bevor Du das Abdomen vollständig enthäutest, um die Bauchmuskulatur darzustellen. Setze einen Hautschnitt auf die Lateralfläche des Oberschenkels, welcher den distalen Rand der Kniefalte überragt (1). Platziere am distalen Ende des Schnitts eine zweite Inzision, die den kranialen Aspekt der Hintergliedmaße halbkreisförmig umrandet (2). Führe den Schnitt nun auf der medialen Seite des Oberschenkels wieder nach proximal bis zum Schambein fort (3). Die Haut, die das Abdomen bedeckt, kann nun stumpf von der darunterliegenden Muskulatur abpräpariert werden. Beim männlichen Tier wird der Penis inklusive Vorhaut umschnitten.

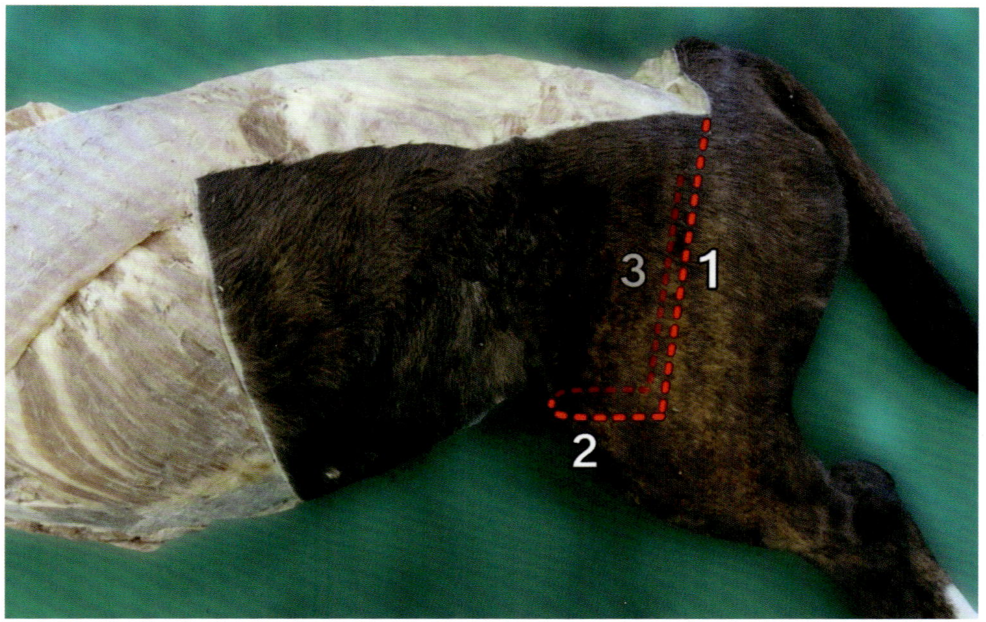

Abb. 99: Schnittlinien zur Darstellung der Bauchmuskulatur.

Entferne Fett- und Bindegewebe und identifizierte *M. obliquus externus abdominis* (kaudoventraler Faserverlauf) sowie das kraniale Ende des *M. rectus abdominis*. Bestimme darüberhinaus die bindegewebige *Linea alba* in der Medianen.

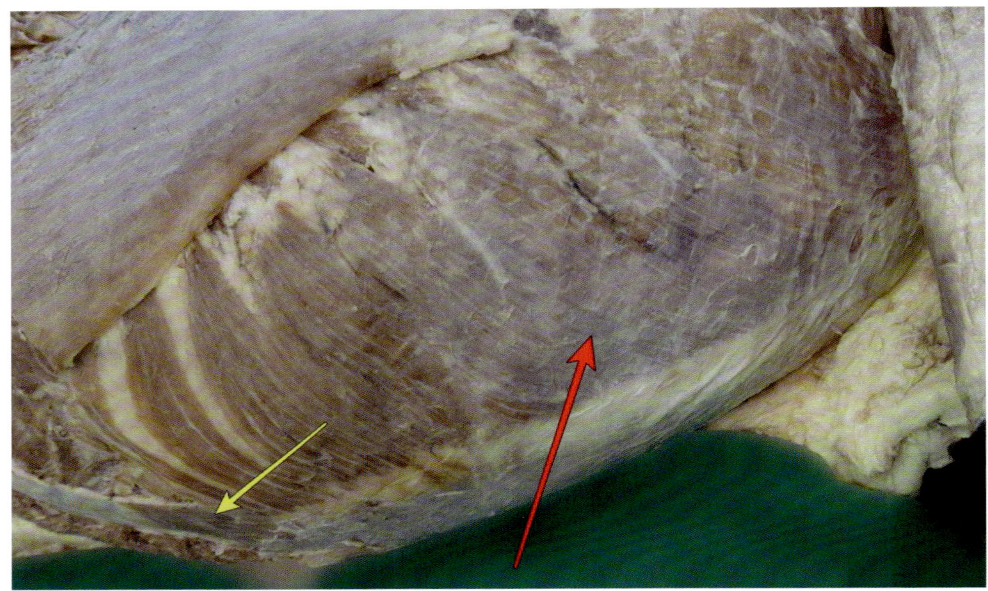

Abb. 100: *M. obliquus externus abdominis* (rot), *M. rectus abdominis* (gelb).

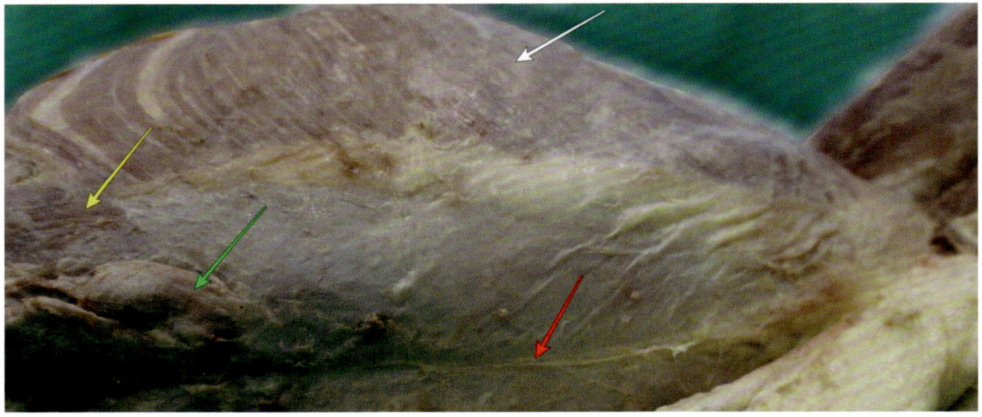

Abb. 101: Ansicht von ventral (links im Bild=kranial, rechts im Bild=kaudal): *Linea alba* (rot), *M. obliquus externus abdominis* (weiß), *M. rectus abdominis* (gelb), *M. pectoralis profundus* (grün).

Durchtrenne *M. obliquus externus abdominis* mittig in seinem muskulären Anteil senkrecht zu dessen Faserverlauf und löse ihn von dem darunter liegenden *M. obliquus internus abdominis* (kranioventraler Faserverlauf).

> **Beachte:** Die einzelnen Schichten der Bauchmuskulatur sind vor allem bei der Katze hauchdünn. Arbeite mit dem Skalpell hier besonders behutsam, um nicht versehentlich mehrere Schichten Bauchmuskulatur zu durchtrennen oder gar die Bauchhöhle zu eröffnen.

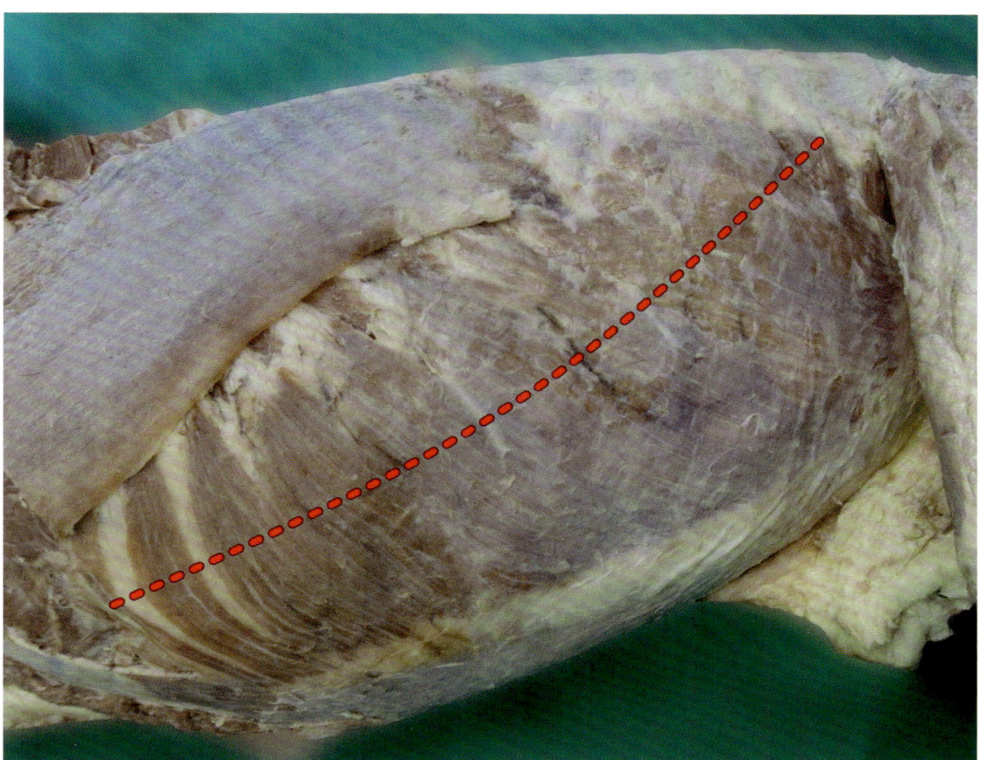

Abb. 102: Schnittlinie *M. obliquus externus abdominis*.

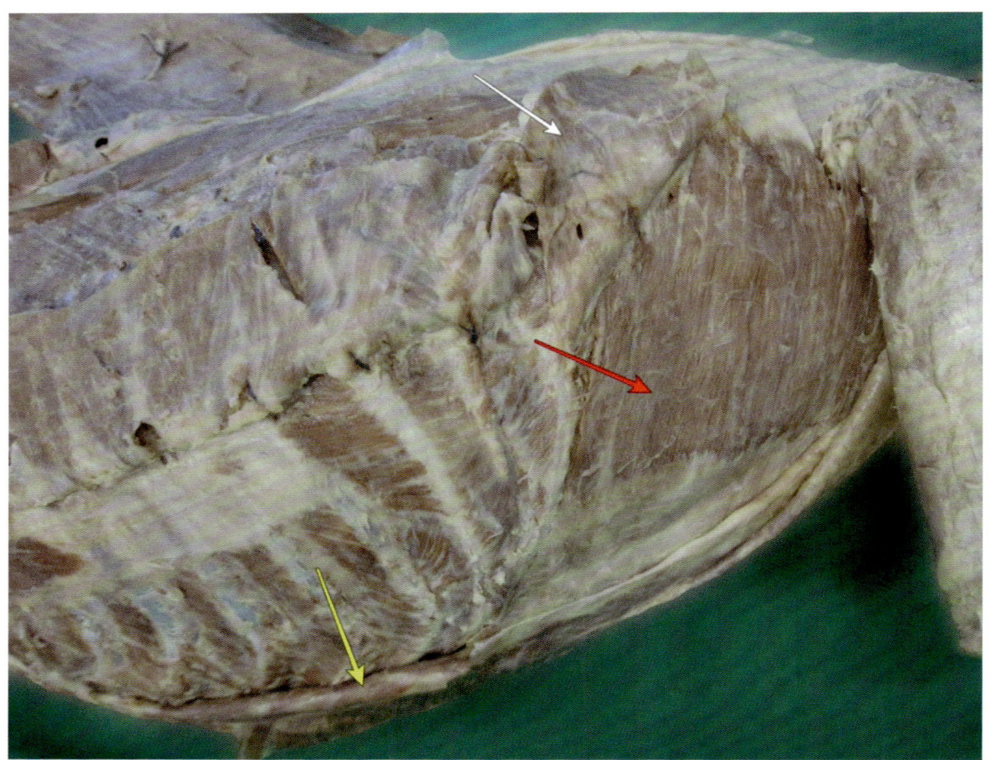

Abb. 103: *M. obliquus internus abdominis* (rot), *M. obliquus externus abdominis* (weiß), *M. rectus abdominis* (gelb).

Durchtrenne auch den *M. obliquus internus abdominis* mittig in seinem muskulären Anteil senkrecht zu dessen Faserverlauf. Identifiziere darunter den *M. transversus abdominis*. Beachte die *Rami ventrales* der Thorakal- und Lumbalnerven, die den Muskel scheinbar in mehrere Segmente unterteilen.

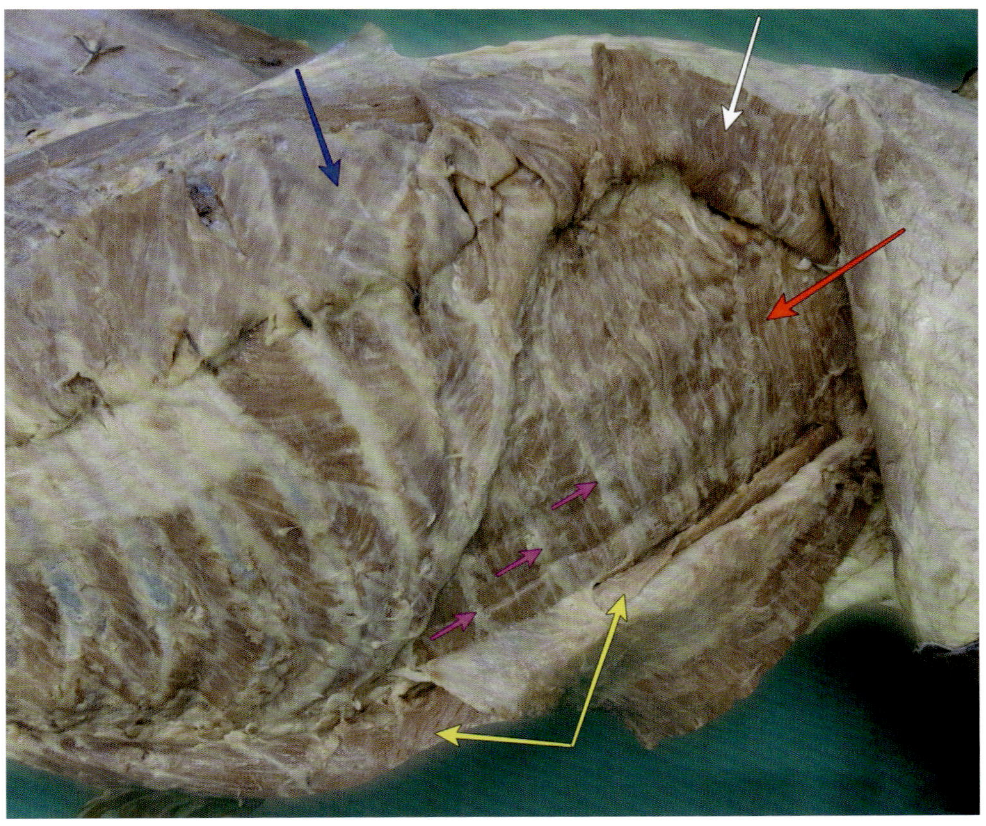

Abb. 104: *M. transversus abdominis* (rot), *Rami ventrales n. spinales* (rosa), *M. obliquus externus abdominis* (blau), *M. obliquus internus abdominis* (weiß), *M. rectus abdominis* (gelb).

5.2.1 Rektusscheide

Beobachte, wie der M. rectus abdominis von *M. obliquus externus abdominis*, *M. obliquus internus abdominis* und *M. transversus abdominis* in der Medianen ummantelt wird. Bestimme die Aponeurose des *M. obliquus externus abdominis* als ständiges Außenblatt der Rektusscheide. Erkenne, wie die Aponeurose des *M. obliquus internus abdominis kranial* des Nabels am Innenblatt, im Nabelbereich am Innen- und Außenblatt („Doppelblättrigkeit"), weiter kaudal nur noch am Außenblatt der Rektusscheide beteiligt ist. Identifiziere die Aponeurose des *M. transversus abdominis* und deren Beteiligung an der Rektusscheide: Sie verhält sich ähnlich wie die des *M. obliquus internus abdominis*, ihre Doppelblättrigkeit liegt jedoch ca. zwei Wirbellängen weiter kaudal als die des inneren schiefen Bauchmuskels.

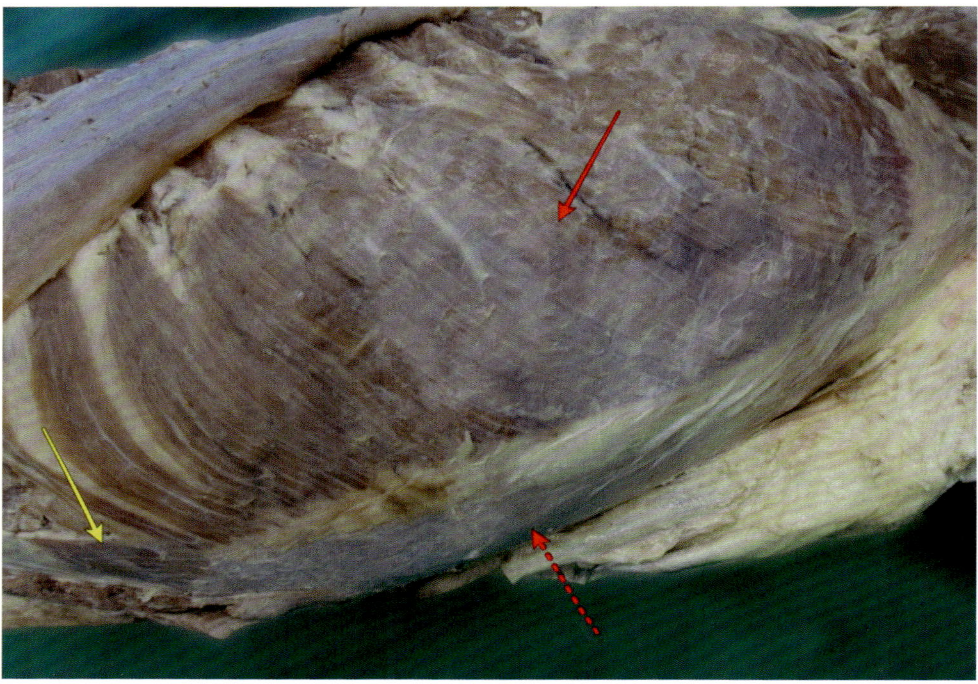

Abb. 105: Die aponeurotische Endsehne (rot gestrichelt) des *M. obliquus externus abdominis* (rot) bedeckt den *M. rectus abdominis* (gelb) durchgehend von außen.

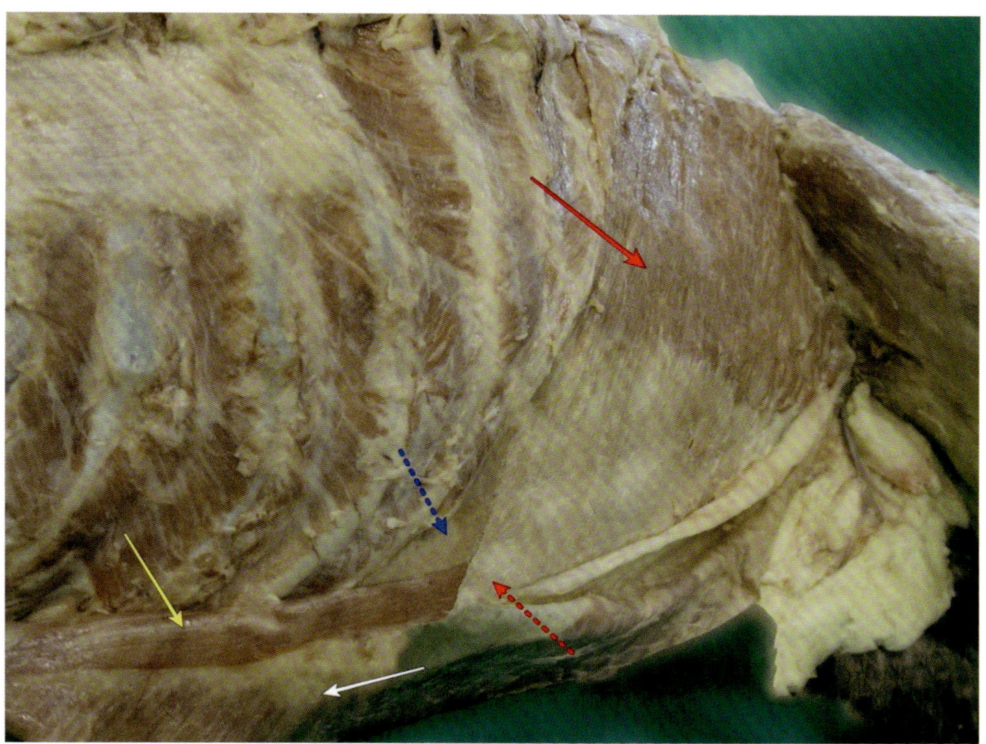

Abb. 106: Die Aponeurose des *M. obliquus internus abdominis* (rot) umgibt den *M. rectus abdominis* (gelb) sowohl von außen (rot gestrichelt) sowie kranial des Nabels und in der Nabelgegend auch von innen (blau). Außerdem: *M. obliquus externus abdominis* (weiß).

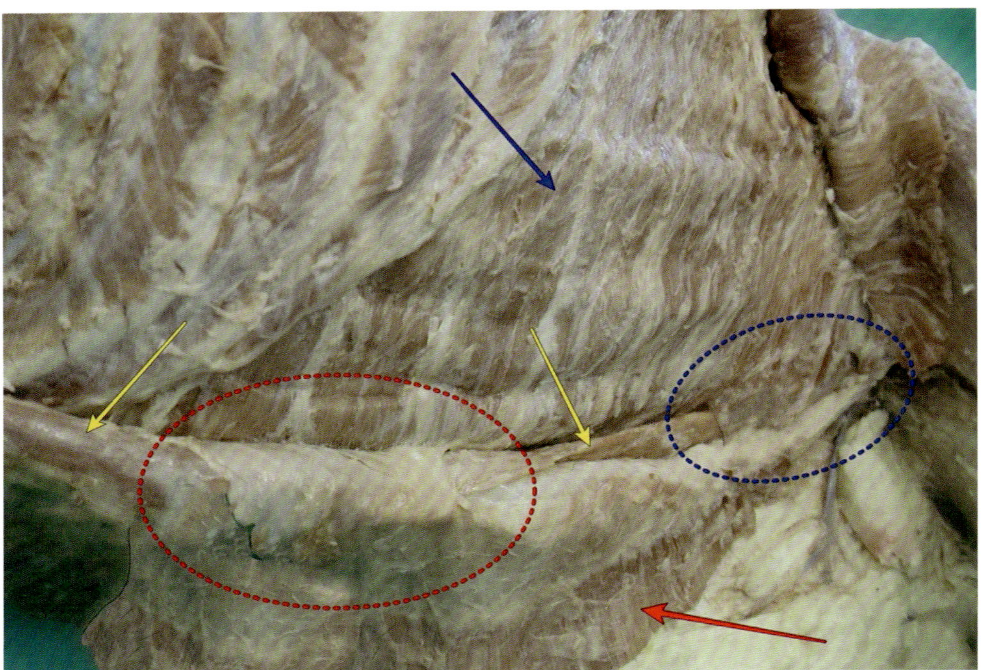

Abb. 107: Indem *M. obliquus internus abdominis* durchtrennt und die Anteile zur Seite gefaltet werden, werden die Bereiche der Doppelblättrigkeit von *M. obliquus internus abdominis* (rot) und *M. transversus abdominis* (blau) deutlich. Der *M. rectus abdominis* ist gelb markiert.

Die Präparation von *Lacuna vasorum* und *musculorum* sowie der Leistenregion (*Spatium inguinale*) wird in den Kapiteln zur Hintergliedmaße und den männlichen Geschlechtsorganen detailliert beschrieben.

Kapitel 6

Protokoll zur Präparation des Diaphragma pelvis und der Fossa ischiorectalis

> **Beachte:** Die Präparation der *Fossa ischiorectalis* wird zunächst am weiblichen Tier dargestellt. Besonderheiten des männlichen Tieres werden am Ende des Protokolls separat beschrieben.

Enthäute den Bereich um die *Fossa ischiorectalis* großflächig. Setze eine Hautinzison entlang der dorsalen Mittellinie vom Kreuzbein bis zum 1. Drittel der Rute (1). Führe das Skalpell zur ventralen Mittellinie (2) und entlang dieser nach kranial (3). Umrande *Anus* (4), schneide in der Mitte des *Perineums* in Richtung *Vulva* (5) und umschneide auch diese (6). Die Inzision wird schließlich bis zur Mitte des Oberschenkels nach kranial und schließlich zur dorsalen Mittellinie fortgesetzt (7), sodass die langen Sitzbeinmuskeln und der *M. gluteus supferficialis* eindeutig zu identifizieren sind. Das Ausbinden und Fixieren der Rute mit einem Seil erleichtert die Präparation. Achte bei der Präparation auf die *Nn. clunium*, die die Haut der Gesäßgegend versorgen, bevor Du diese durchtrennst. Siehe Abbildung 108 auf S. 112.

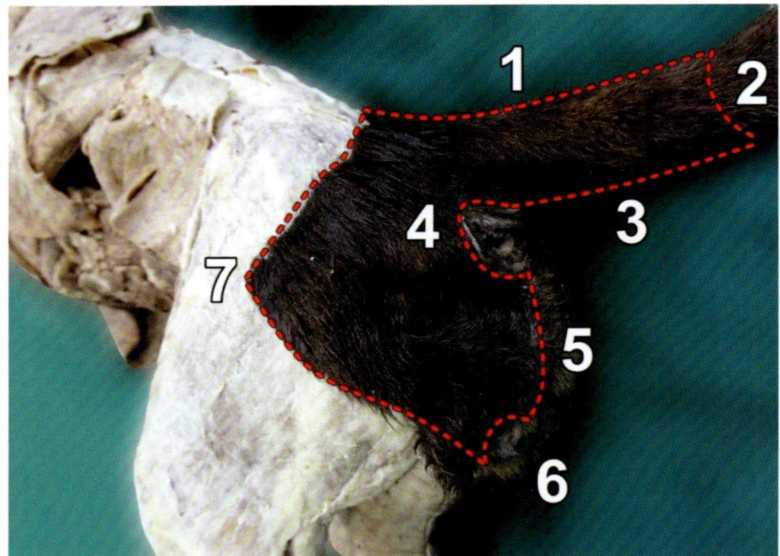

Abb. 108: Schnittlinien zur Präparation der *Fossa ischiorectalis*.

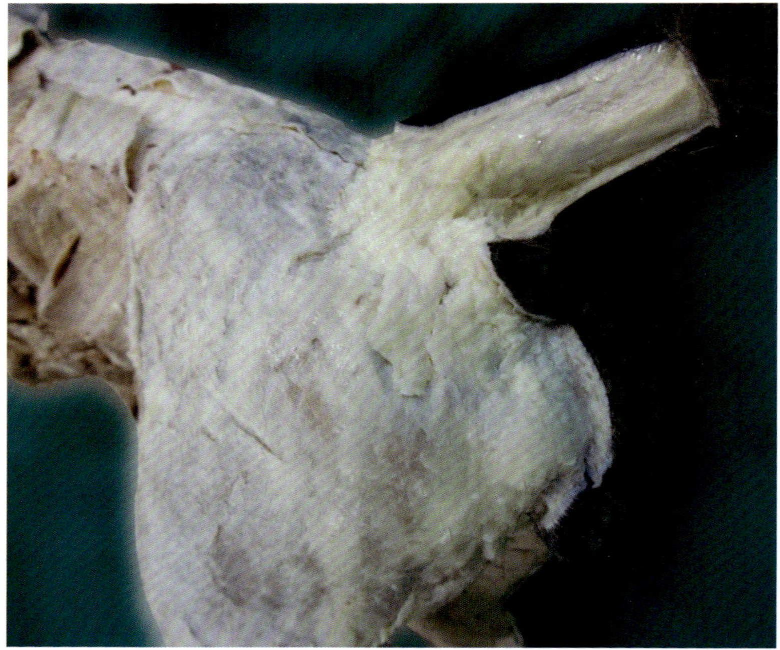

Abb. 109: Das Präparat wurde enthäutet.

Palpiere den Sitzbeinhöcker (*Tuber ischiadicum*) und entferne das Fettgewebe, um zunächst die langen Sitzbeinmuskeln (*M. biceps femoris*, *M. semitendinosus*, *M. semimembranosus*) und *M. gluteus superficialis* zu bestimmen. Identifiziere das *Lig. sacrotuberale* (fehlt der Katze) kaudomedial des *M. gluteus superficialis*. An der Schwanzbasis, wiederum medial des *Lig. sacrotuberale*, findest Du den *M. coccygeus*. Isoliere *A.* und *V. pudenda interna* sowie *N. pudendus* zwischen *Lig. sacrotuberale* und *M. coccygeus* und verfolge die Leitungsstrukturen nach distal, indem Du diese vom umliegenden Fettgewebe befreist. Beachte die Aufzweigung in *A./V./N. rectalis caudalis*, *A./V./N. perineus* und *A./V./N. clitoridis dorsalis*.

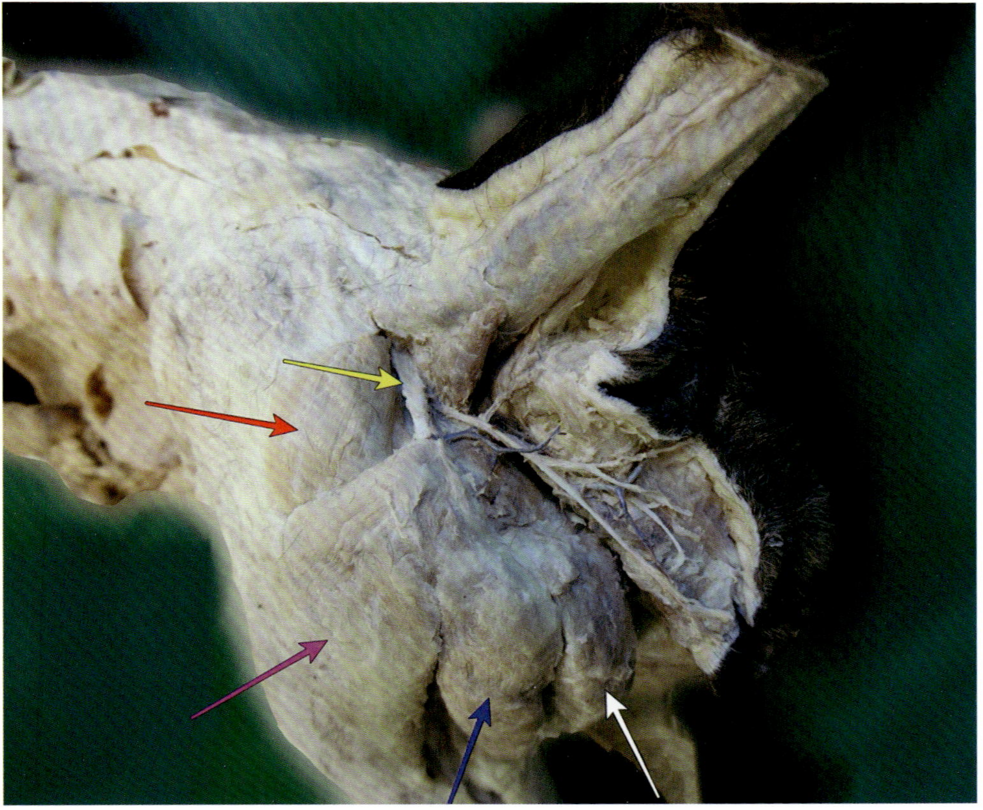

Abb. 110: Fettgewebe wurde entfernt: *M. gluteus supf.* (rot), *M. biceps femoris* (pink), *M. semitendinosus* (blau), *M. semimembranosus* (weiß), *Lig. sacrotuberale* (gelb).

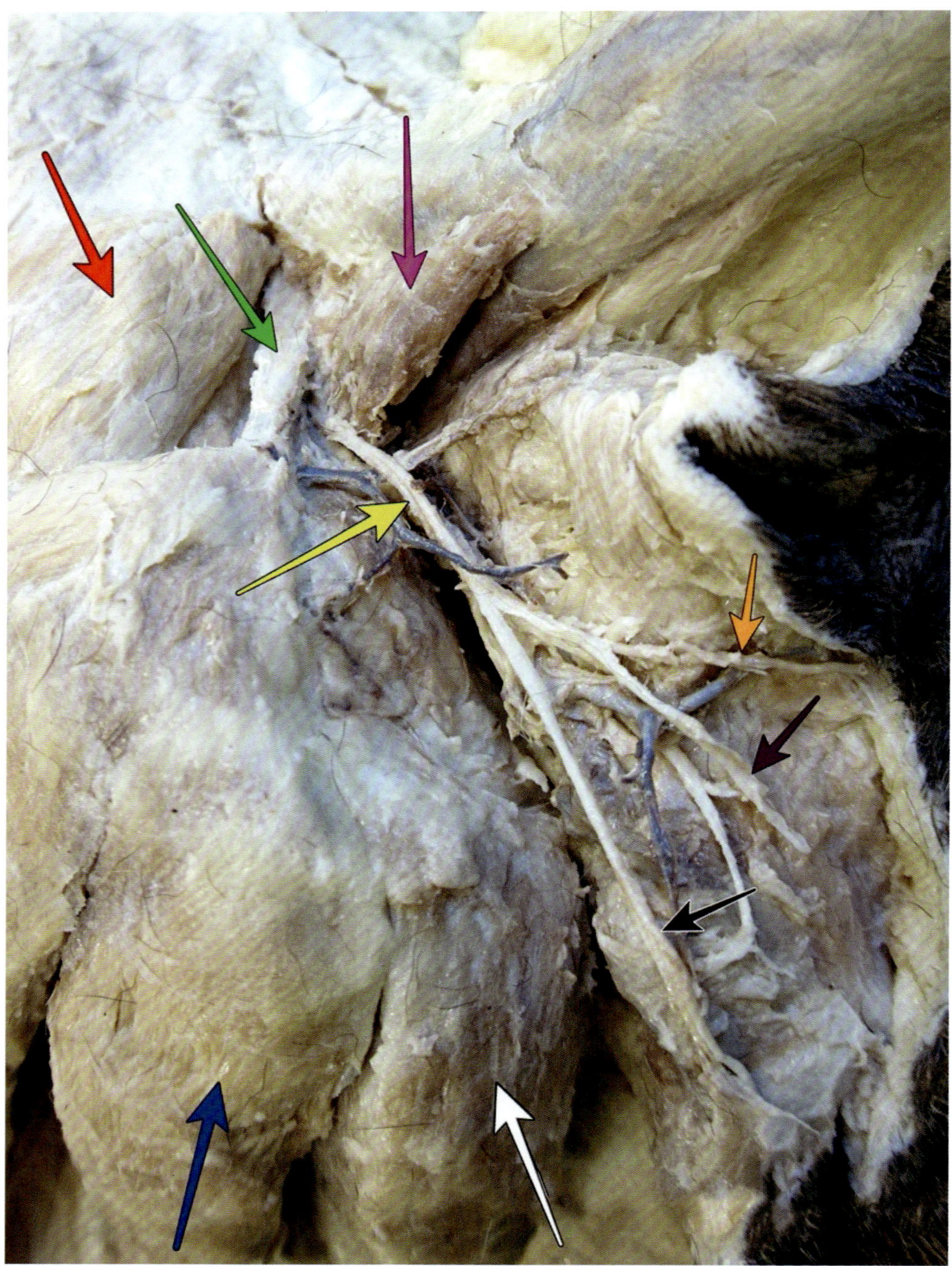

Abb. 111: *M. gluteus supf.* (rot), *Lig. sacrotuberale* (grün), *M. coccygeus* (pink), *N. pudendus* (gelb), parallel zu *A.* und *V. pudenda interna* mit *N. rectalis caudalis* (orange), *N. perinealis* (lila), *N. dorsalis clitoridis* (schwarz), *M. semimembranosus* (weiß), *M. semitendinosus* (blau).

A. und *V. glutea caudalis* sowie *N. gluteus caudalis*, die unmittelbar unterhalb des *Lig. sacrotuberale* zu liegen kommen, sollen dargestellt und geschont werden.

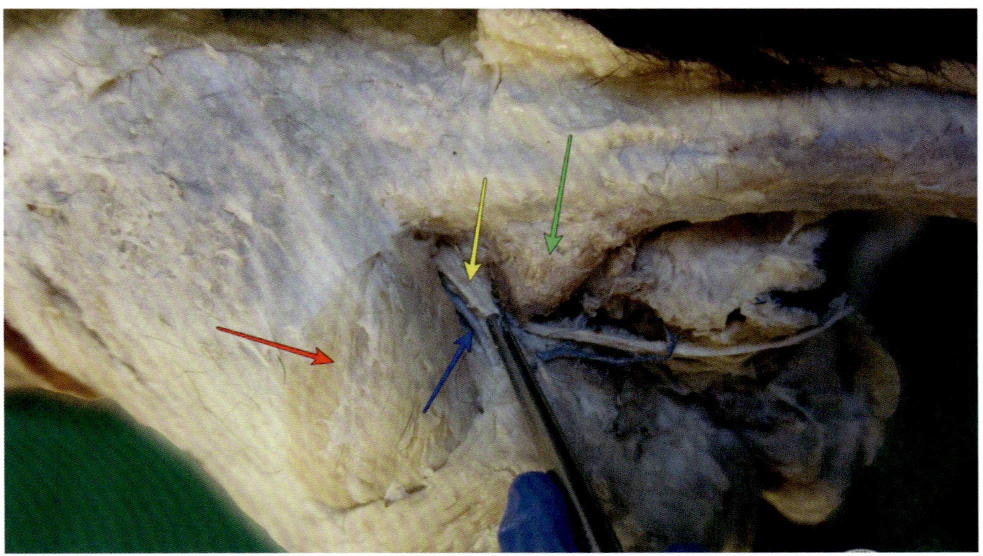

Abb. 112: Ansicht auf die *Fossa ischiorectalis* von dorsokaudal/dorsolateral: *M. gluteus supf.* (rot), *M. coccygeus* (grün), *Lig. sacrotuberale* (gelb), *V. glutea caudalis* (blau).

Bestimme *M. levator ani* medial des *M. coccygeus* und *M. rectococcygeus* ventral der Schwanzbasis. Isoliere *M. sphincter ani externus*, der den Anus ringförmig umgibt. Identifiziere *M. obturatorius internus* kraniomedial der langen Sitzbeinmuskulatur. Gegebenenfalls kann der *M. retractor clitoridis* kranial des *M. sphincter ani externus* dargestellt werden.

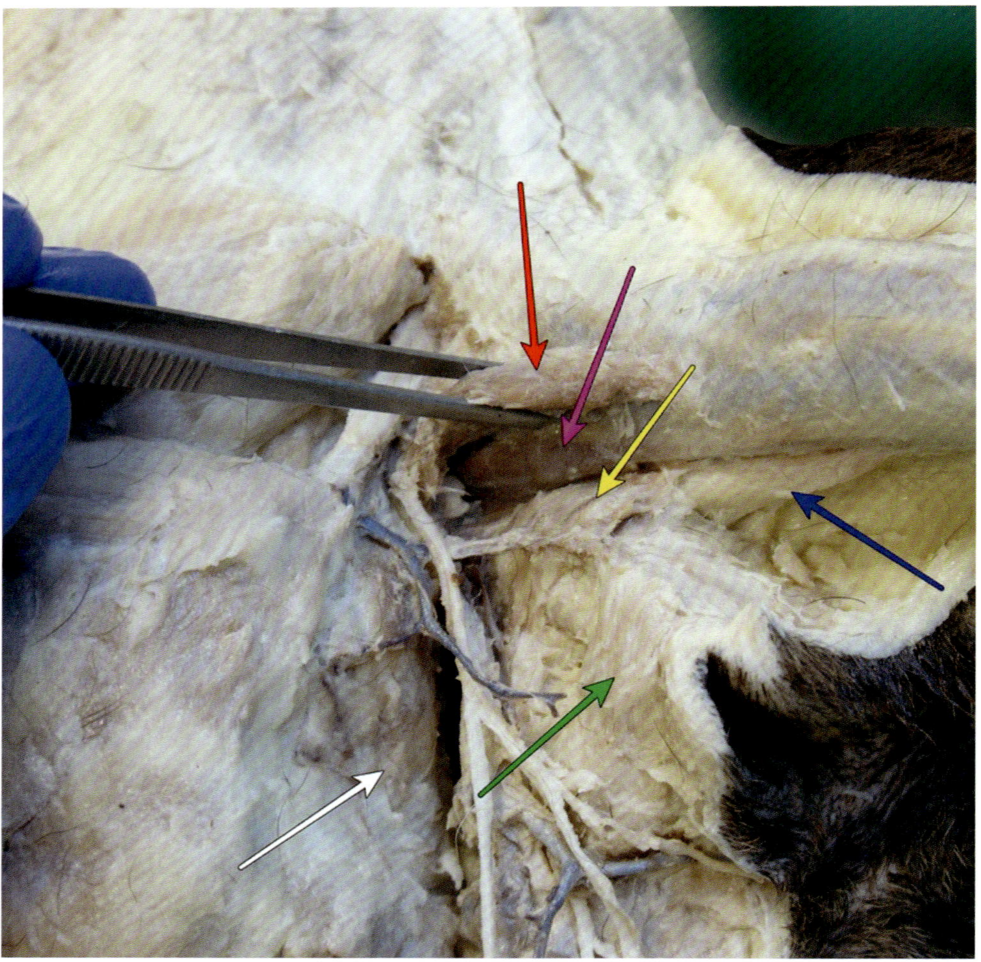

Abb. 113: *M. coccygeus* (rot, mit Pinzette fixiert), *M. levator ani* (pink), *M. retractor clitoridis* (gelb), *M. rectococcygeus* (blau), *M. sphincter ani externus* (grün), *M. obturatorius internus* (weiß).

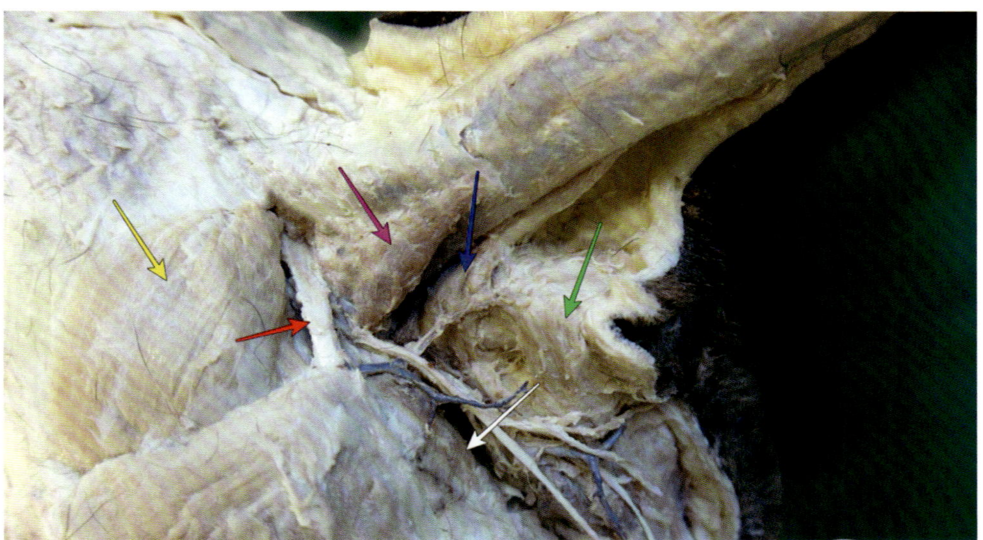

Abb. 114: *M. coccygeus* (pink), *M. retractor clitoridis* (blau), *M. sphincter ani externus* (grün), *M. obturatorius internus* (weiß), *M. gluteus superficialis* (gelb), *Lig. sacrotuberale* (rot).

Identifiziere die *Mm. perinei* zwischen Anus und Vulva. Gegebenenfalls können *M. constrictor vulvae* und *M. constrictor vestibuli* (als Anteile des *M. bulbospongiosus*) anhand ihres zirkulären Faserverlaufs um Vulva bzw. Vestibulum und der fächerförmige *M. ischiocavernosus* anhand seines Ursprungs am Sitzbeinhöcker identifiziert werden.

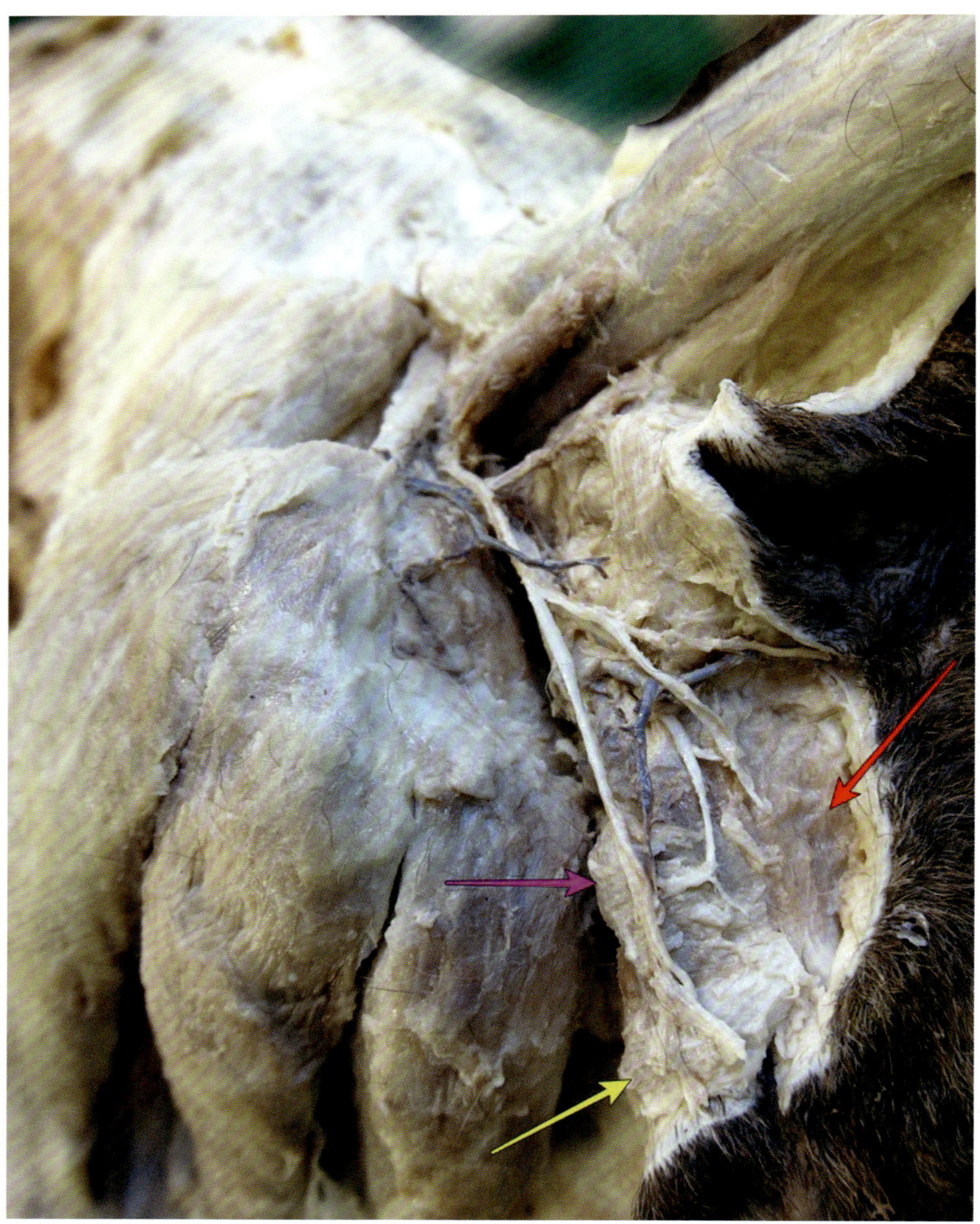

Abb. 115: *Mm. perinei* (rot), *M. ischiocavernosus* (pink,) *M. constrictor vulvae* (gelb).

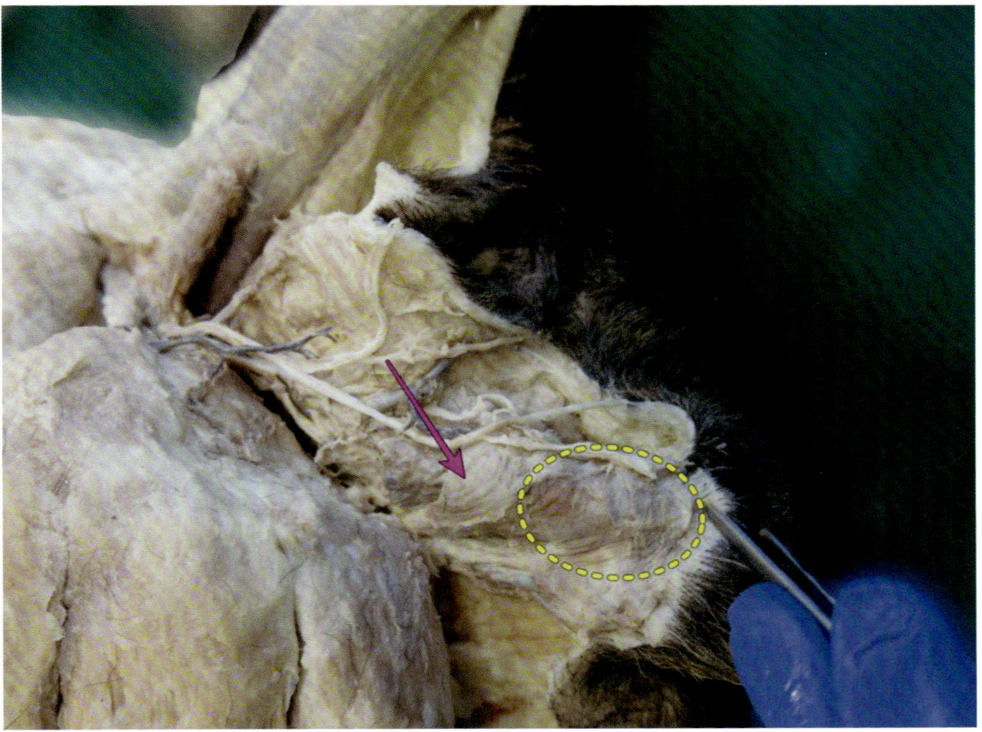

Abb. 116: Zur besseren Darstellung von *M. ischiocavernosus* (pink) und *M. bulbospongiosus* (gelb) wird die Vulva mit der Pinzette nach kaudal gezogen.

Beim männlichen Tier sind *M. ischiocavernosus* und insbesondere *M. bulbospongiosus* kräftiger ausgebildet. Identifiziere *M. bulbospongiosus* zwischen Anus und Hodensackbasis, *M. ischiocavernosus lateral* des *M. bulbospongiosus.* Beachte bei deiner Präparation den bandartigen *M. retractor penis* (Pendant zum *M. retractor clitoridis*), der dem *M. bulbospongiosus* aufliegt.

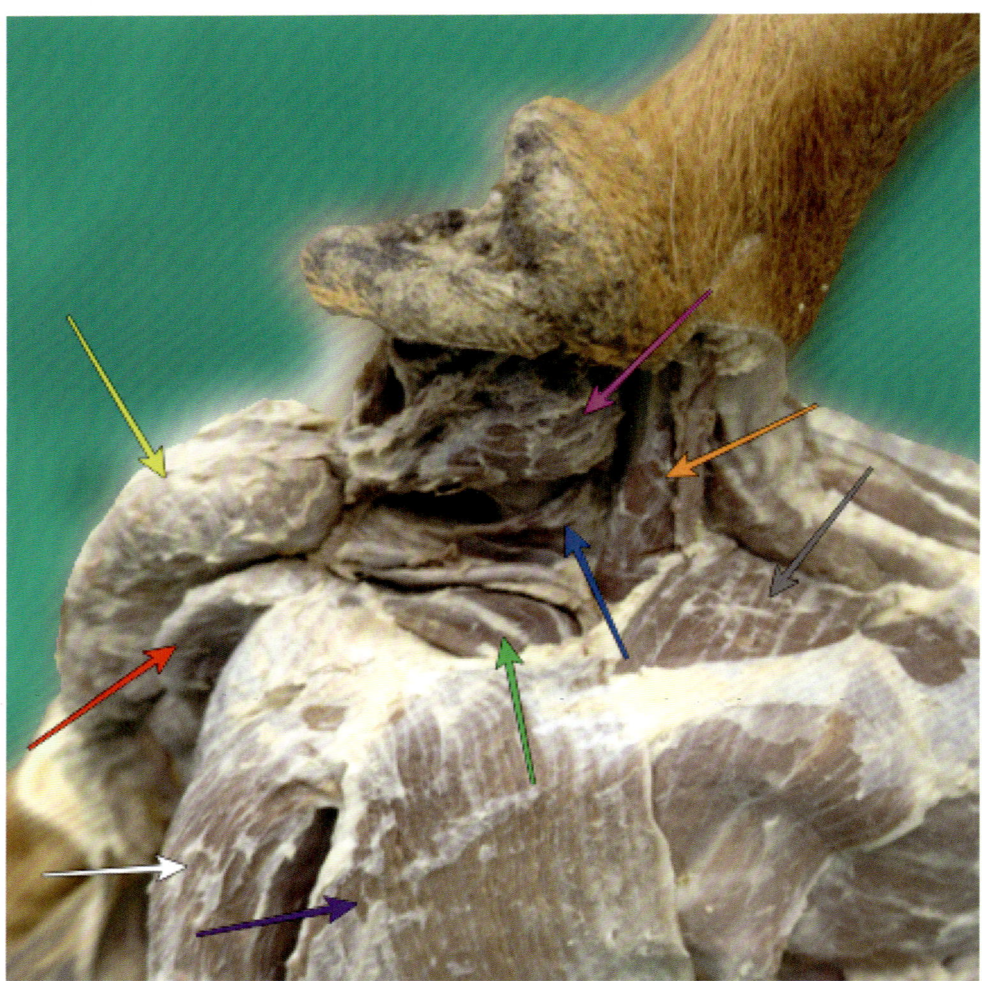

Abb. 117: Männlich, Ansicht von lateral: *M. gluteus supf.* (grau), *M. biceps femoris* (violett), *M. semitendinosus* (weiß), *M. obturatorius internus* (grün), *M. sphincter ani ext.* (pink), *M. ischiocavernosus* (rot), *M. bulbospongiosus* (gelb), *M. coccygeus* (orange), *M. levator ani* (blau).

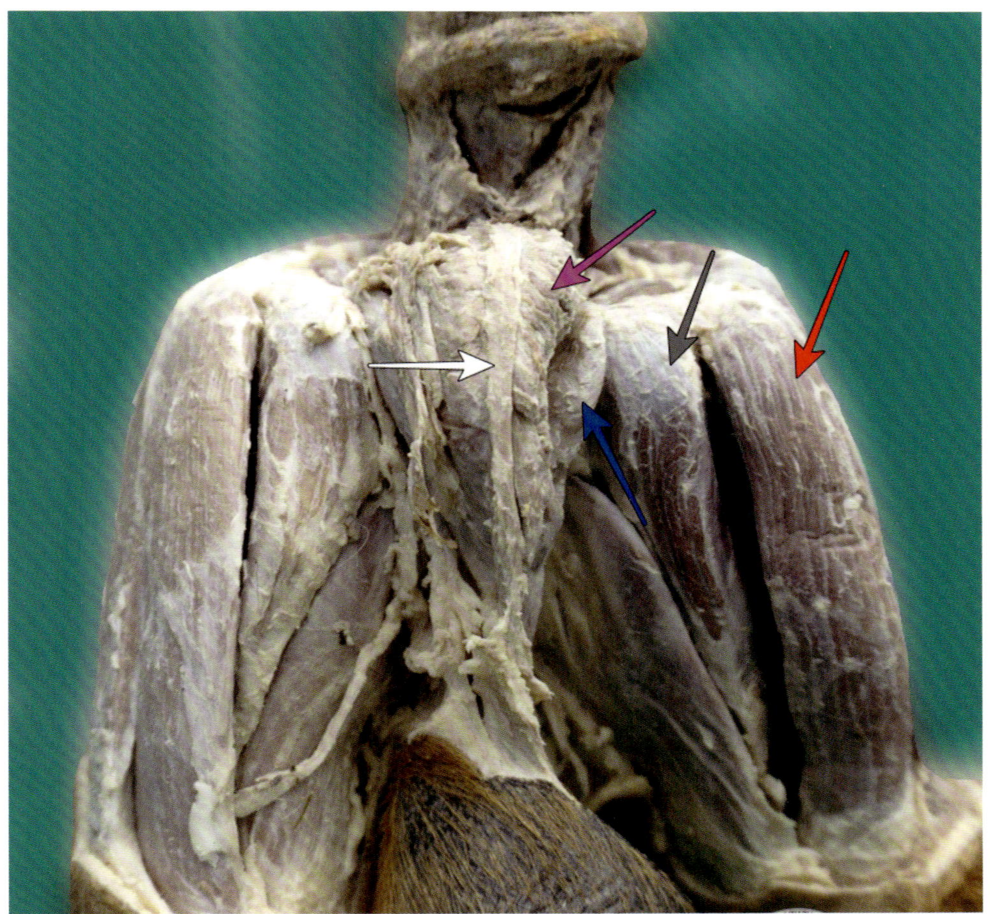

Abb. 118: Männlich, Ansicht von kaudal: *M. bulbospongiosus* (pink), *M. retractor penis* (weiß), *M. ischiocavernosus* (blau), *M. semimembranosus* (grau), *M. semitendinosus* (rot).

Identifiziere die Öffnung der beiden Analbeutel (*Sinus paranalis*) neben der Afteröffnung (auf „4 und 8 Uhr"). Bestimme das Ausmaß des Analbeutels, indem Du eine Sonde in dessen Öffnung einführst und die Spitze der Sonde auf dem *M. sphincter ani externus* palpierst. Lege den Analbeutel frei.

Abb. 119: Öffnung der Analbeutel (rot), der Anus (von Pinzette fixiert).

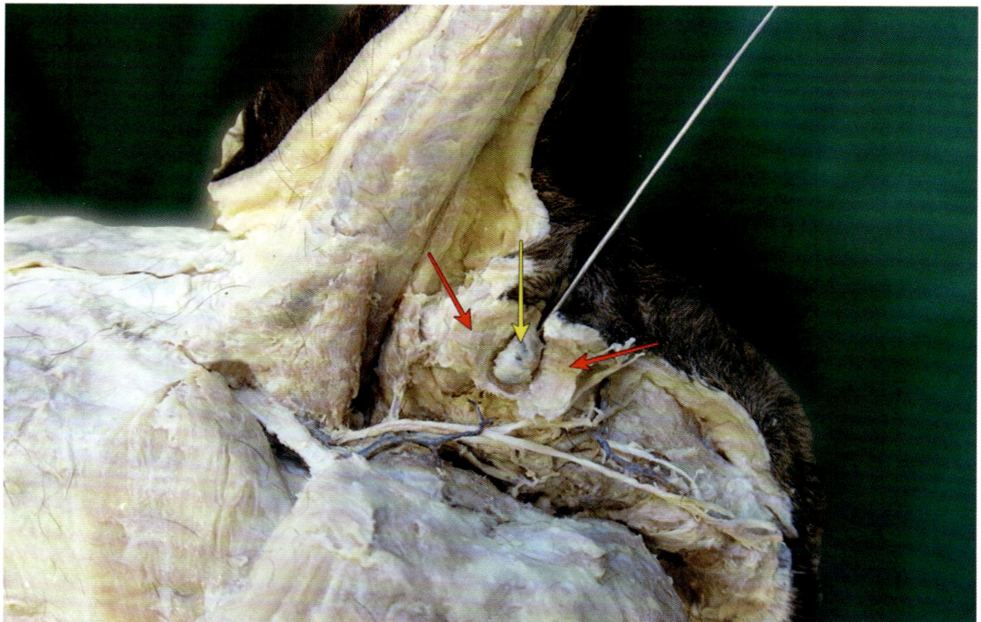

Abb. 120: Zur Präparation des Analbeutels (gelb) wurde eine Sonde eingeführt und der *M. sphincter ani exernus* (rot) schonend abpräpariert.

Liegt zur Präparation eine sog. „Pistole" (Gliedmaße mit halbiertem Becken und kaudaler Wirbelsäule) vor, können die in der Beckenhöhle verbliebenen Anteile von Darm, Harn- und Geschlechtsorgane) entfernt werden, um so größere Anteile des *M. coccygeus* (und des *M. obturatorius internus*) zu bestimmen.

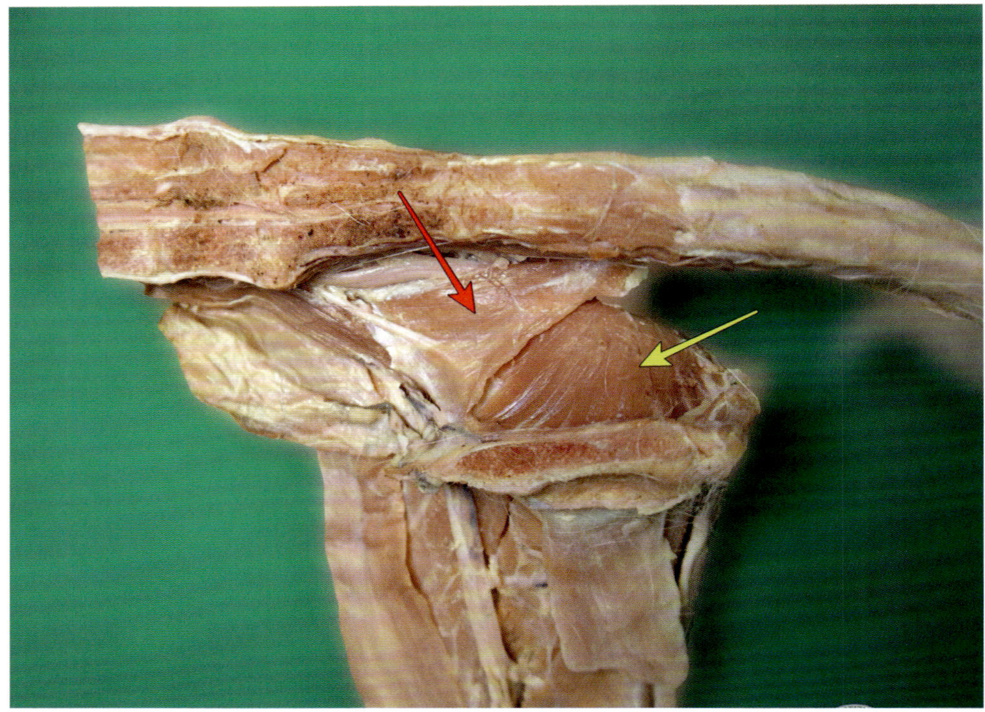

Abb. 121: Die Organe der Beckenhöhle wurden entfernt: *M. coccygeus* (rot), *M. obturatorius internus* (gelb).

Kapitel 7

Protokoll zur Präparation der Beckengliedmaße

> **Beachte:** Sofern nicht anders vermerkt, handelt es sich in den folgenden Bildern um eine rechte Hintergliedmaße.

Führe dir die Lage des knöchernen Skeletts an deinem Präparat vor Augen. Bewege Hüft-, Knie- und Sprunggelenk und identifiziere die tastbaren Knochenpunkte an Becken und Hintergliedmaße.

Tastbare Knochenpunkte der Beckengliedmaße

- *Tuber ischiadicum*
- *Crista iliaca*
- *Trochanter major*
- *Patella*
- *Condylus medialis* und *lateralis ossis femoris*
- *Tuberositas tibiae*
- *Condylus medialis tibiae*
- *Caput fibulae*
- *Tuber calcanei*
- *Malleolus lateralis* und *medialis*

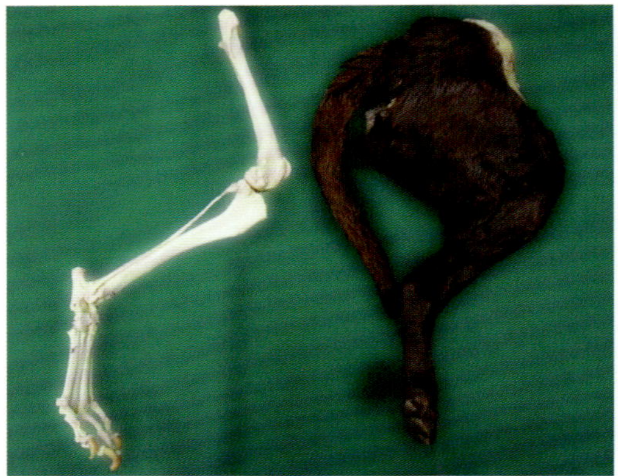

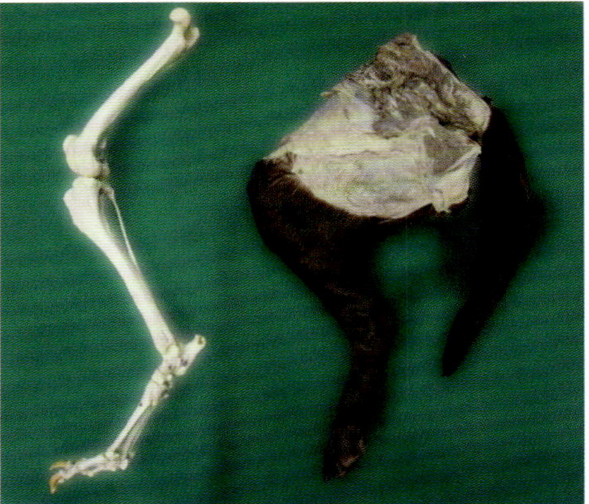

Abb. 122: Knöchernes Skelett und fixierte rechte Hintergliedmaße („Pistole“, Gliedmaße mit Anteilen von Becken und Rute) von lateral (links) und medial (rechts).

7.1 Hautpräparation und Faszienverhältnisse

Setze eine Hautinzision von der dorsalen Schwanzbasis bis unmittelbar proximal der Pfote (1). Platziere ebenda einen zirkulären Entlastungsschnitt (2). Löse die Haut durch stumpfe Präparation von darunter liegendem Gewebe. Ein weiterer Entlastungsschnitt auf Höhe des Kniegelenks (3) ist bei Bedarf möglich. Rute, Anus und Genital werden umschnitten.

Beachte: Die lateral am Unterschenkel, oberflächlich verlaufende *V. saphena lateralis* soll bei der Hautpräparation geschont werden.

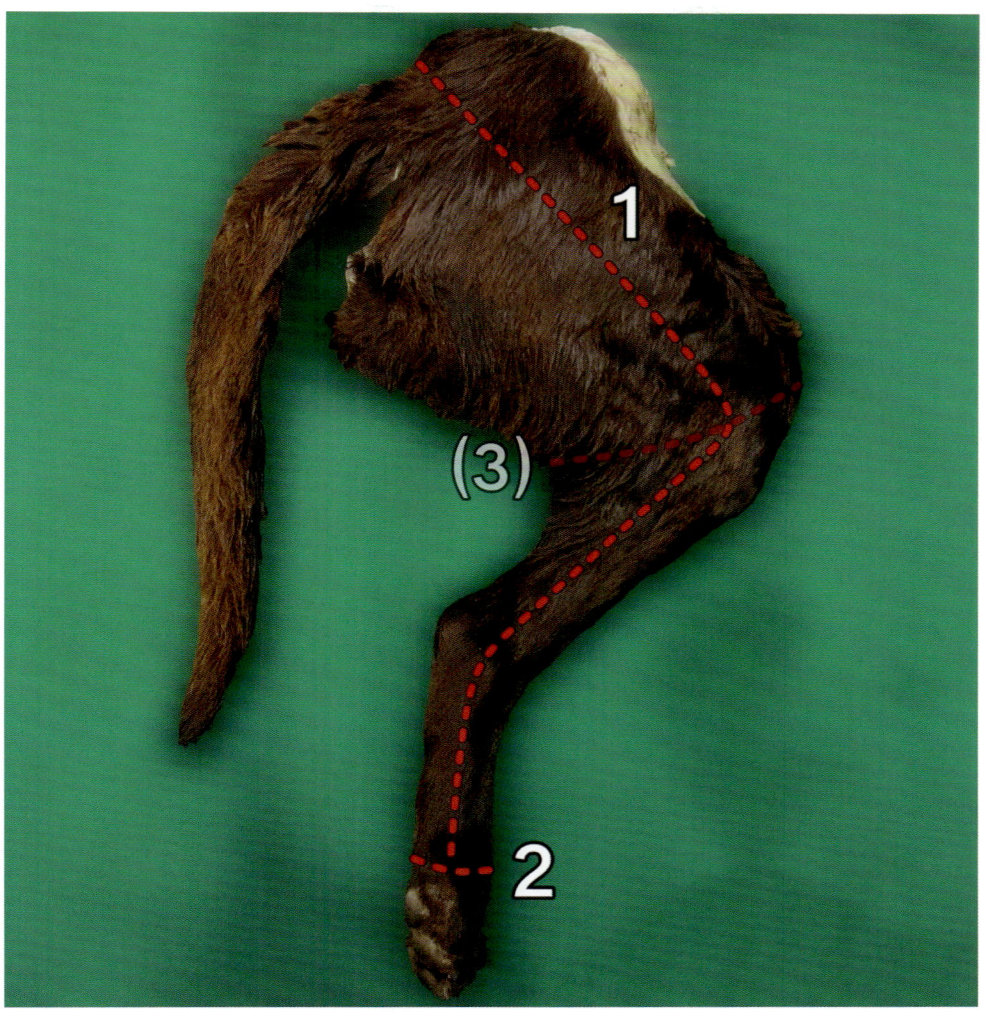

Abb. 123: Schnittlinien zur Enthäutung der lateralen Seite der Beckengliedmaße.

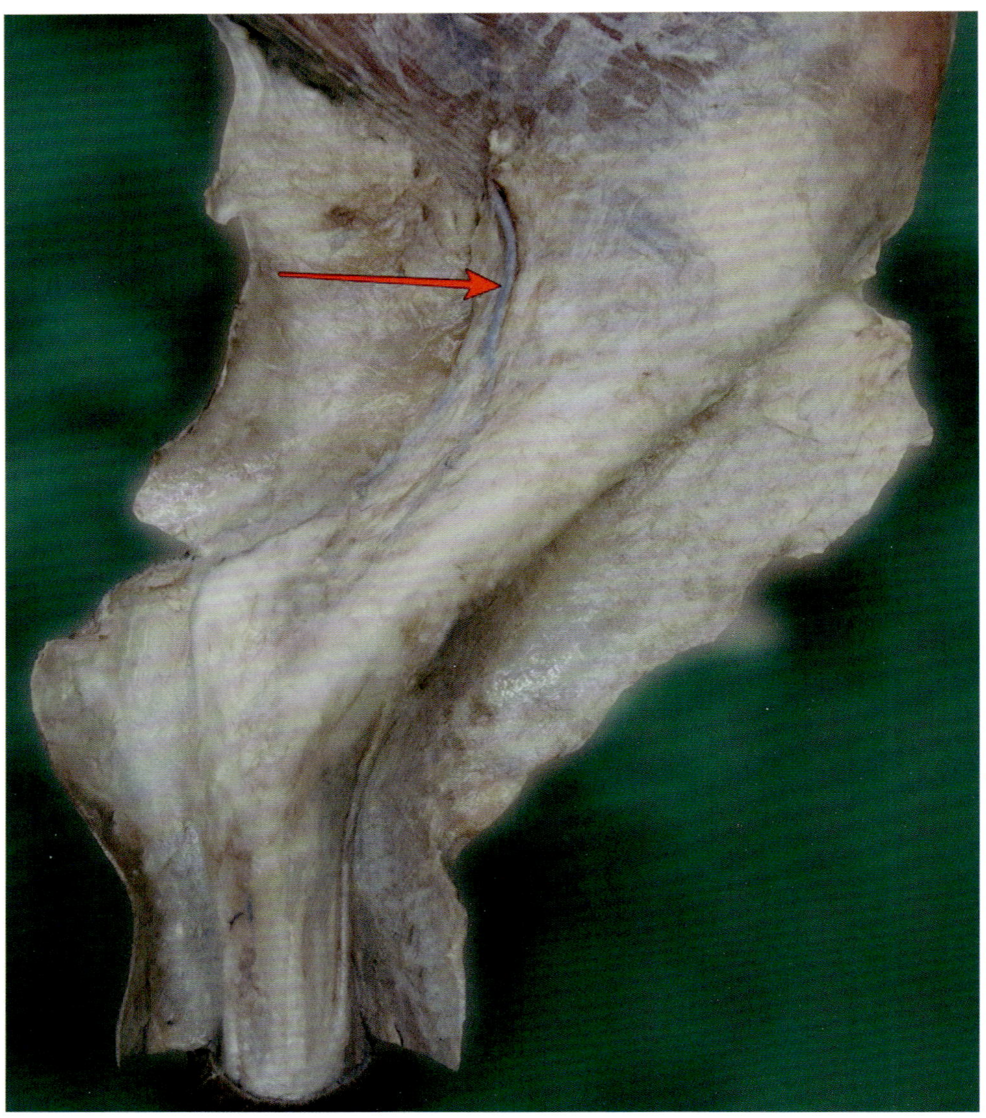

Abb. 124: Lateraler Unterschenkel: *V. saphena lateralis* (rot).

Bestimme *Fascia glutea* im Bereich der Kruppe, *Fascia lata* kraniolateral am Oberschenkel und *Fascia cruris* auf Höhe des Unterschenkels. Identifiziere den breiten *M. biceps femoris* lateral am Oberschenkel, umgeben von Fett- und Bindegewebe, bevor Du dieses lateral an Kruppe und Oberschenkel entfernst.

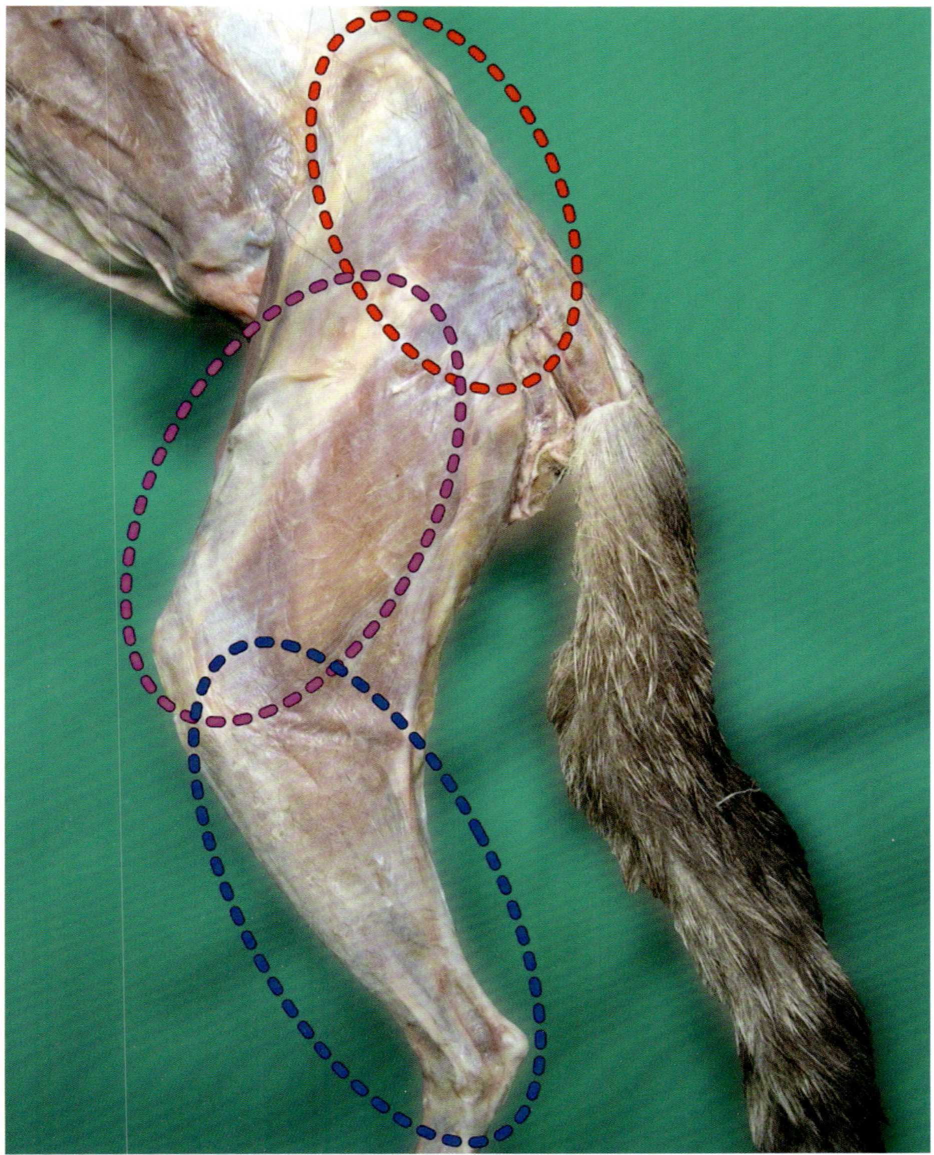

Abb. 125: Faszienverhältnisse dargestellt an der linken Hintergliedmaße einer Katze: *Fascia glutea* (rot), *Fascia lata* (pink), *Fascia cruris* (blau).

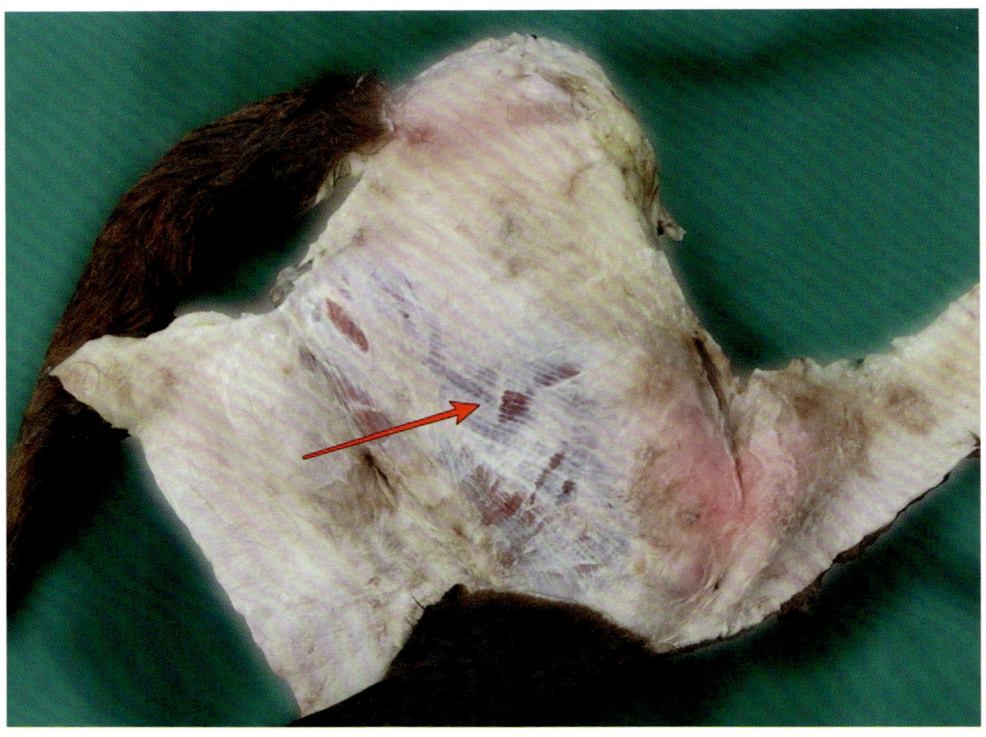

Abb. 126: Lateralansicht nach Enthäutung: *M. biceps femoris* (rot).

7.2 Kruppe und lateraler Oberschenkel

Isoliere die Konturen des *M. biceps femoris*. Identifiziere *M. semitendinosus* kaudal am Oberschenkel. Gegebenenfalls kann bereits an dieser Stelle der *Ln. popliteus* in der Kniekehle zwischen *M. biceps femoris* und *M. semitendinosus* palpiert und isoliert werden. Identifiziere die oberflächlich gelegene Kruppenmuskulatur: *M. gluteus superficialis* und *M. gluteus medius*. Bestimme *M. tensor fasciae latae* im Raum zwischen *M. gluteus medius*, *M. biceps femoris* und *M. sartorius*.

> **!**
>
> **Beachte:** Das tiefe Blatt der *Fascia lata* hält den *M. biceps femoris* in Position und soll vorerst nicht eröffnet werden.

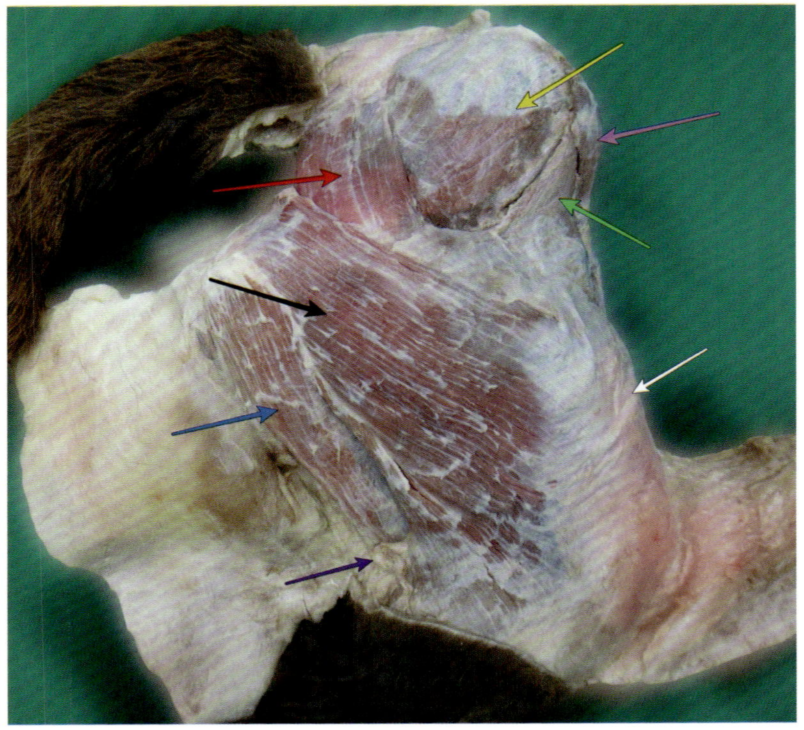

Abb. 127: Lateralansicht auf Kruppen- und Oberschenkelregion nach Entfernung von Fett- und Bindegewebe: *M. biceps femoris* (schwarz), *M. semitendinosus* (blau), *Ln. popliteus* (lila), *Fascia lata* (weiß), *M. gluteus superficialis* (rot), *M. gluteus medius* (gelb), *M. tensor fasciae latae* (grün), *M. sartorius* (pink).

Beachte: Bei der Katze befindet sich kaudal des *M. gluteus superficialis* ein weiterer Muskel, der dem Hund fehlt: *M. gluteofemoralis*

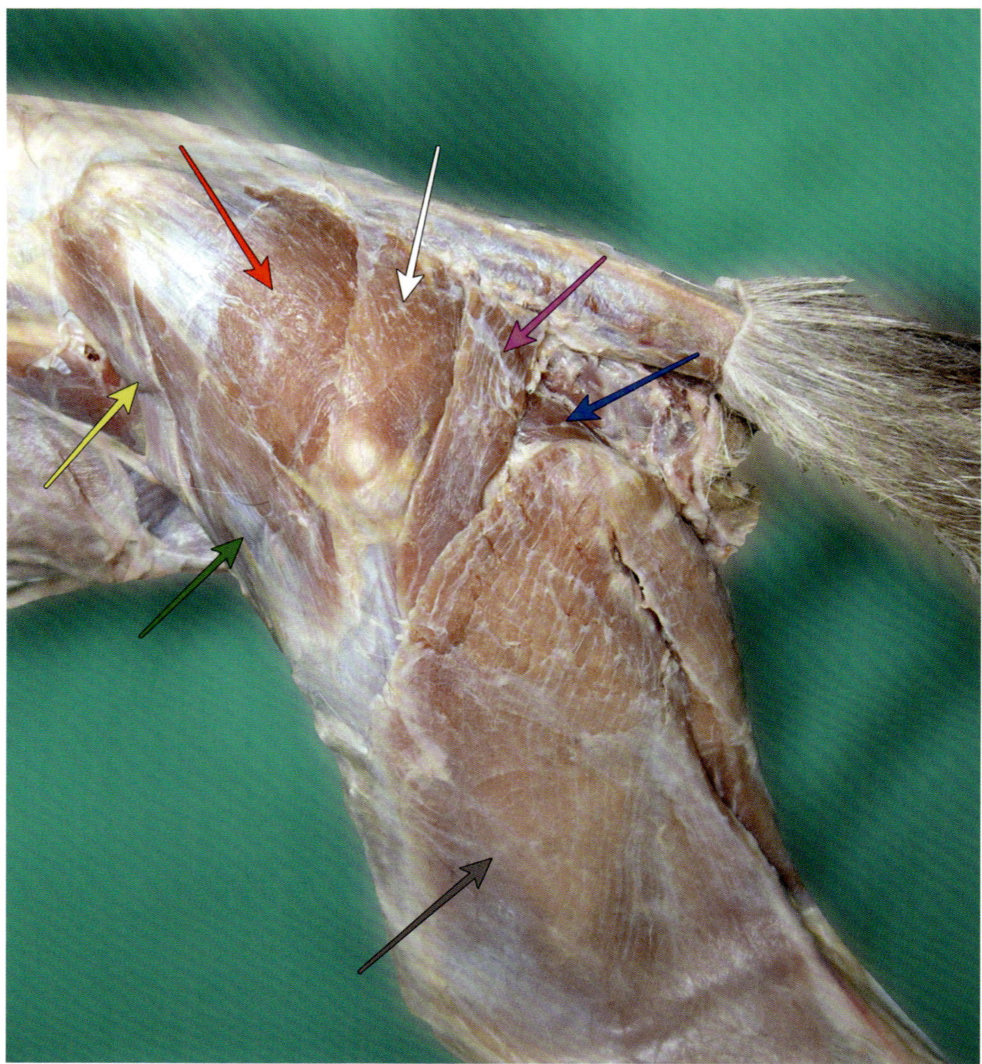

Abb. 128: Linke Hintergliedmaße einer Katze, Ansicht von lateral: *M. gluteofemoralis* (pink), *M. gluteus superficialis* (weiß), *M. gluteus medius* (rot), *M. sartorius* (gelb), *M. tensor fasciae latae* (grün), *M. biceps femoris* (grau), *M. obturatorius internus* (blau).

Löse *M. gluteus superficialis* von darunter liegendem Bindegewebe und durchtrenne ihn mittig, um darunter die Endsehne des *M. gluteus medius* zum *Trochanter major* zu verfolgen.

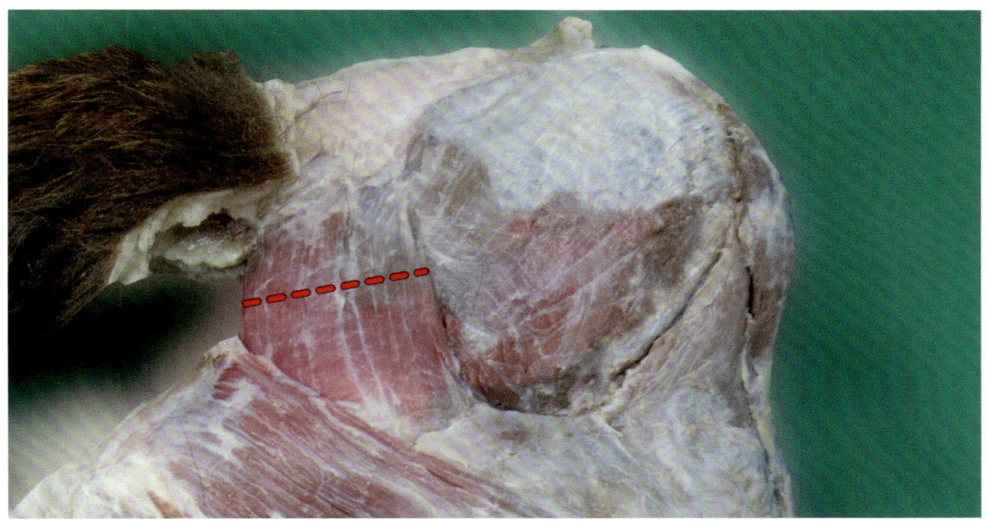

Abb. 129: Kruppenregion von lateral: Schnittführung *M. gluteus superficialis.*

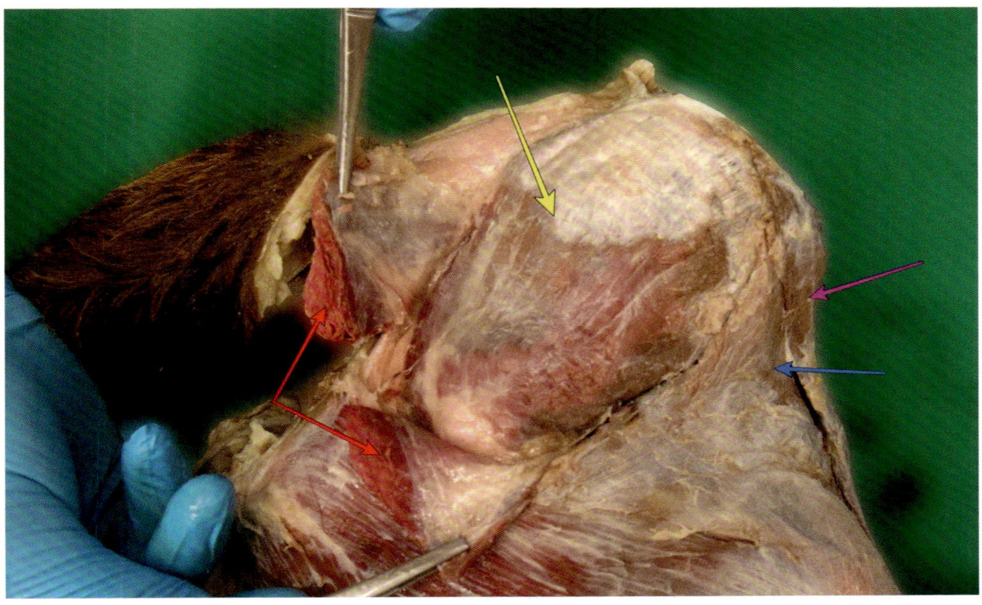

Abb. 130: Kruppenregion von lateral, *M. gluteus supf.* (rot) wurde durchtrennt. *M. gluteus medius* (gelb), *M. tensor fasciae latae* (blau), *M. sartorius* (pink).

Identifiziere die Endsehne des *M. gluteus profundus* unmittelbar medial, leicht ventral der Endsehne des *M. gluteus medius*. Separiere beide Muskeln durch stumpfe Präparation (Finger, Skalpellgriff), bevor Du den *M. gluteus medius* ebenfalls mittig durchtrennst. Bestimme in der Tiefe neben dem *M. gluteus profundus* auch den birnenförmigen *M. piriformis* sowie *N. gluteus cranialis*.

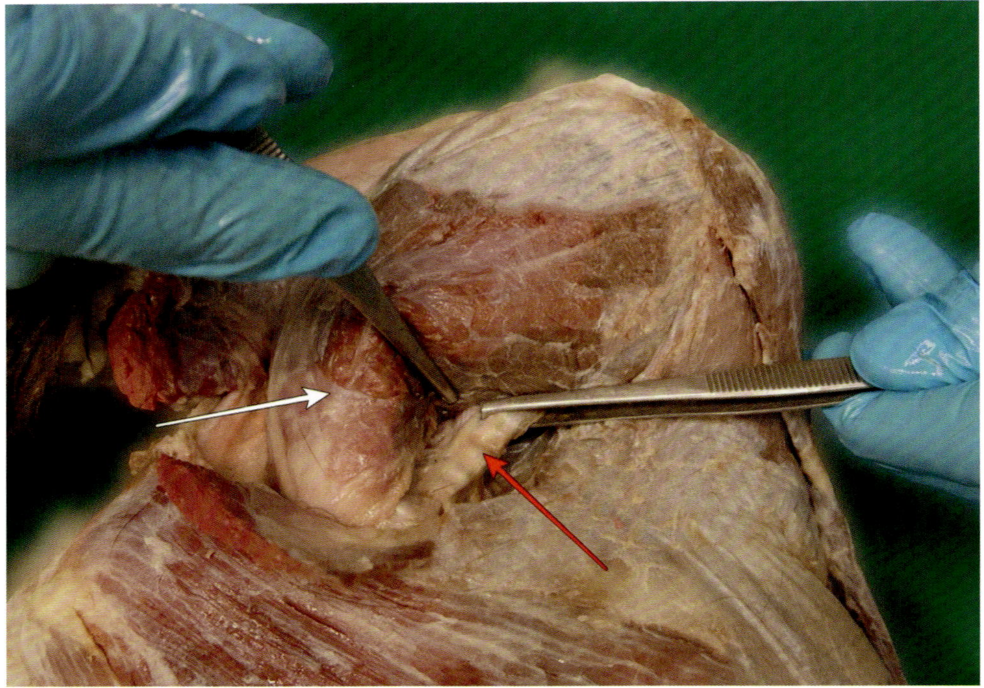

Abb. 131: Kruppenregion von lateral: Endsehne des *M. gluteus profundus* (rot), *M. gluteus medius* (weiß).

Beachte: Um die in der Tiefe liegenden Strukturen zu schonen, soll der *M. gluteus medius* erst durchtrennt werden, wenn er mit einer Pinzette vollständig von darunter liegendem Gewebe abgehoben werden kann (siehe Abb. 132).

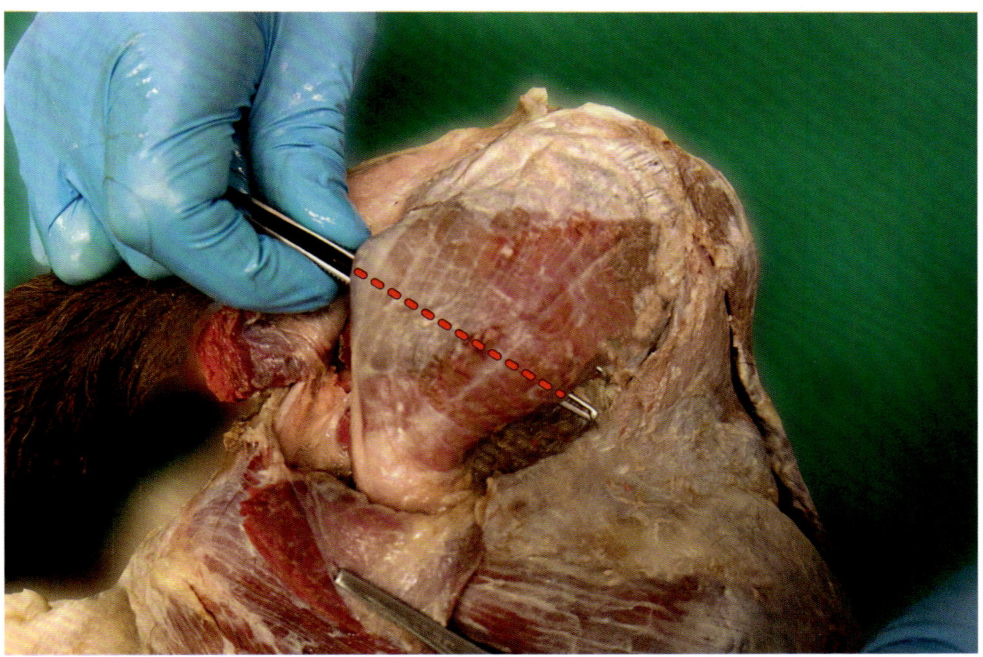

Abb. 132: Schnittführung *M. gluteus medius.*

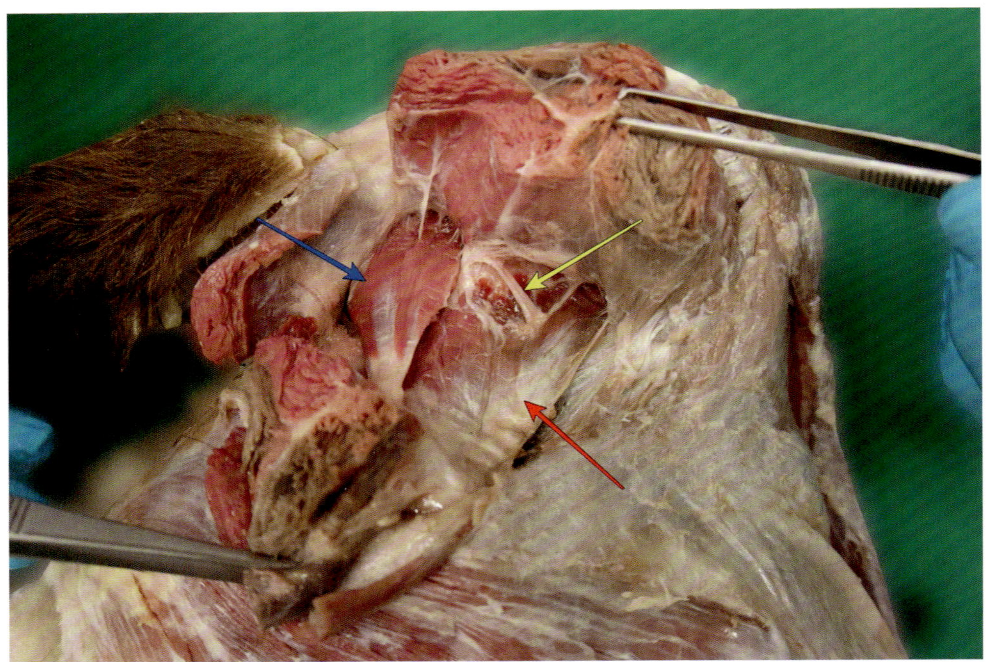

Abb. 133: Kruppenregion von lateral, der *M. gluteus medius* wurde durchtrennt, seine Anteile werden durch Pinzetten zur Seite gehalten: *M. gluteus profundus* (rot), *M. piriformis* (blau) und *N. gluteus cranialis* (gelb).

Palpiere und isoliere das straffe *Ligamentum sacrotuberale* kaudal der Kruppenmuskulatur. Identifiziere den kräftigen *N. ischiadicus* sowie direkt unterhalb des *Ligamentum sacrotuberale* auch *A.* und *V. glutea caudalis* sowie *N. gluteus caudalis*.

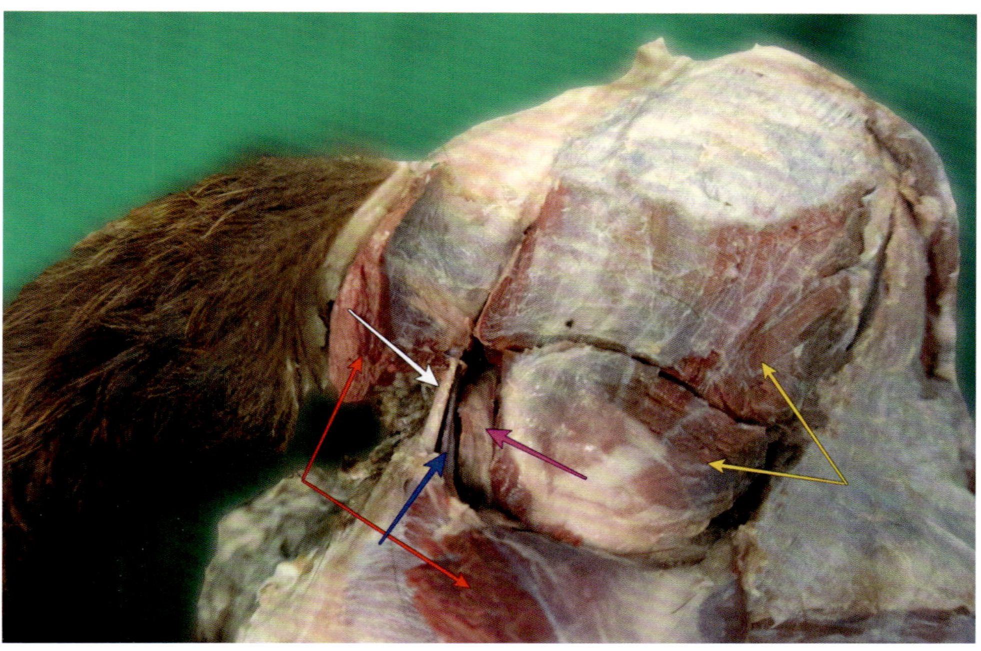

Abb. 134: *M. gluteus medius* (durchtrennt, gelb), *M. gluteus superficialis* (durchtrennt, rot), *Ligamentum sacrotuberale* (weiß), *N. ischiadicus* (pink), *V. glutea caudalis* (blau).

Isoliere die Fersenbeinsehne *(Tractus calcaneus lateralis)* des *M. biceps femoris.*

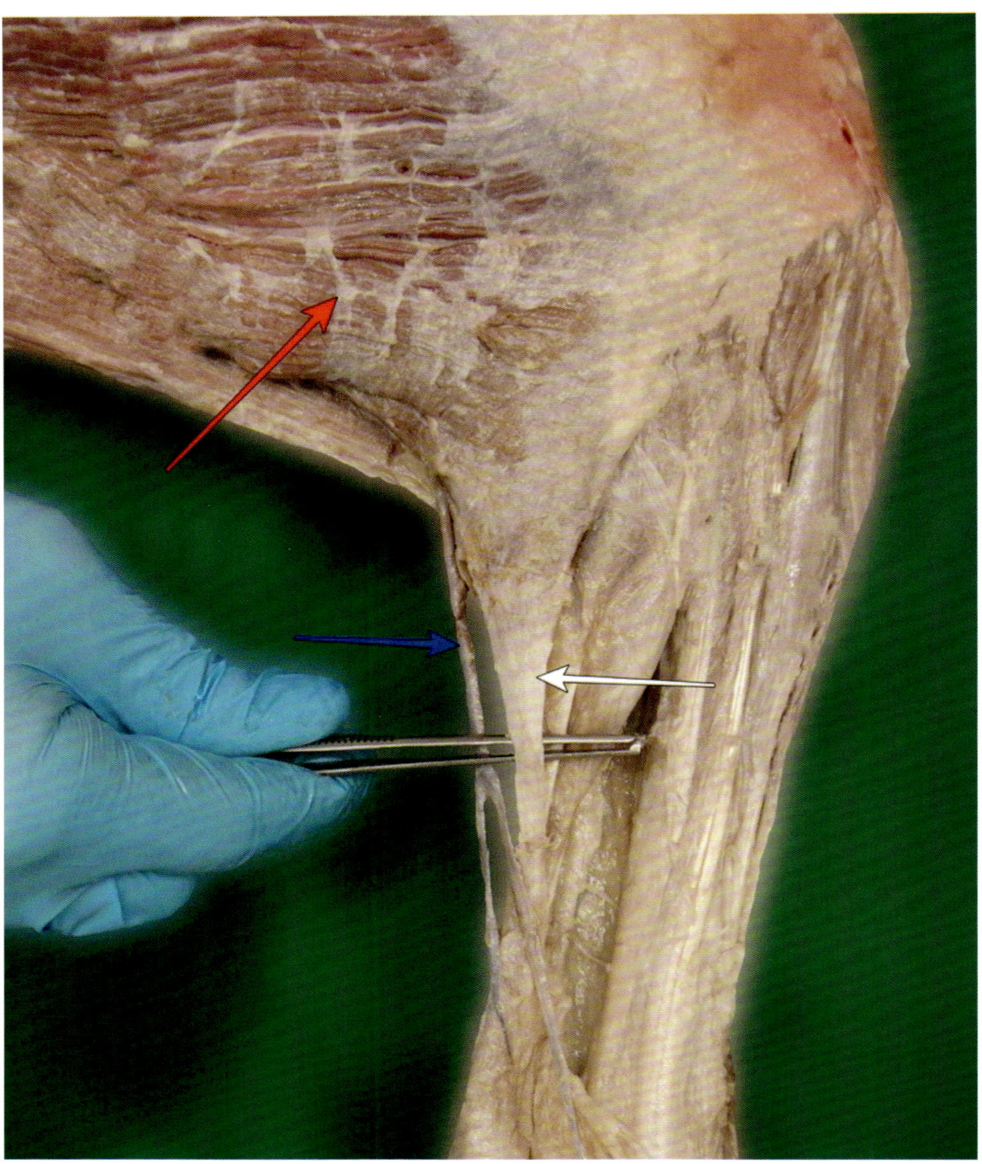

Abb. 135: Kniegelenksregion und proximaler Unterschenkel von lateral: Fersenbeinsehne (weiß) des *M. biceps femoris* (rot), *V. saphena lateralis* (blau).

Abb. 136: *Tractus calcaneus lateralis* (rot) am Frischpräparat.

Der *M. biceps femoris* soll nun mittig durchtrennt werden. Hierfür sind drei Vorbereitungsschritte erforderlich:

1. Löse den Muskel kranial anteilsweise von seinem Ansatz an der *Fascia lata*. Der *M. biceps femoris* muss unbedingt distal mit der *Fascia lata* verbunden bleiben.
2. Der dünne, bandartige *M. abductor cruris caudalis* liegt dem *M. biceps femoris* kaudal auf dessen Innenseite an. Isoliere den Muskel durch stumpfe Präparation. Insbesondere bei der Katze ist der Muskel hauchdünn.
3. Löse *M. biceps femoris* durch stumpfe Präparation vom darunter liegenden Gewebe. Hebe den Muskel an und identifiziere den großen, in Fettgewebe einbetteten *N. ischiadicus*. Löse den Nerv von der Innenseite des *M. biceps femoris*.

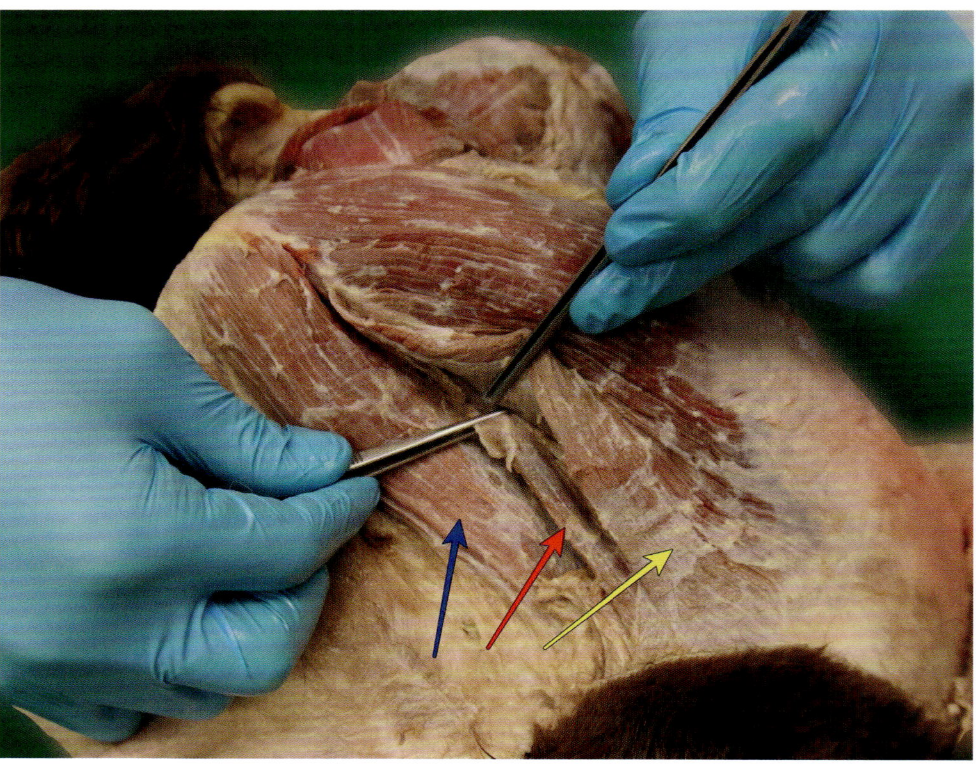

Abb. 137: Oberschenkel, Ansicht von kaudolateral: *M. biceps femoris* (gelb), *M. abductor cruris caudalis* (rot), *M. semitendinosus* (blau).

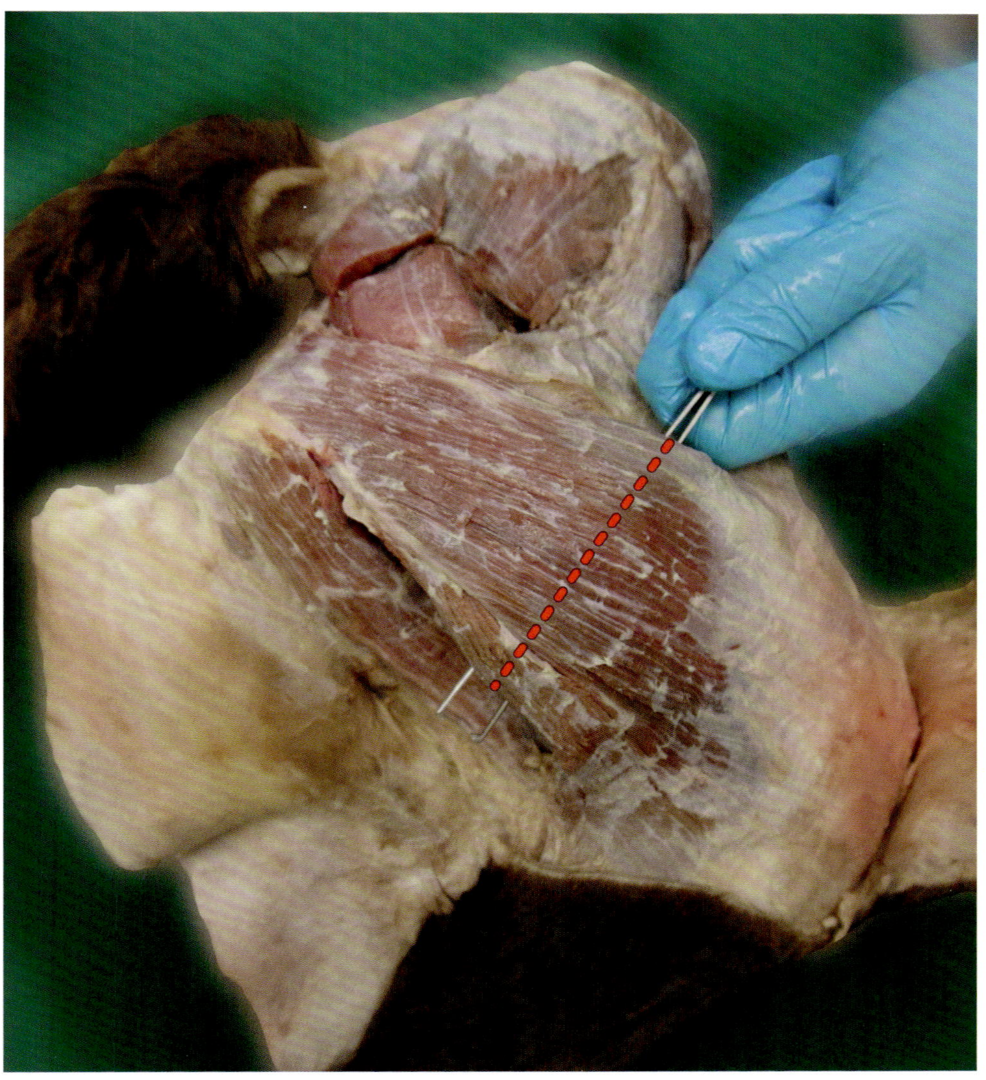

Abb. 138: Schnittführung *M. biceps femoris*.

Falte die entstandenen Anteile des *M. biceps femoris* nach proximal/distal. Entferne überschüssiges Fett- und Bindegewebe. Bestimme *N. ischiadicus*, *M. abductor cruris caudalis*, die in der Tiefe liegenden *M. semimembranosus* und *M. adductor magnus* sowie kraniolateral den von Faszie umhüllten *M. vastus lateralis*.

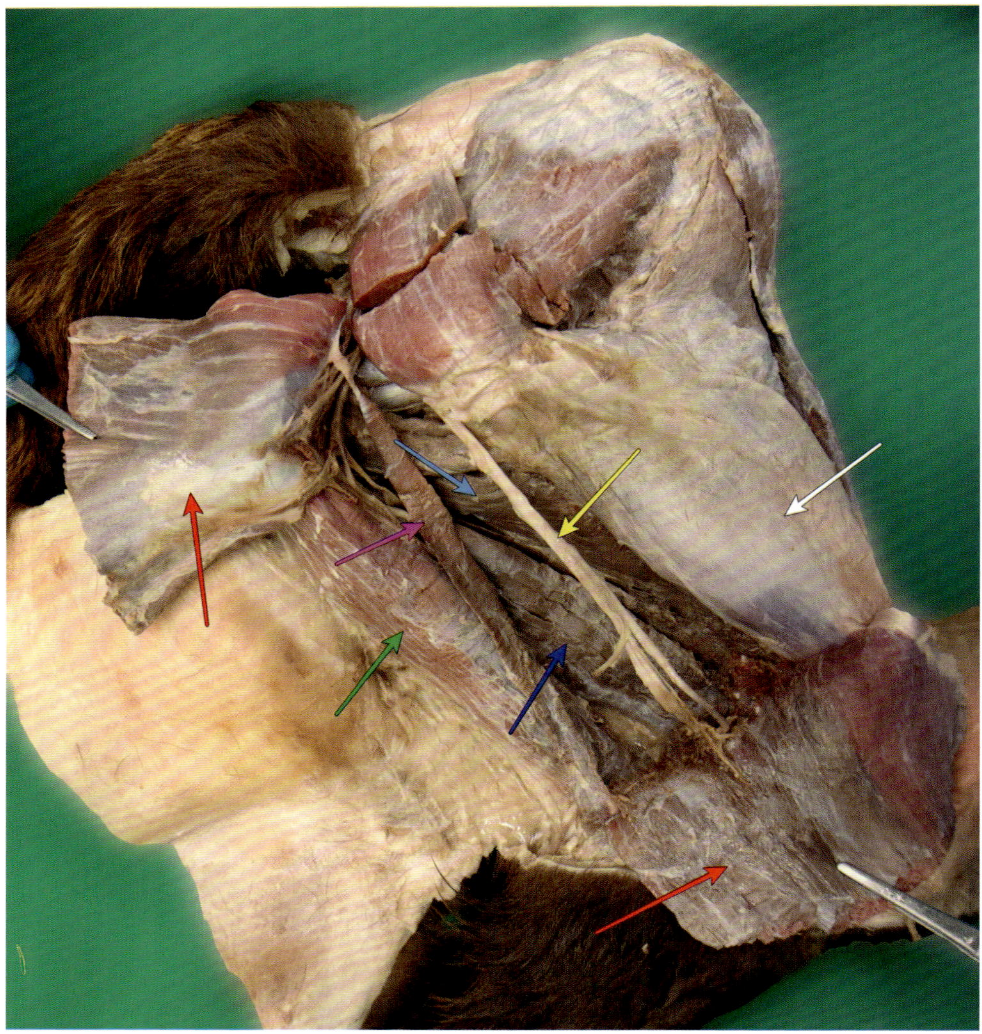

Abb. 139: *M. biceps femoris* (durchtrennt, rot), *N. ischiadicus* (gelb), *M. abductor cruris caudalis* (pink), *M. vastus lateralis* (weiß), *M. adductor magnus* (hellblau), *M. semimembranosus* (dunkelblau), *M. semitendinosus* (grün).

Ziehe *N. ischiadicus* nach kaudodorsal und identifiziere die Muskulatur der „Kleinen Beckengesellschaft“ im Bereich der *Fossa trochanterica.*

„Kleine Beckengesellschaft“

- *M. quadratus femoris*
- *M. obturatorius internus*
- *M. obturatorius externus*
- *Mm. gemelli*

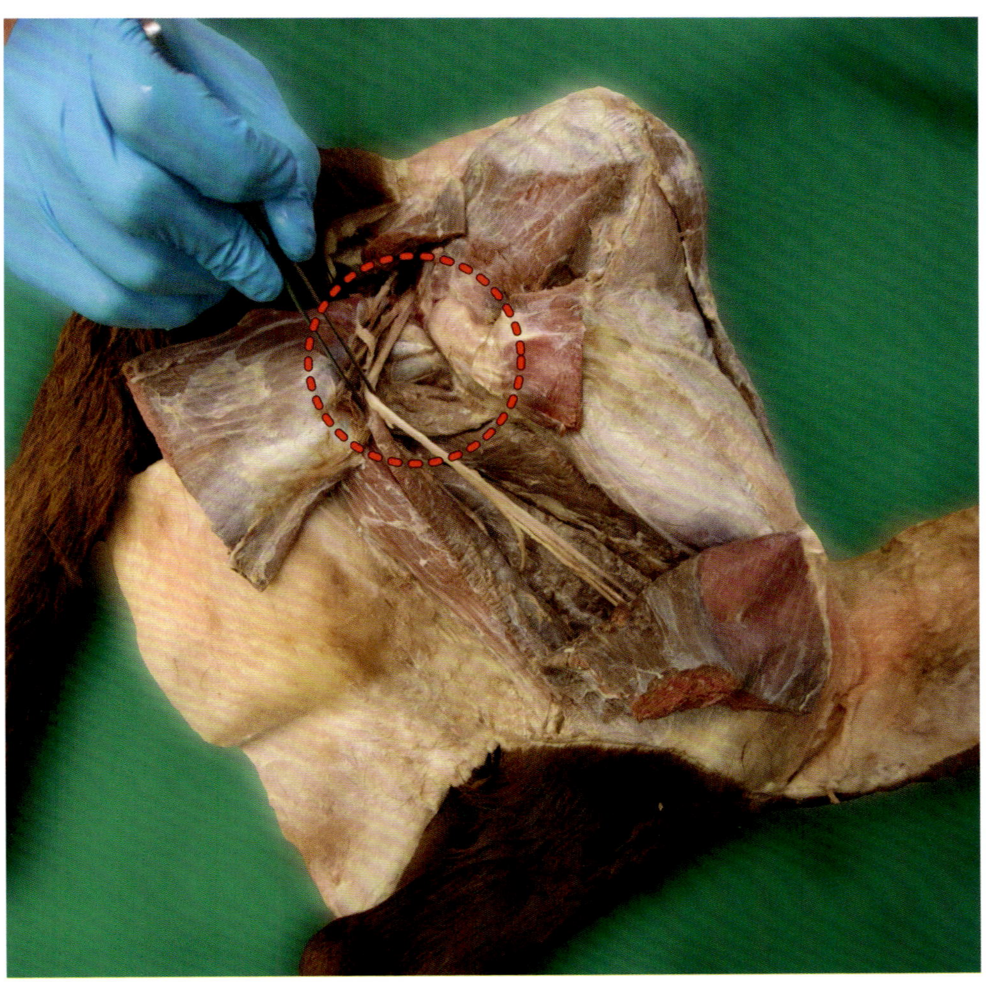

Abb. 140: Lokalisation der „Kleinen Beckengesellschaft“.

Identifiziere *M. quadratus femoris* proximal des *M. adductor magnus*. Identifiziere und isoliere die Endsehne des *M. obturatorius internus*, die von „beiden“ *Mm. gemelli* umrahmt wird. Bestimme *M. obturatorius externus* zwischen *Mm. gemelli* und *M. quadratus femoris*.

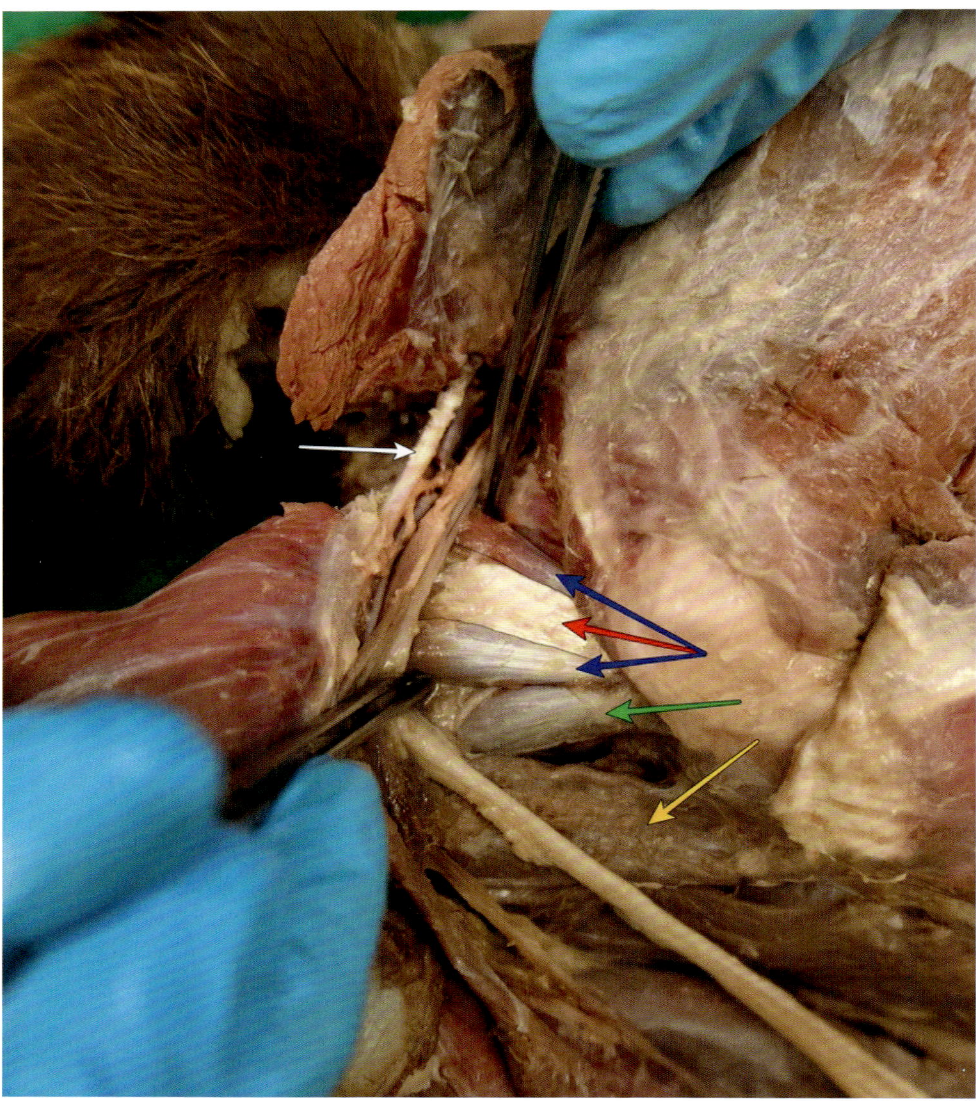

Abb. 141: Nahansicht der „Kleinen Beckengesellschaft“: *M. obturatorius internus* (rot), *Mm. gemelli* (blau), *M. obturatorius externus* (grün), *M. quadratus femoris* (gelb). Außerdem: *Lig. sacrotuberale* (weiß), *N. ischiadicus* (von Pinzetten nach kaudal gezogen).

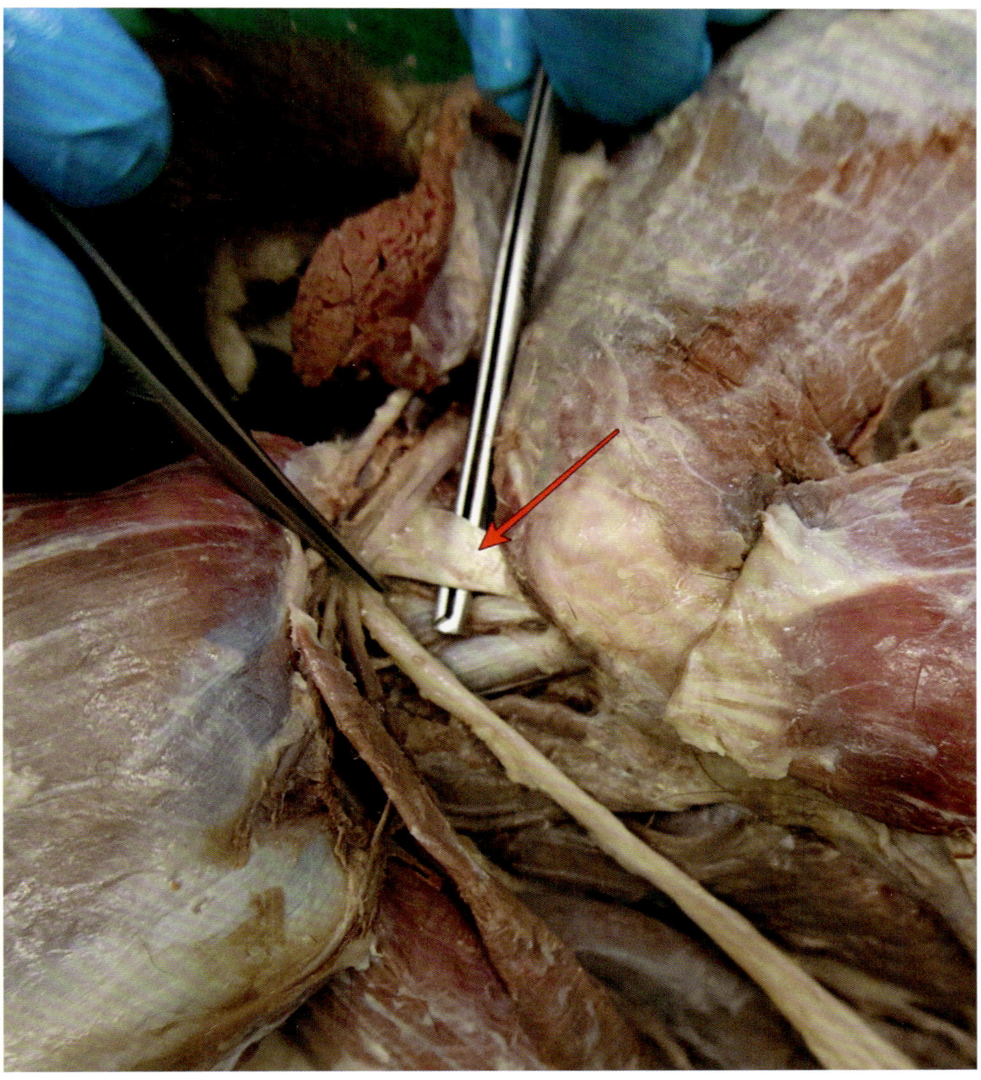

Abb. 142: Nahansicht der „Kleinen Beckengesellschaft“: Die Endsehne des *M. obturatorius internus* (rot) wurde mittels Pinzette von den umliegenden *Mm. gemelli* isoliert.

7.3 Medialer und kranialer Oberschenkel

Die Enthäutung der medialen Seite der Beckengliedmaße erfolgt analog zum Vorgehen auf der Lateralfläche. Auf eine proximo-distale Hautinzision mittig an Ober- und Unterschenkel (1) folgt ein zirkulärer Entlastungsschnitt unweit proximal der Pfote (2).

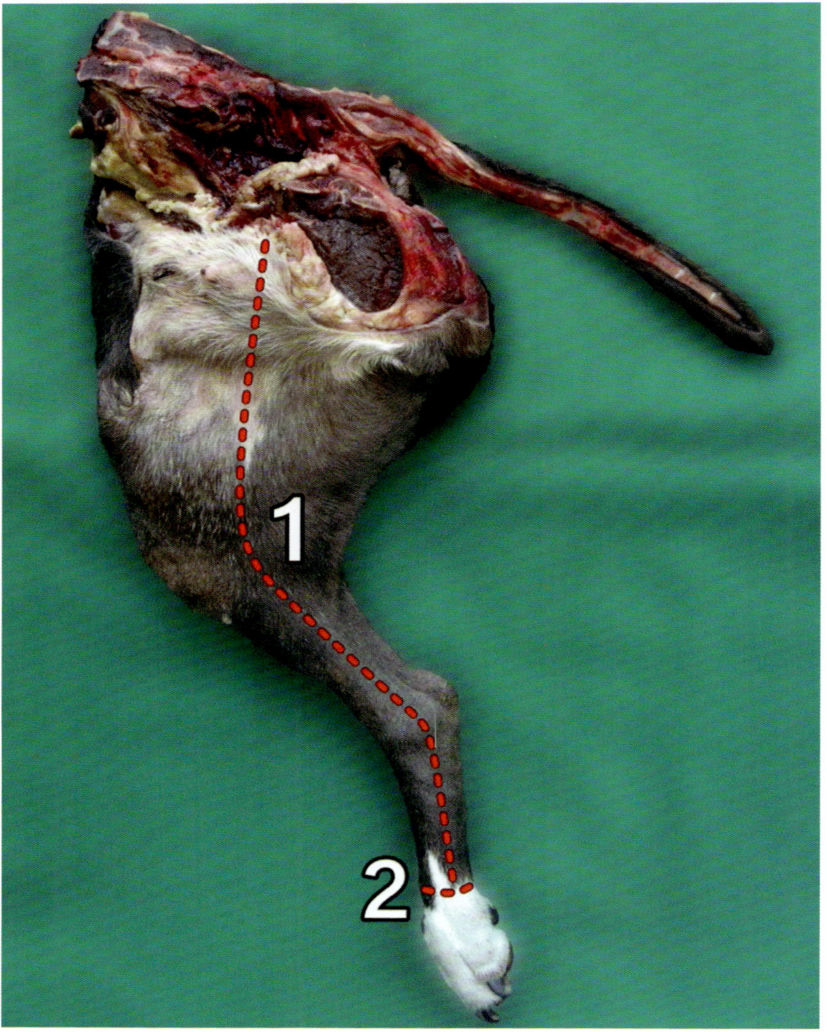

Abb. 143: Schnittlinien zur Enthäutung der medialen Seite der Beckengliedmaße.

Entferne Fett- und Bindegewebe medial am Oberschenkel, um Muskulatur und Leitungsstrukturen zu bestimmen.

7.3.1 Lacuna vasorum, Lacuna musculorum, Trigonum femorale

Die Präparation von *Trigonum femorale*, *Lacuna vasorum* und *musculorum* erfolgt beim männlichen in gleicher Weise wie beim weiblichen Tier – bevorzugt am vollständigen Tierkörper: Identifiziere den kaudolateralen Rand des *M. obliquus externus abdominis* (Beckensehne), *M. pectineus* sowie die Pars caudalis des *M. sartorius* als Begrenzung des Schenkelspalts (*Trigonum femorale*).

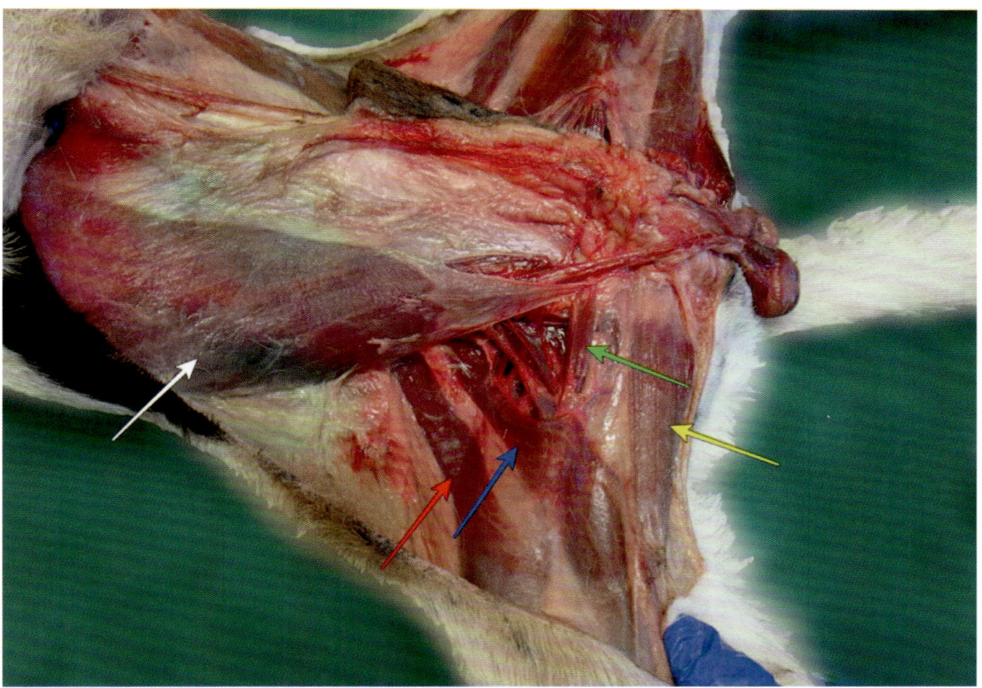

Abb. 144: Übersichtsaufnahme der rechten Leistenregion (links im Bild=kranial, rechts im Bild=kaudal): *M. obliquus externus abdominis* (weiß), *M. sartorius* mit *Pars cranialis* (rot) und *Pars caudalis* (blau), *M. pectineus* (grün), *M. gracilis* (gelb).

Bestimme *A.* und *V. iliaca externa* (nach ihrem Eintritt in den Schenkelspalt werden sie als *A.* und *V. femoralis* bezeichnet).

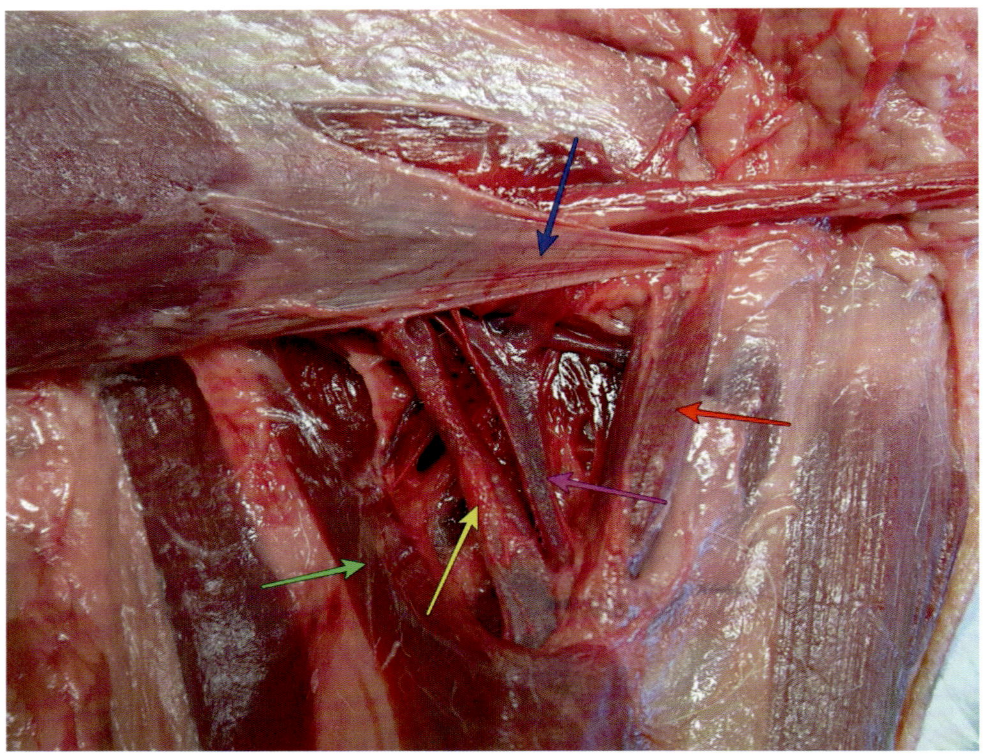

Abb. 145: Nahaufnahme von Abb. 144: *M. sartorius*, *Pars caudalis* (grün), *M. pectineus* (rot), Beckensehne des *M. obliquus ext. abd.* (blau), *A. femoralis* (gelb), *V. femoralis* (pink).

Beachte weit proximal die Abspaltung der *A.* und *V. profunda femoris*, die nach kaudal ziehen. Identifiziere den kurzen *Truncus pudendoepigastricus*, der aus der *A. profunda femoris* entspringt und sich bald in *A.* und *V. epigastrica caudalis* und *A.* und *V. pudenda externa* verzweigt. Identifiziere die *A. circumflexa femoris medialis* als Fortsetzung der *A.* und *V. profunda femoris*, die weiter nach kaudal und unter den *M. pectineus* zieht. Bestimme die aus der *A.* und *V. femoralis* nach kranial austretende und unter den *M. sartorius* ziehende *A.* und *V. circumflexa ilium supferficialis* (s. Abb. 147). Hebe *A.* und *V. femoralis* an und beachte, wie die *A. circumflexa femoris lateralis* in die Tiefe zieht. Ziehe den kaudolateralen Rand des *M. obliquus externus abdominis* nach medial, um kranial der *A.* und *V. iliaca externa* auch den *M. iliopsoas* darzustellen (s. Abb. 147). Beachte den *N. femoralis*, der aus dem Muskel austritt.

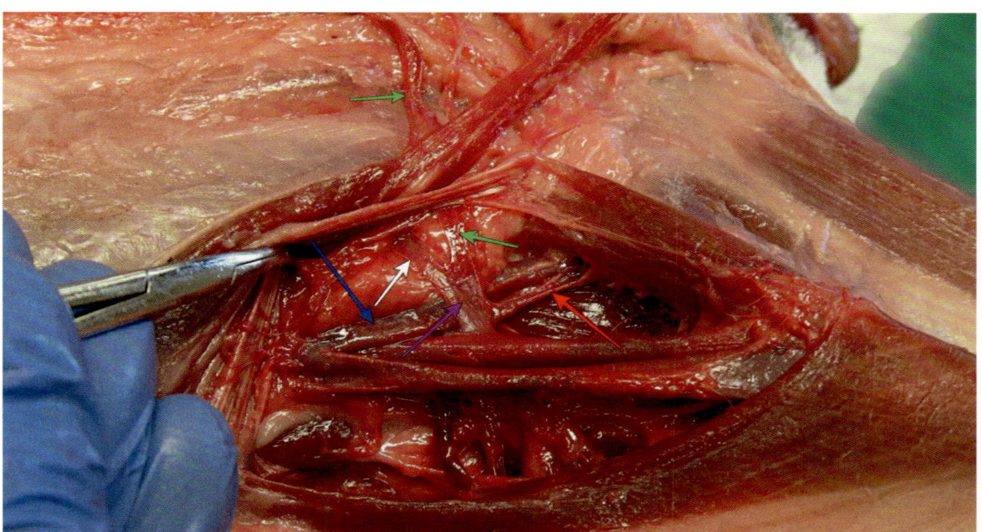

Abb. 146: Leistenregion von kraniomedial (links unten im Bild=kranial, rechts oben im Bild=kaudal): Die Beckensehne des *M. obliquus externus abdominis* wird mittels Pinzette nach medial verlagert, um die proximale Gefäßaufzweigung des Schenkelspalts darzustellen: *V. profunda femoris* (blau), *Truncus pudendoepigastricus* (pink), *A. epigastrica caudalis* (weiß), *A. pudenda externa* (grün), *A. circumflexa femoris lateralis* (rot).

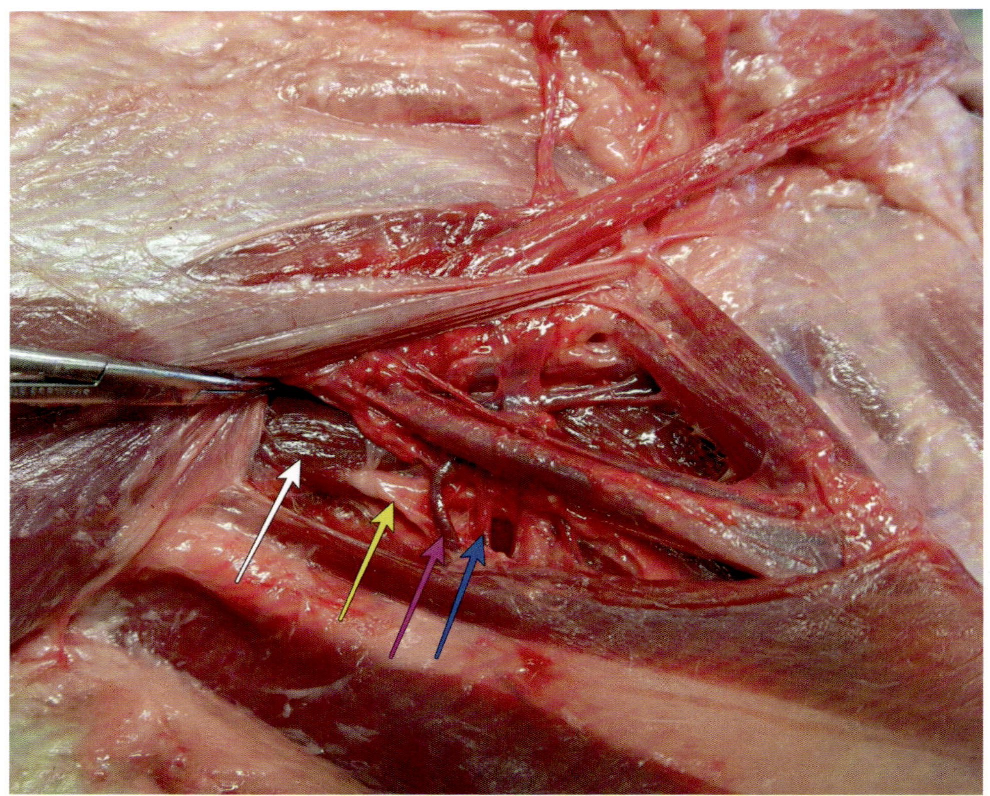

Abb. 147: Der kaudolaterale Rand des *M. obliquus externus abdomnis* wird nach medial gedrückt: *M. iliopsoas* (weiß), *N. femoralis* (gelb), *A. circumflexa ilium superficialis* (pink), *V. circuflexa ilium supferficialis* (blau).

7.3.2 Medialer Oberschenkel

Muskulatur oberflächlich, medial am Oberschenkel

- *M. sartorius*
- *M. pectineus*
- *Mm. adductor*
- *M. gracilis*

Bestimme *Pars cranialis* und *Pars caudalis* des *M. sartorius* kraniomedial am Oberschenkel.

Beachte: Die Trennung des *M. sartorius* in *Pars cranialis* und *Pars caudalis* ist bei der Katze meist nur undeutlich zu erkennen.

Verfolge *A. saphena* als ein Ast der *A. femoralis*, *V. saphena medialis* und *N. saphenus* nach distal. Bestimme *M. adductor magnus* kaudal des *M. pectineus*. Beachte den *N. obturatorius*, der den Muskel weit proximal passiert. Identifiziere darüber hinaus den flachen *M. gracilis* kaudomedial am Oberschenkel.

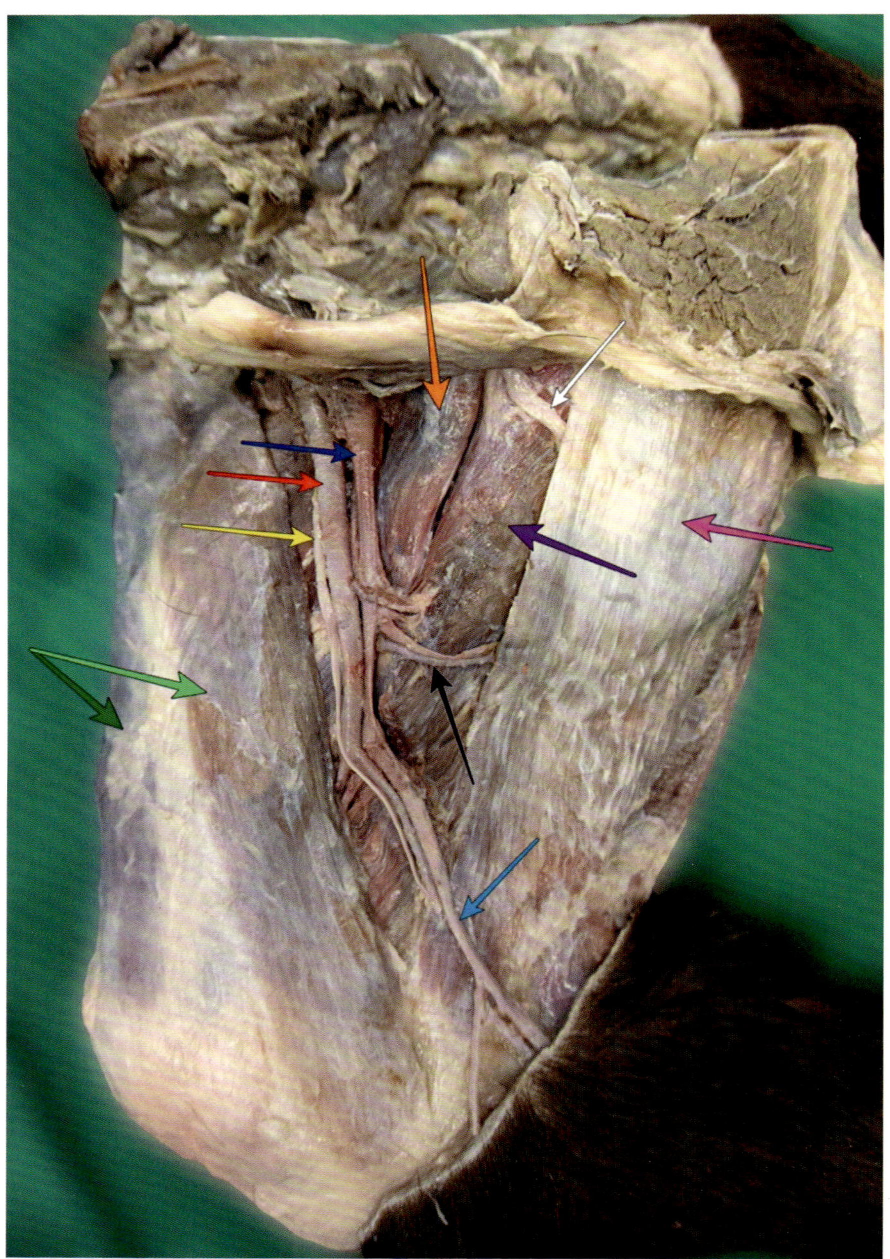

Abb. 148: Medialer Oberschenkel: *M. sartorius* mit *Pars cranialis* (dunkelgrün) und *Pars caudalis* (hellgrün), *M. pectineus (orange)*, *M. adductor magnus* (lila), *M. gracilis* (pink) *A. femoralis* (rot), *V. femoralis* (dunkelblau), *N. saphenus* (gelb), *A.* und *V. caudalis femoris prox.* (schwarz), *V. saphena medialis* (hellblau), *N. obturatorius* (weiß).

Isoliere die gemeinsame Fersenbeinsehne (*Tractus calcaneus medialis*) des *M. gracilis* und *M. semitendinosus*, bevor Du den *M. gracilis* mittig durchtrennst. Bestimme darunter *M. semimembranosus*.

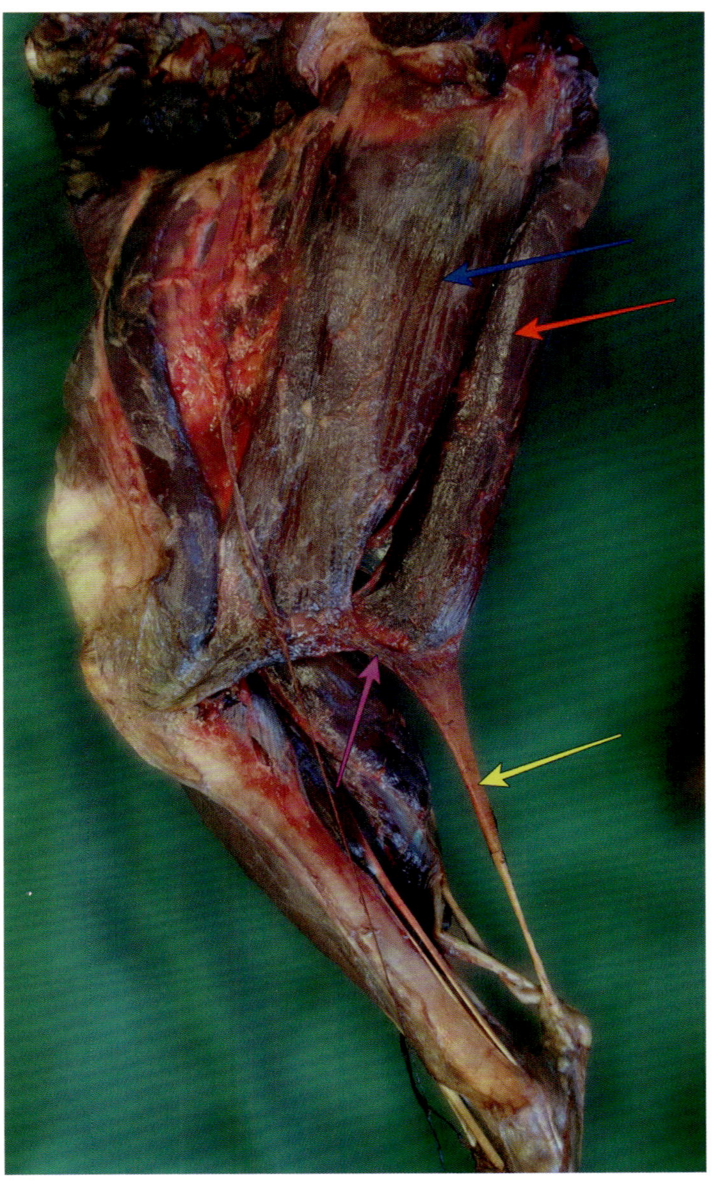

Abb. 149: Tractus calcaneus medialis (gelb) am Frischpräparat: *M. semitendinosus* (rot), *M. gracilis* (blau), Unterstützungsast des *M. gracilis* (pink) an die Fersenbeinsehne (gelb).

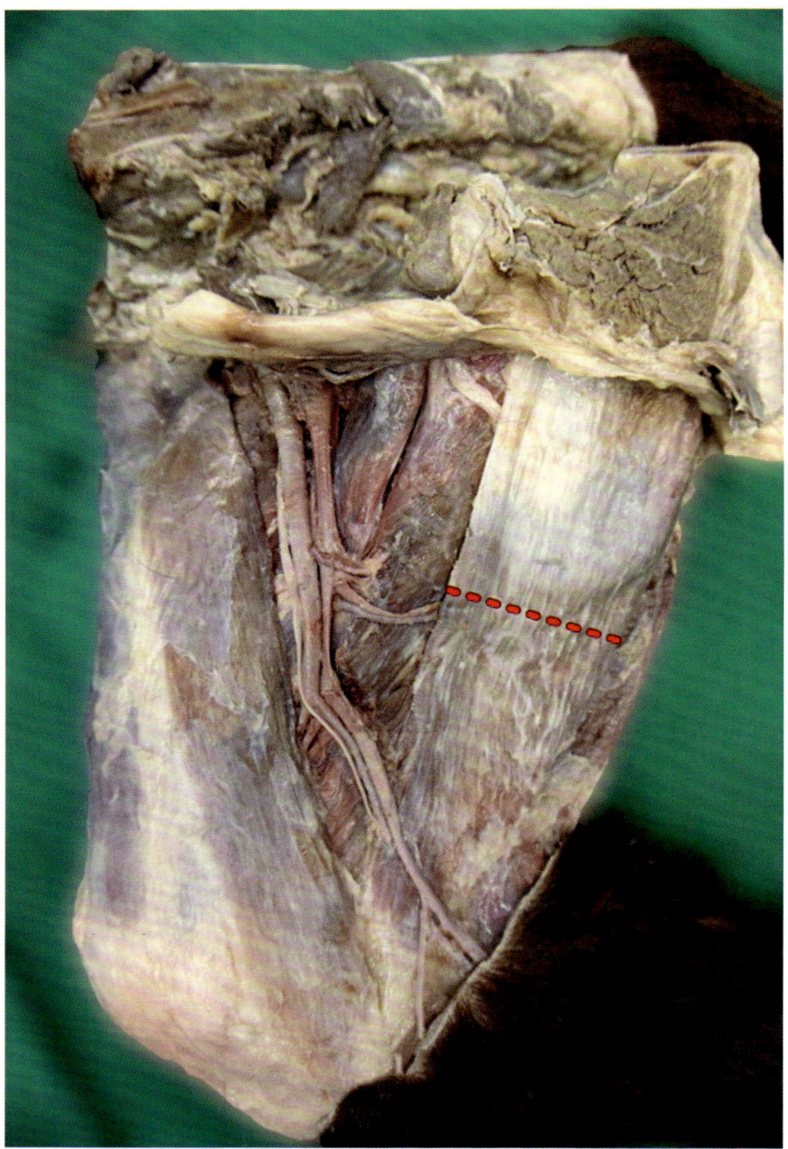

Abb. 150: Schnittführung *M. gracilis*.

Beachte: Das Unterstützungsband des *M. gracililis* für den *Tractus calcaneus medialis* fehlt der Katze.

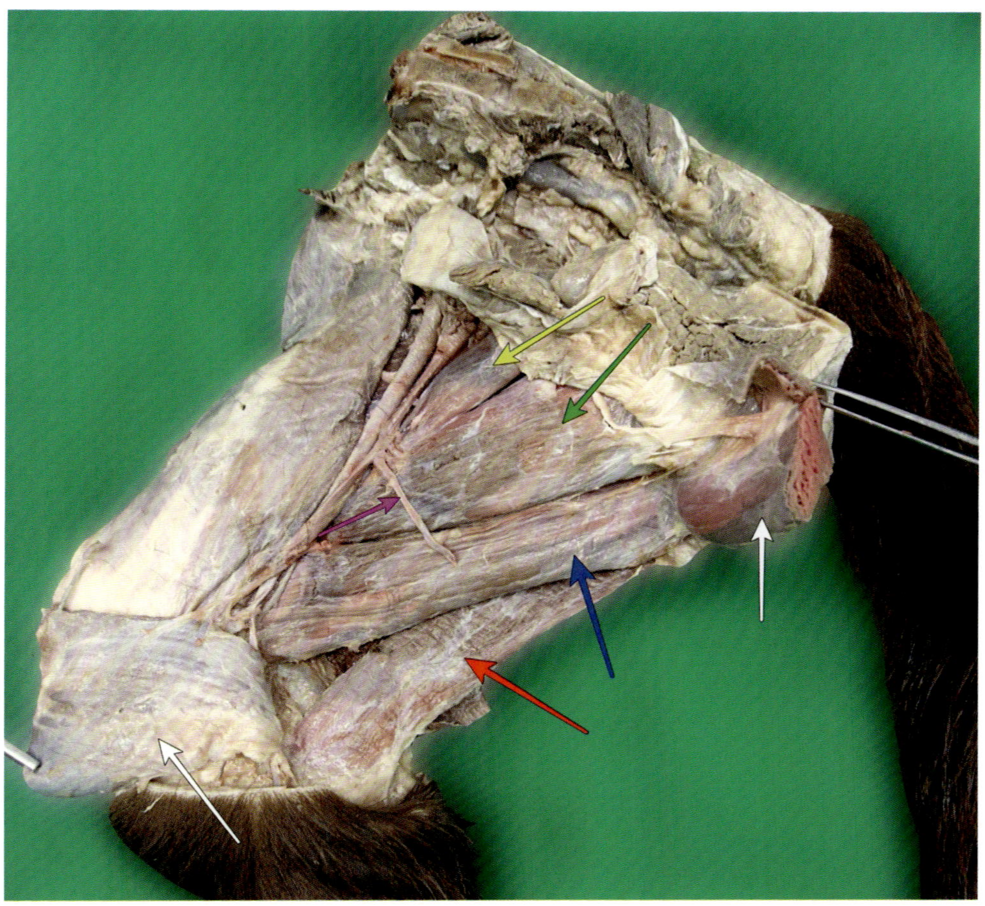

Abb. 151: Der *M. gracilis* (weiß) wurde durchtrennt. Darunter sind sichtbar: *M. semimembranosus* (blau), *M. adductor magnus* (grün), *M. pectineus* (gelb), *M. semitendinosus* (rot) und *V. caudalis femoris proximalis* (pink).

Zur vollständigen Darstellung des *M. quadriceps femoris* sollen *M. tensor fasciae latae* sowie beide Anteile des *M. sartorius* auf gleicher Höhe durchtrennt werden (1). Setze eine Stichinzision in die *Fascia lata*. Verlängere diese mittels Schere in Richtung Knie (2), um schließlich den distalen Anteil des *M. tensor fasciae latae* mitsamt Faszie nach distal zu falten. Die übrigen Anteile der *Fascia lata* können entfernt werden. Identifiziere *M. vastus lateralis*, *M. rectus femoris* und *M. vastus medialis*. Durchtrenne *M. rectus femoris* mittig und bestimme darunter *M. vastus intermedius*.

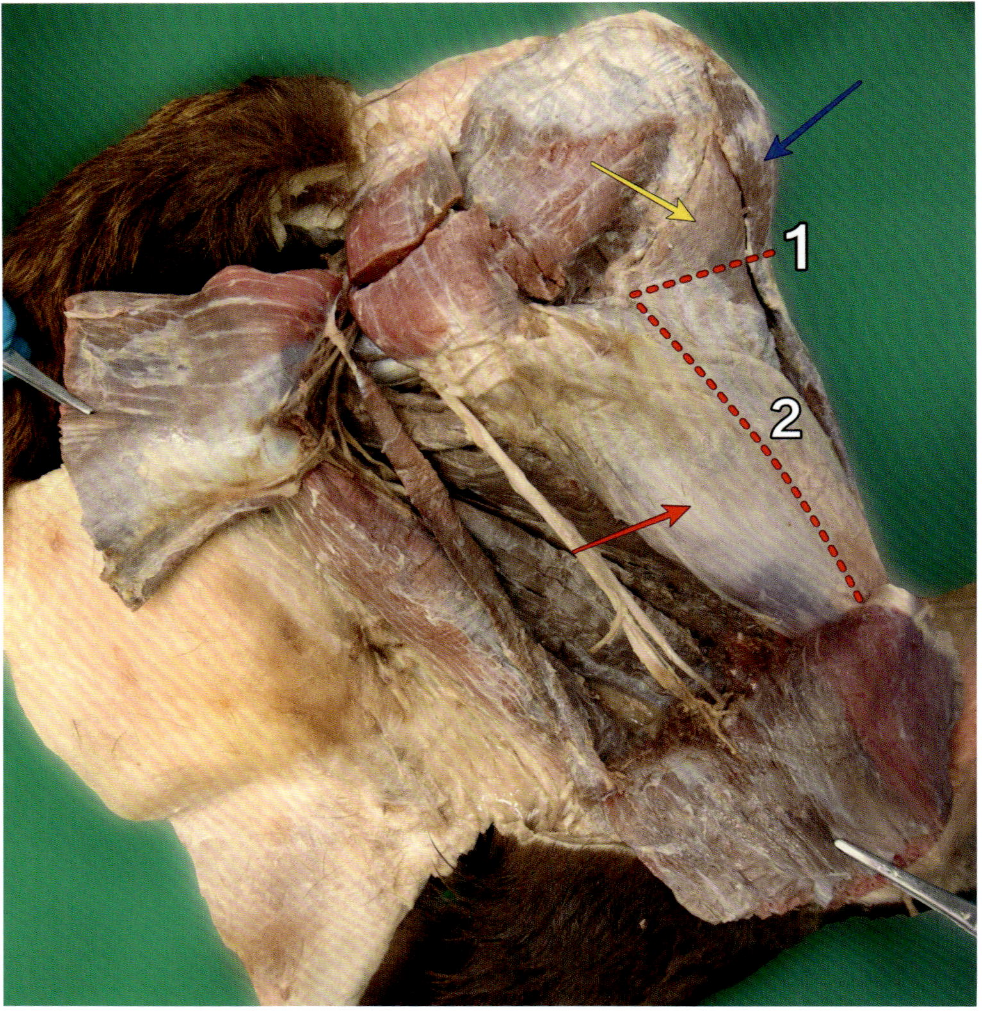

Abb. 152: Ansicht auf den Oberschenkel von lateral: Schnittführung *M. sartorius* (blau) und *M. tensor fasciae latae* (gelb). Außerdem markiert: *M. vastus lateralis* (rot).

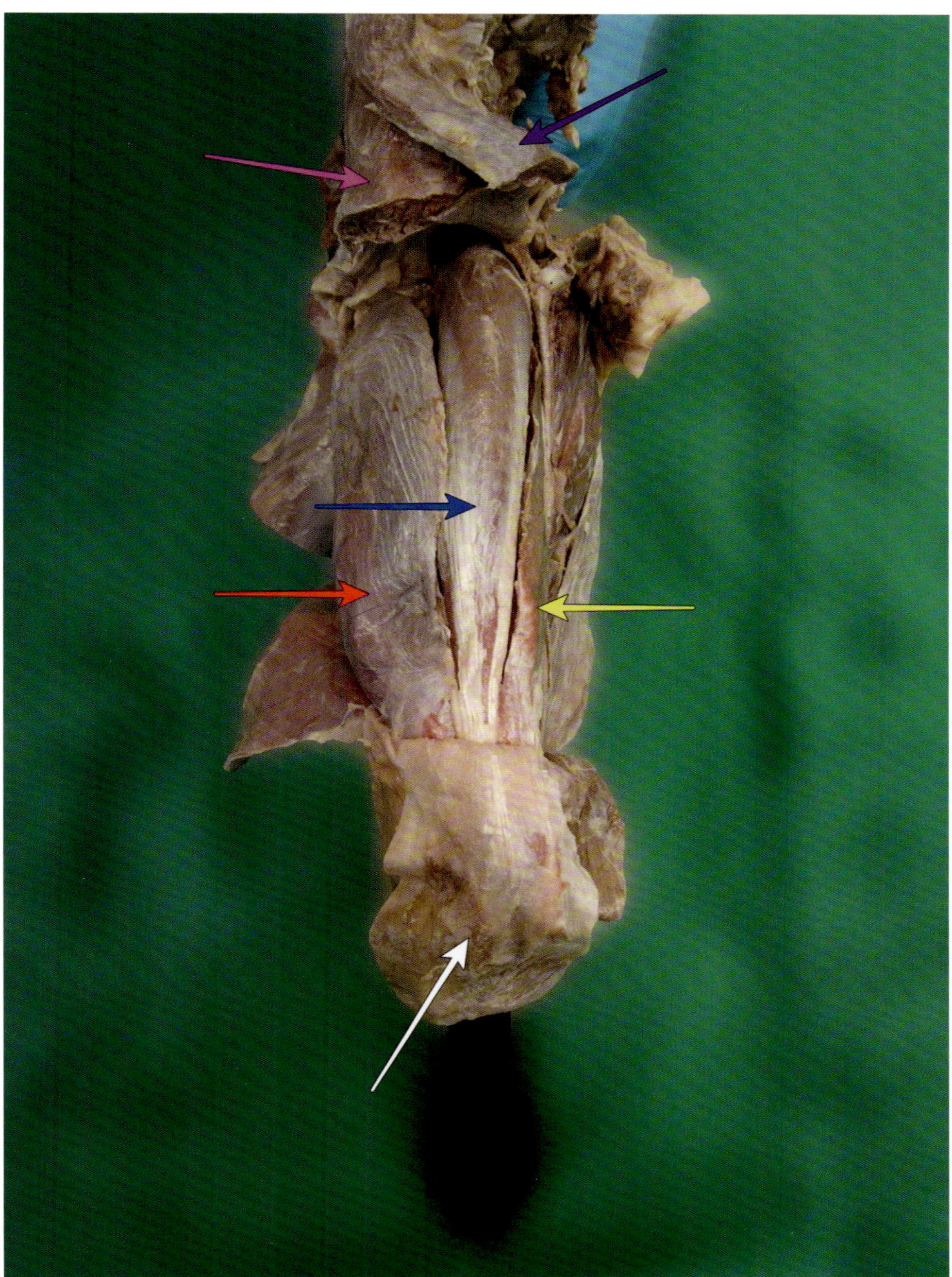

Abb. 153: Ansicht von kranial (oben im Bild=proximal, unten im Bild=distal): *M. rectus femoris* (blau), *M. vastus lateralis* (rot), *M. vastus medialis* (gelb), *M. sartorius* (lila), *M. tensor fasciae latae* (pink), *Fascia lata* (weiß, nach distal umgeschlagen).

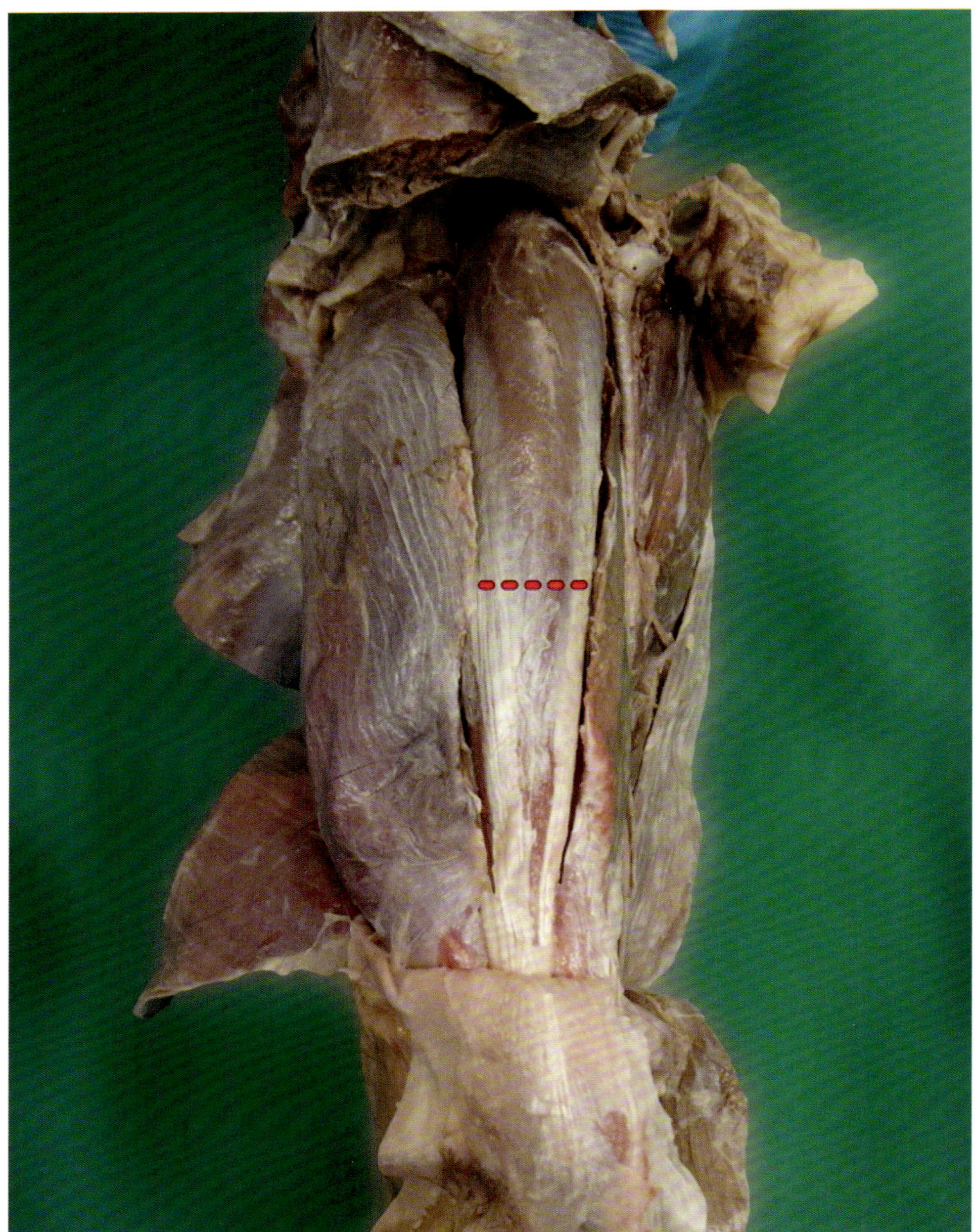

Abb. 154: Schnittführung *M. rectus femoris.*

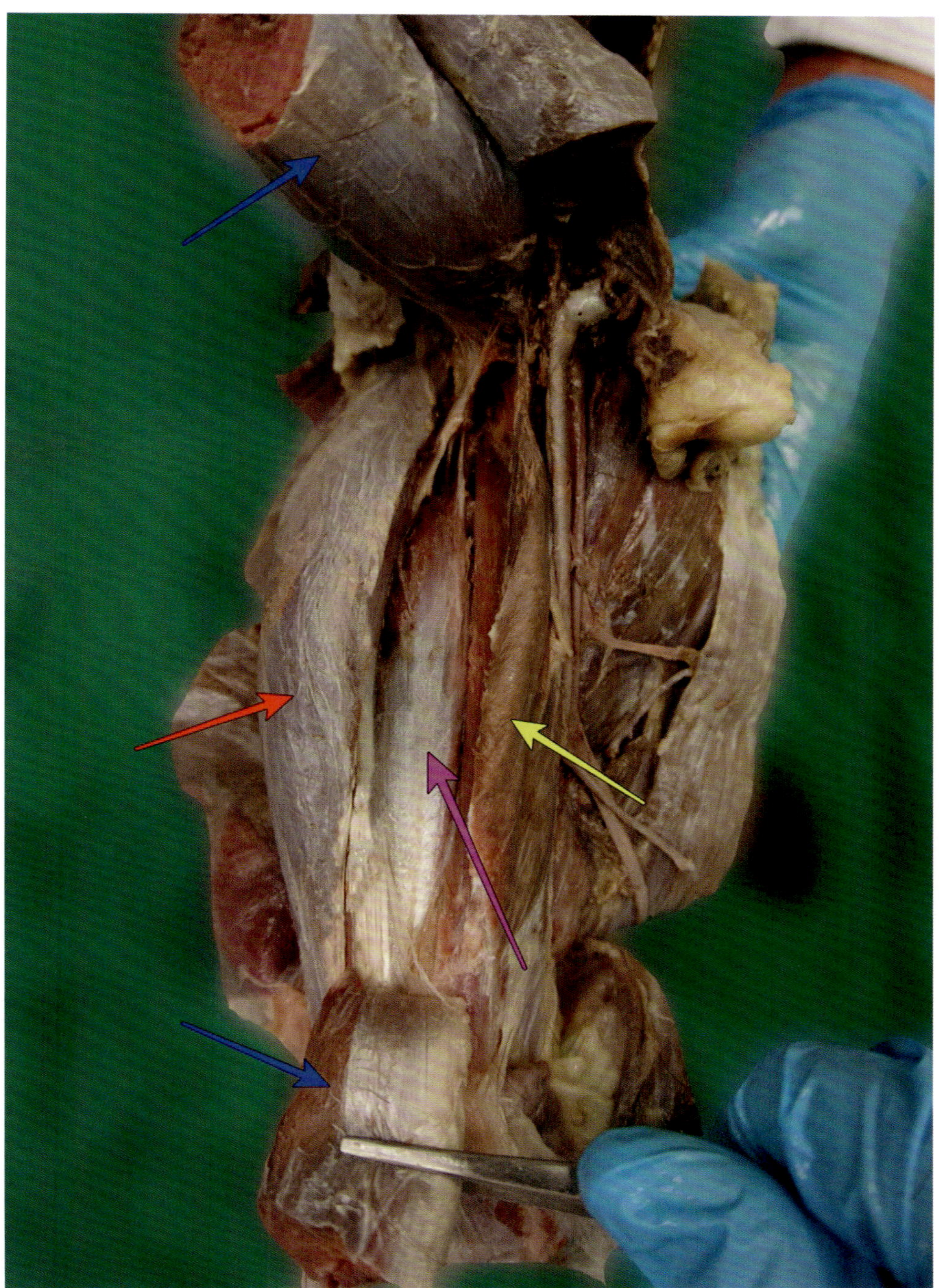

Abb. 155: Ansicht von kranial: *M. rectus femoris* (durchtrennt, blau), *M. vastus lateralis* (rot), *M. vastus intermedius* (pink), *M. vastus medialis* (gelb).

7.4 Unterschenkel

Verfolge *V. saphena lateralis* und *medialis* nach distal und identifiziere je einen *Ramus cranialis* und *caudalis*. Beachte die Anastomose der beiden *Rami craniales* in der Tarsalbeuge.

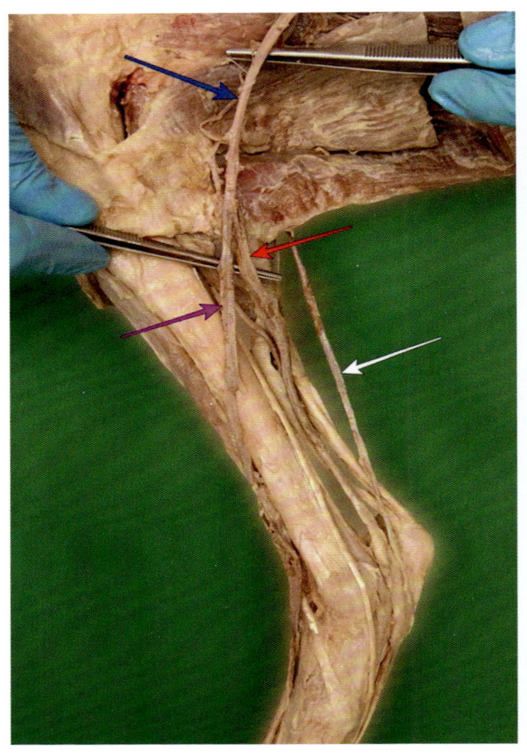

Abb. 156: *V. saphena medialis* (blau) mit *Ramus cranialis* (pink) und *Ramus caudalis* (rot), *V. saphena lateralis* (weiß).

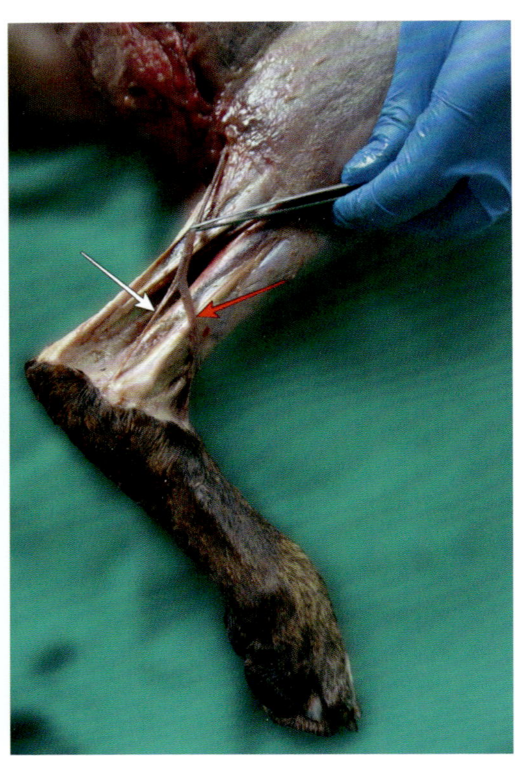

Abb. 157: *V. saphena lateralis* (von Pinzette fixiert) mit *Ramus cranialis* (rot) und *Ramus caudalis* (weiß).

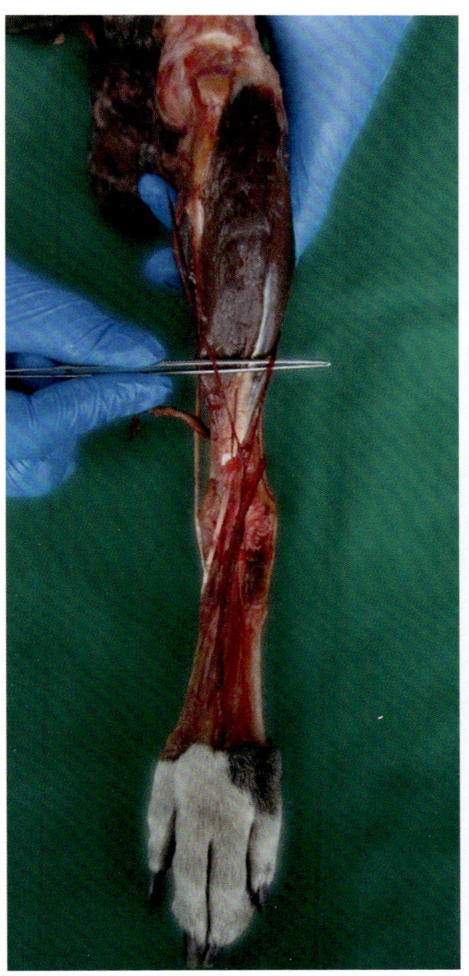

Abb. 158: Anastomose der beiden *Rami craniales.*

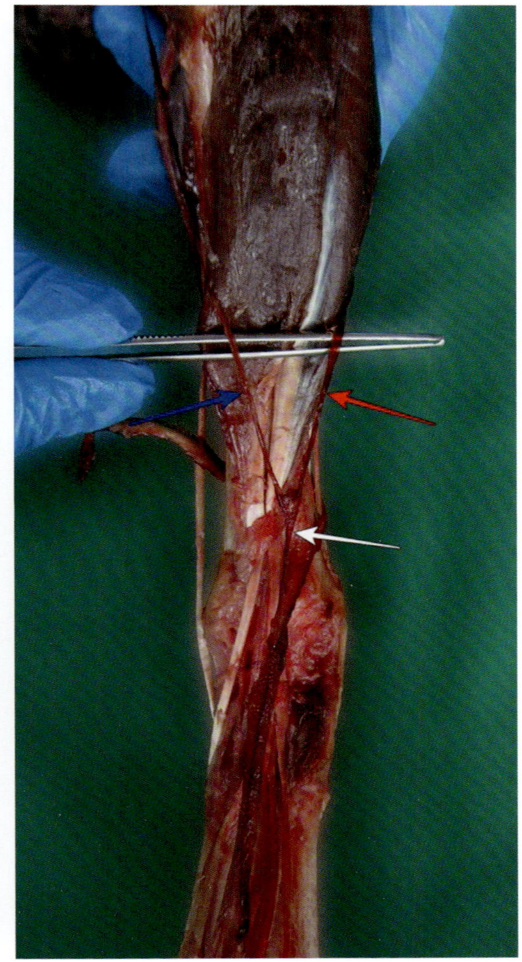

Abb. 159: Nahaufnahme der Tarsalbeuge zur Darstellung der Anastomose (weiß) von *Ramus cranialis* der *V. saphena lateralis* (rot) und *Ramus cranialis* der *V. saphena medialis* (blau).

7.4.1 Lateraler Unterschenkel

Durchtrenne die Fersenbeinsehne des *M. biceps femoris*, um diesen nach kranial umschlagen zu können. Entferne die Faszie, die die Unterschenkelmuskulatur lateral bedeckt. Beachte die Aufspaltung des *N. ischiadicus*: Während der *N. tibialis* nach kaudal zwischen den beiden Köpfen des *M. gastrocnemius* zieht, überquert der *N. fibularis communis* das Fibulaköpfchen zur lateralen Seite des Unterschenkels (siehe Abb. 161).

Abb. 160: Die Fersenbeinsehne (pink) des *M. biceps femoris* (rot) wurde durchtrennt und dessen distaler Anteil nach kranial umgeschlagen. Außerdem markiert: *V. saphena lateralis* (blau), *N. ischiadicus* (gelb), *M. semitendinosus* (grün).

Bestimme die oberflächliche Muskulatur lateral am Unterschenkel.

Muskulatur oberflächlich, lateral am Unterschenkel

- *M. tibialis cranialis*
- *M. extensor digitalis longus*
- *M. fibularis longus*
- *M. flexor digitalis lateralis*
- *M. flexor digitalis superficialis*
- *M. gastrocnemius (Caput laterale)*

Identifiziere *M. tibialis cranialis* weit kranial am Unterschenkel. Kaudal folgen auf diesen der Reihe nach: *M. extensor digitalis longus*, *M. fibularis longus* und *M. flexor digitalis lateralis. M. gastrocnemius* und *M. flexor digitalis superficialis* sind kaudal am Unterschenkel eng miteinander verbunden („im Paket"). Beachte, wie *N. fibularis communis* zwischen *M. fibularis longus* und *M. flexor digitalis lateralis* in die Tiefe tritt.

Abb. 161: Muskulatur und Leitungsstrukturen lateral am Unterschenkel: *M. tibialis cranialis* (lila), *M. extensor digitalis longus* (rot), *M. fibularis longus* (pink), *M. flexor digitalis lateralis* (grün), *M. flexor digitalis superficialis* (dunkelblau), *M. gastrocnemius* (*Caput laterale*, hellblau), *N. fibularis communis* (gelb), *N. tibialis* (weiß), *V. saphena lateralis* (schwarz).

Identifiziere sowohl den unscheinbaren *M. extensor digitalis lateralis* als auch den filigranen *M. fibularis brevis* zwischen *M. fibularis longus* und *M. flexor digitalis lateralis.* Zur Bestimmung der Muskulatur sollen die Endsehnen bis zu ihrem Ansatz freipräpariert werden. Ihr Verlauf lateral auf Höhe des *Tarsus* ist charakteristisch: Während der *M. extensor digitalis lateralis* bis weit nach distal reicht, inseriert der *M. fibularis brevis proximal* am *Os metatarsale* 5. Die Endsehne des *M. fibularis longus* überquert sowohl die Endsehne des *M. fibularis brevis* als auch des *M. extensor digitalis lateralis* und zieht dann nach kaudomedial (siehe Abb. 164).

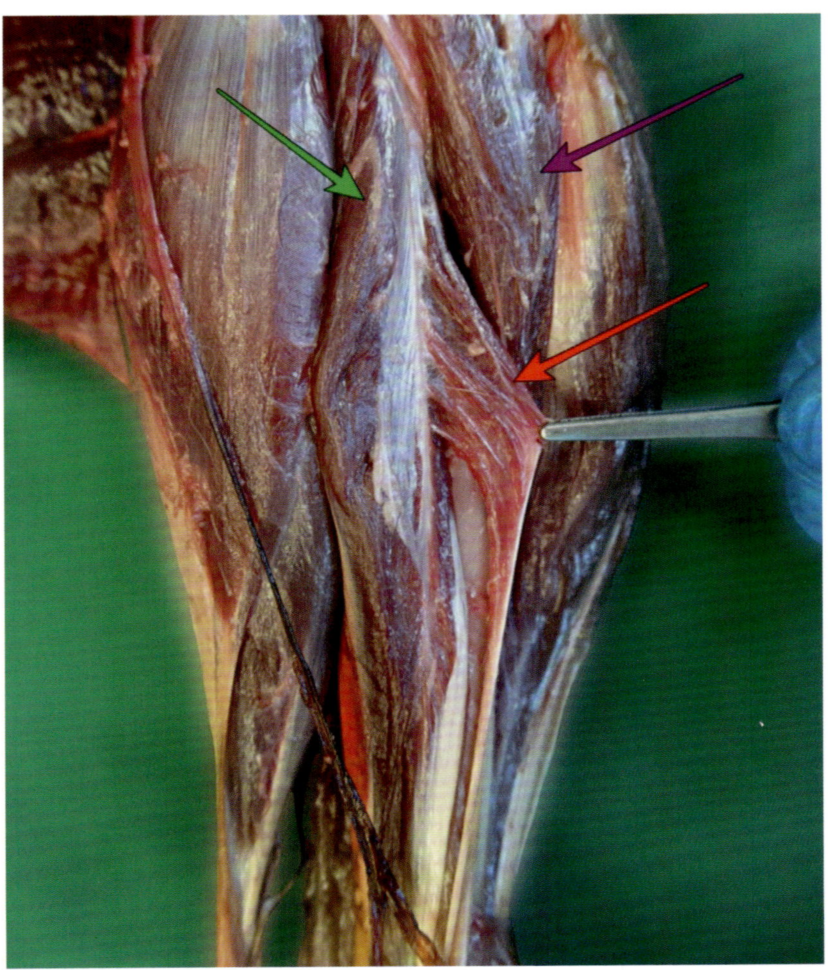

Abb. 162: *M. extensor digitalis lateralis* (rot), *M. fibularis longus* (pink), *M. flexor digitalis lateralis* (grün).

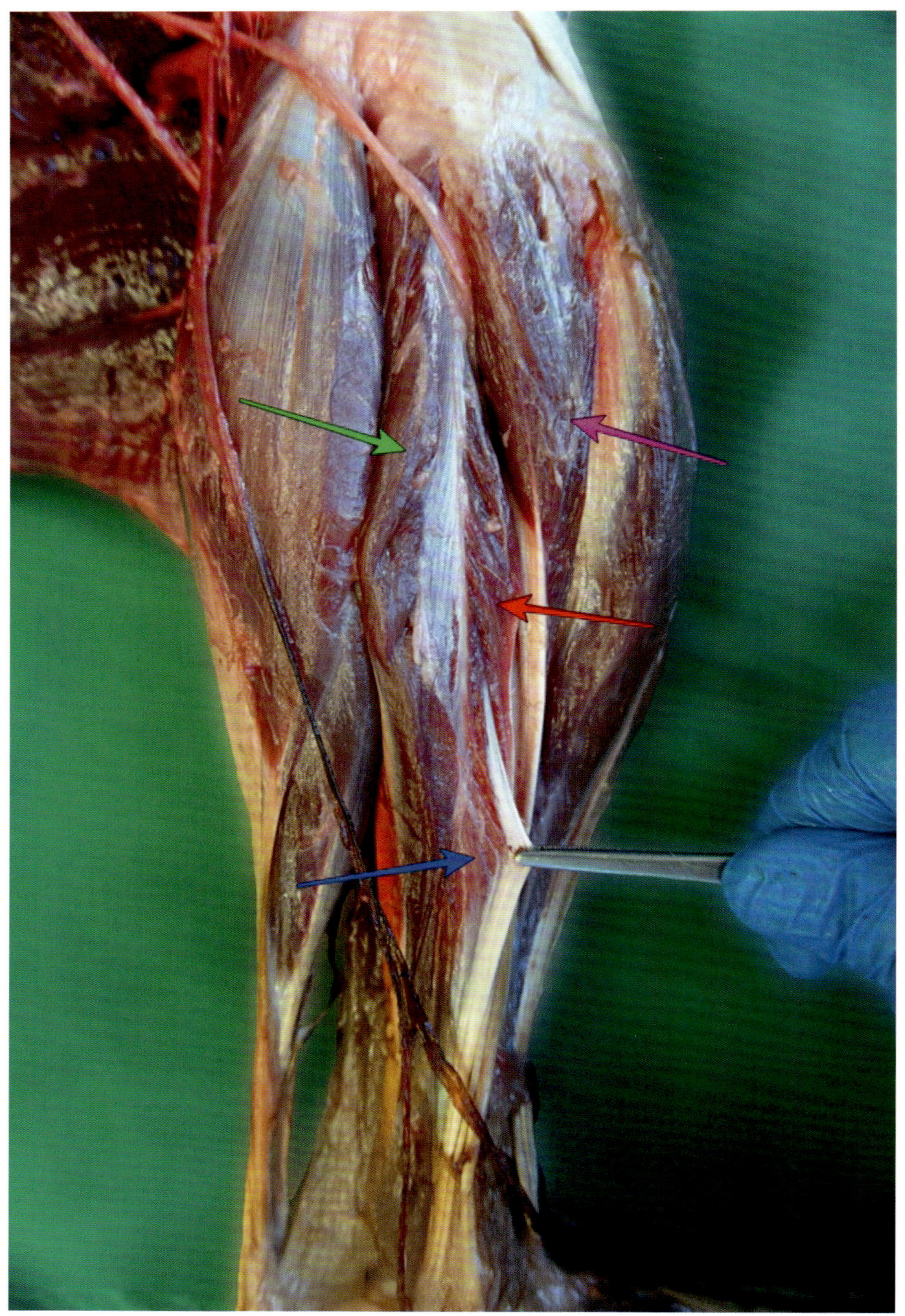

Abb. 163: *M. fibularis brevis* (blau), *M. extensor digitalis lateralis* (rot), *M. fibularis longus* (pink), *M. flexor digitalis lateralis* (grün).

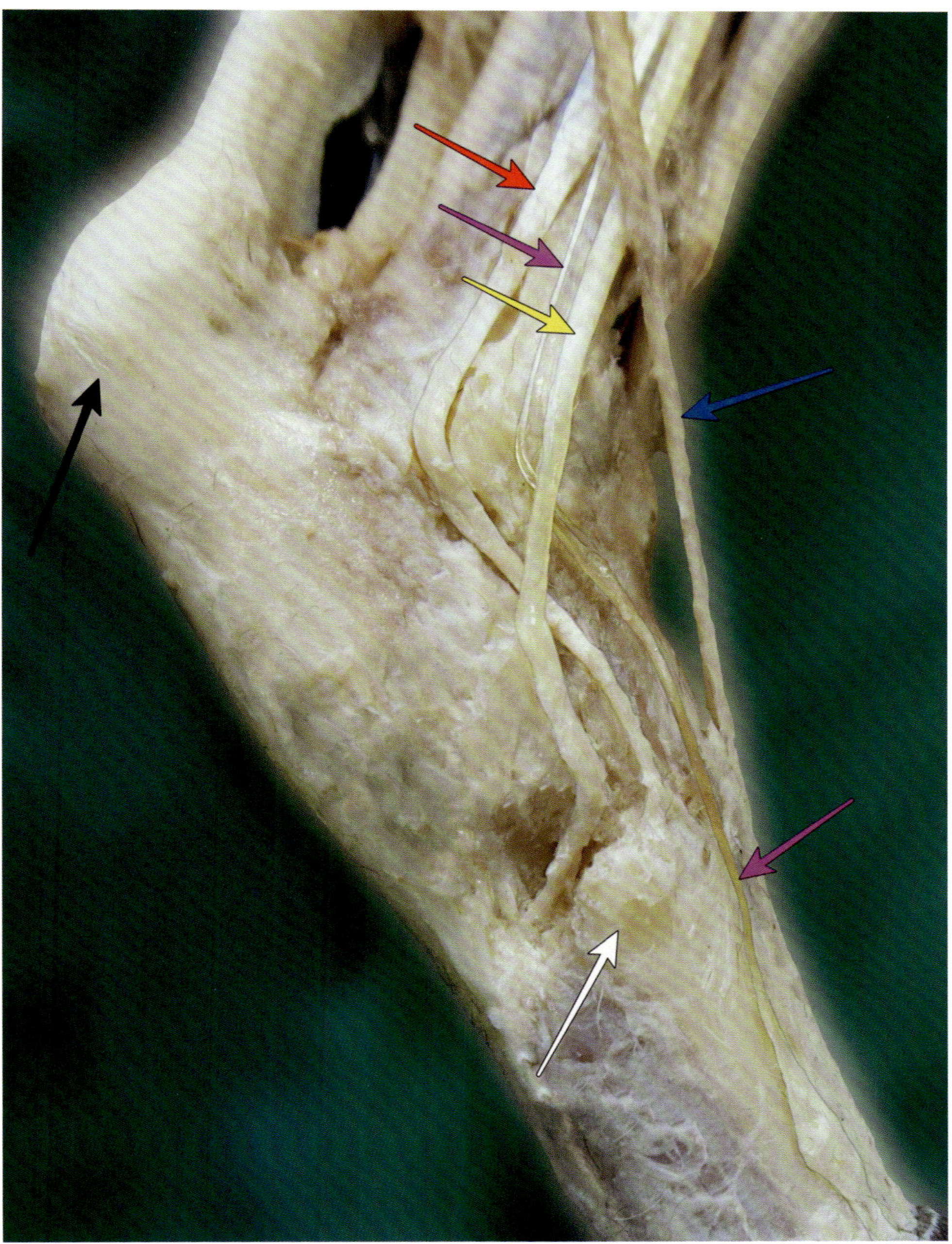

Abb. 164: Lateralansicht auf den *Tarsus* zur Darstellung der Endsehnen von *M. extensor digitalis lateralis* (rosa), *M. fibularis brevis* (rot) und *M. fibularis longus* (gelb). Außerdem markiert: *V. saphena lateralis* (blau), *Tuber calcanei* (schwarz), *Os metatarsale 5* (weiß).

Verfolge die Endsehne des *M. extensor digitalis longus* nach distal und identifiziere die Haltebänder, die die Endsehne in der Tarsalbeuge fixieren (*Retinaculum extensorum tarsale, Retinaculum extensorum crurale*). Beachte ebendort außerdem den unscheinbaren *M. extensor digitalis brevis*.

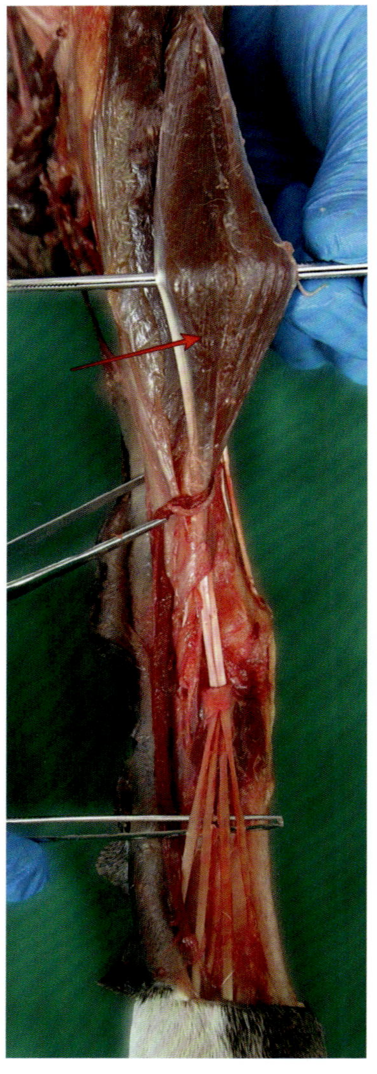

Abb. 165: Ansicht auf den Unterschenkel von kranial: *M. extensor digitalis longus* (rot), seine Endsehnen sind von der Pinzette unterlagert.

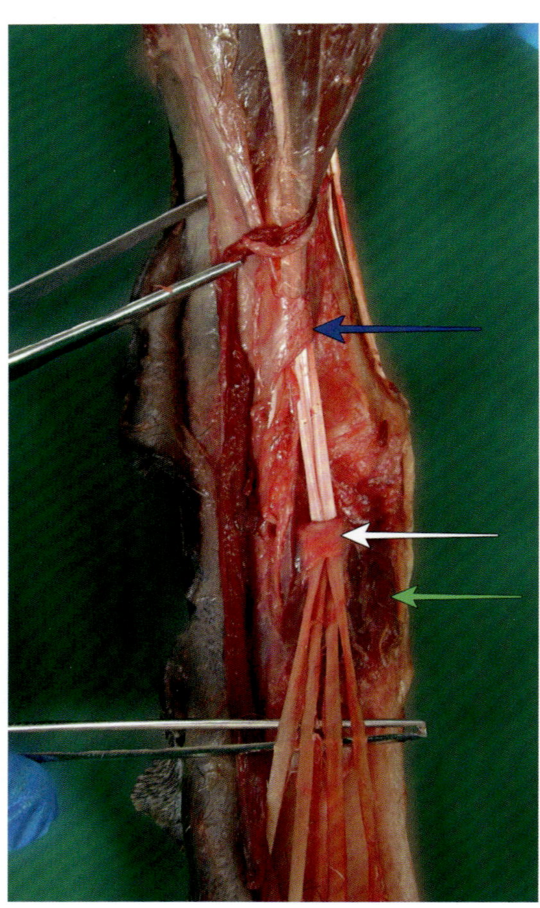

Abb. 166: Nahaufnahme von Abb. 165: *Retinaculum extensorum tarsale* (weiß) und *crurale* (blau); *M. extensor digitalis brevis* (grün).

Isoliere nun *M. flexor digitalis superficialis*. Beginne die Separation von *M. gastrocnemius* im Bereich der Endsehnen. Löse die Fersenbeinkappe (*Galea calcanea*) vom *Tuber calcanei*. Bestimme *Caput laterale* und *Caput mediale* des *M. gastrocnemius*.

Abb. 167: Lateraler Unterschenkel: *M. flexor digitalis supf.* (blau), *M. gastrocnemius* (*Caput laterale*, rot).

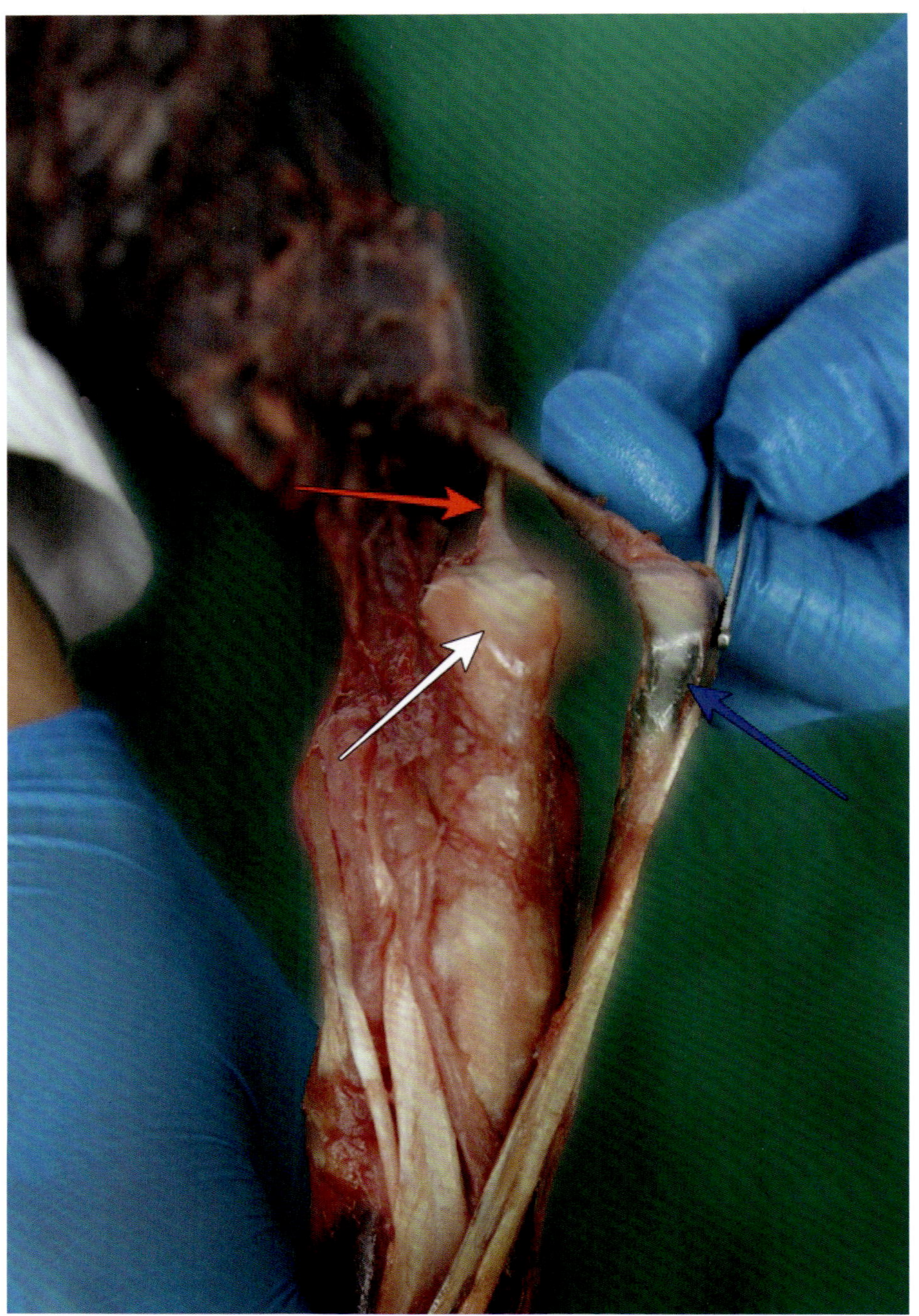

Abb. 168: Ansicht von kaudal auf das Fersenbein: *Galea calcanea* des *M. flexor digitalis supf.* (blau), Endsehne des *M. gastrocnemius* (rot), *Tuber calcanei* (weiß).

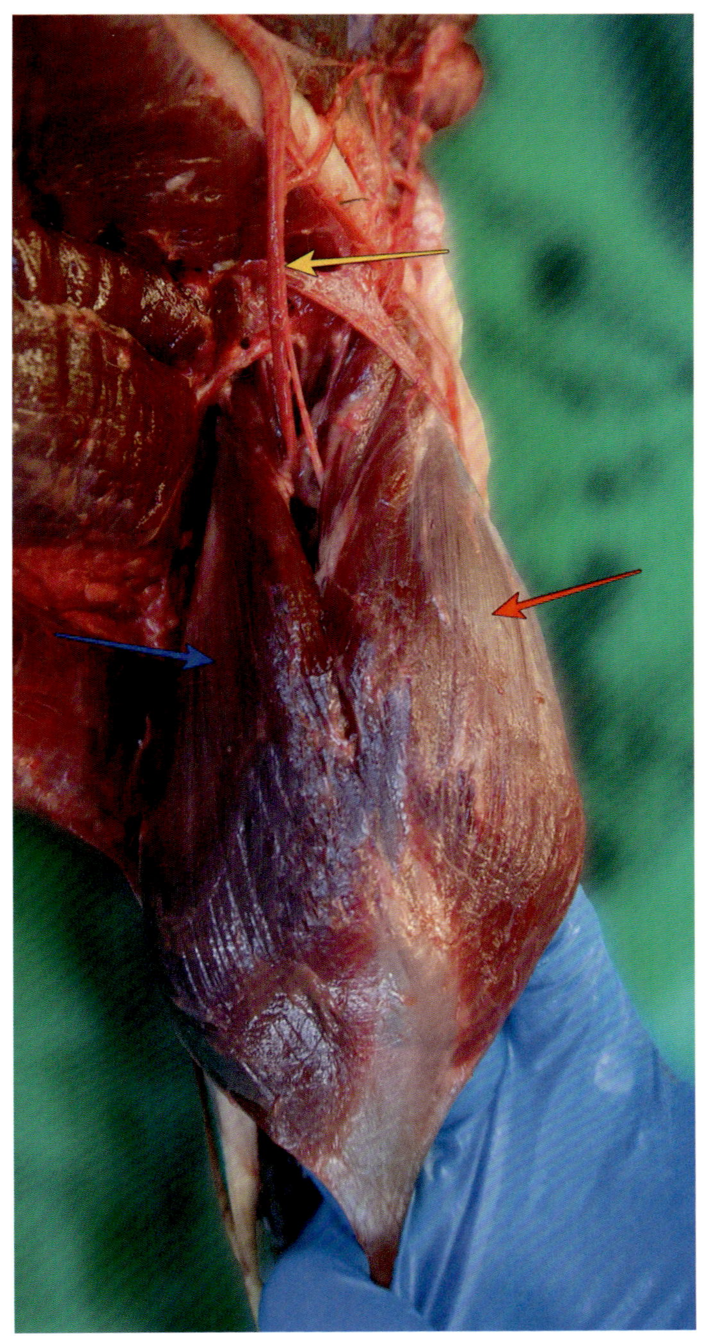

Abb. 169: Ansicht von kaudal auf den Unterschenkel: *Caput laterale* (rot) und *Caput mediale* (blau) des *M. gastrocnemius*. Der *N. tibialis* zieht proximal zwischen den beiden *Capita* in die Tiefe.

7.4.2 Medialer Unterschenkel

Entferne die Faszie, die den Unterschenkel medial bedeckt und bestimme die darunter liegende Muskulatur.

Muskulatur medial am Unterschenkel

- *M. popliteus*
- *M. flexor digitalis medialis*
- *M. tibialis caudalis*
- *M. flexor digitalis superficialis*
- *M. gastrocnemius (Caput mediale)*

Identifiziere den weißlich schimmernden *M. popliteus* in der Kniekehle. Der *M. flexor digitalis medialis* liegt der kaudalen *Tibia* eng an. Der *M. tibialis caudalis* entspricht einem feinen Sehnenstrang, unmittelbar benachbart zur Endsehne des *M. flexor digitalis medialis.*

Abb. 170: Medialer Unterschenkel: *M. tibialis cranialis* (grau), *M. popliteus* (weiß), *M. flexor digitalis medialis* (dunkelblau), *M. flexor digitalis lateralis* (hellblau), *M. flexor digitalis superficialis* (grün), *Tractus calcaneus medialis* (gelb), *M. semitendinosus* (pink), *M. gracilis* (rot), *M. tibialis caudalis* (schwarz), *V. saphena medialis* (lila).

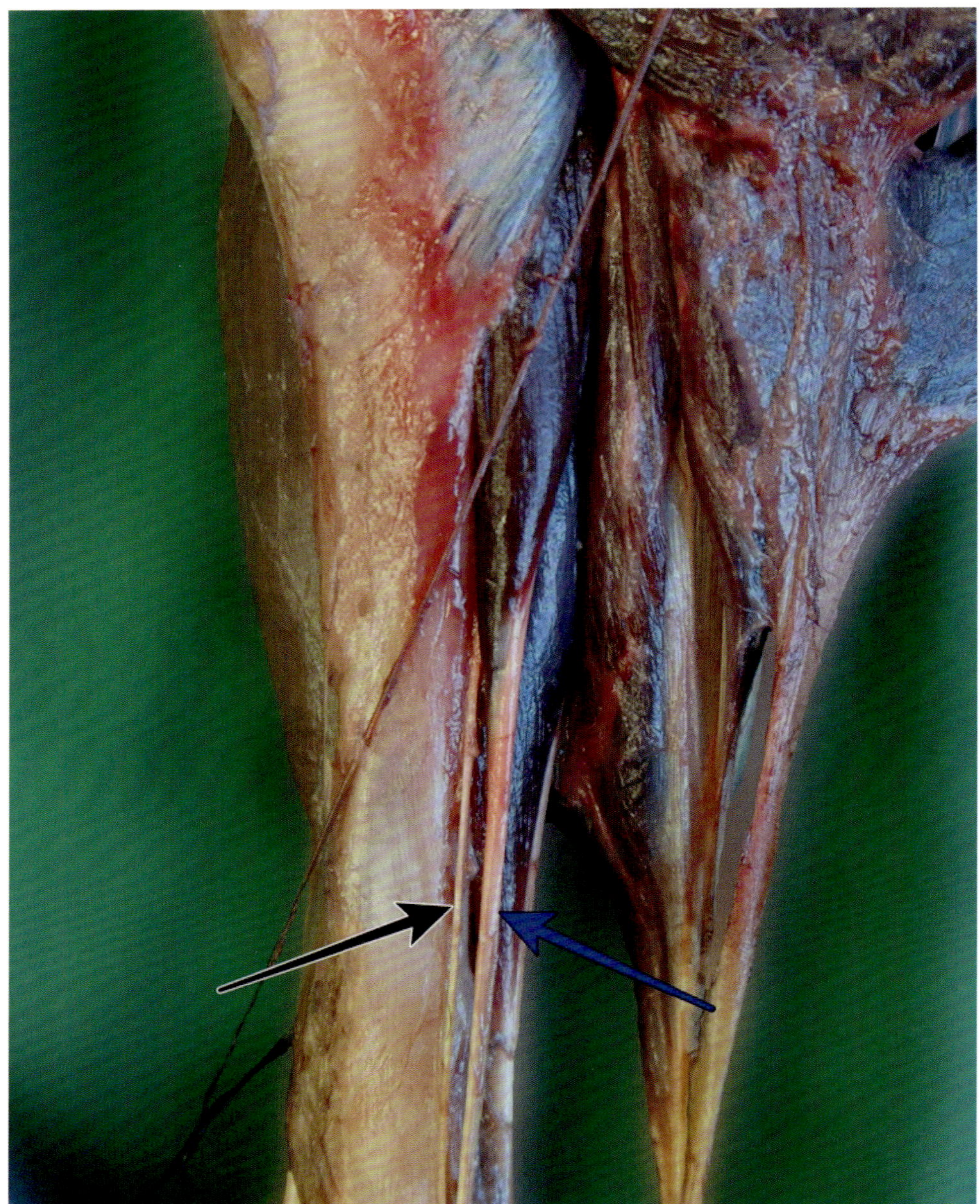

Abb. 171: Nahaufnahme von Abb. 170 zur Darstellung der Endsehnen von *M. tibialis caudalis* (schwarz) und *M. flexor digitalis medialis* (blau).

Löse die Endsehnen des *M. flexor digitalis medialis* und *lateralis* aus ihren Haltebändern und beobachte ihre Zusammenkunft zur gemeinsamen tiefen Beugesehne distal des *Tarsus*.

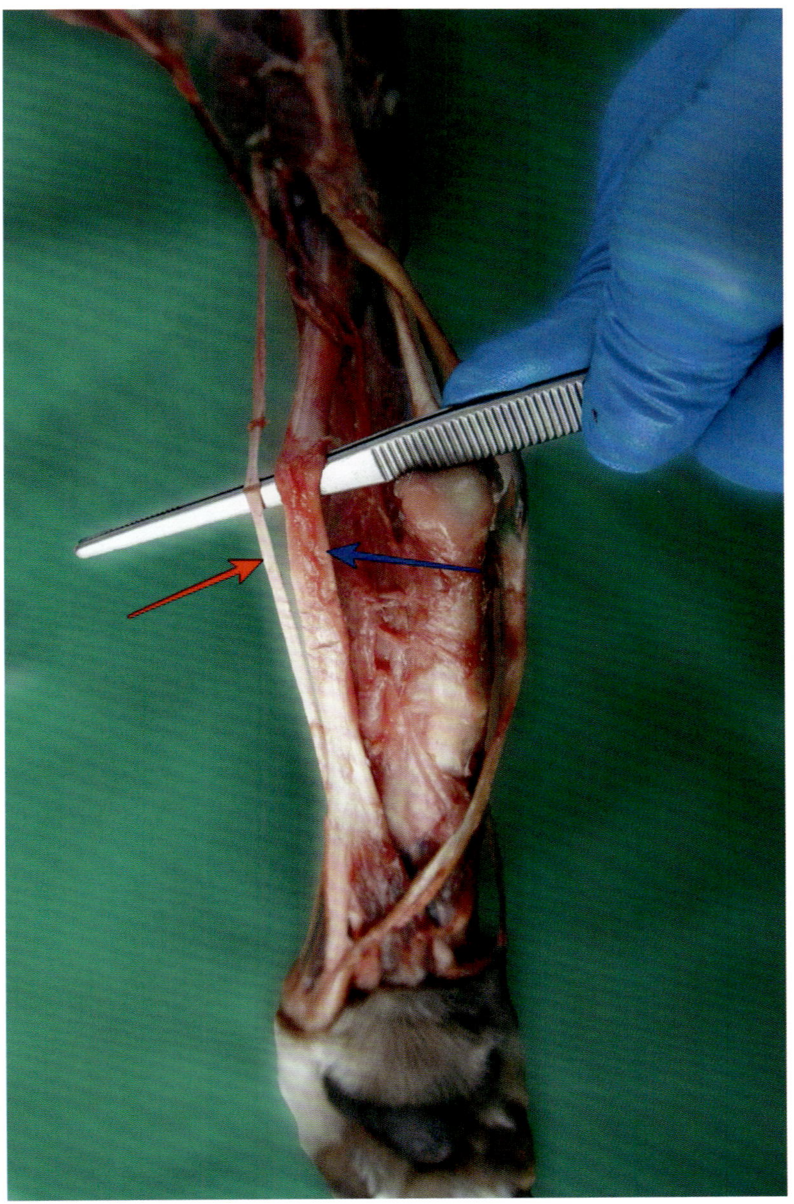

Abb. 172: Ansicht von kaudal auf die Vereinigung der Endsehnen des *M. flexor digitalis lateralis* (blau) und *medialis* (rot).

> **Beachte:** Bei der Katze liegt unmittelbar kranial des *M. gastrocnemius* ein weiterer Muskel, der dem Hund fehlt: *M. soleus.* Außerdem ist der *M. tibialis caudalis* deutlich kräftiger ausgebildet.

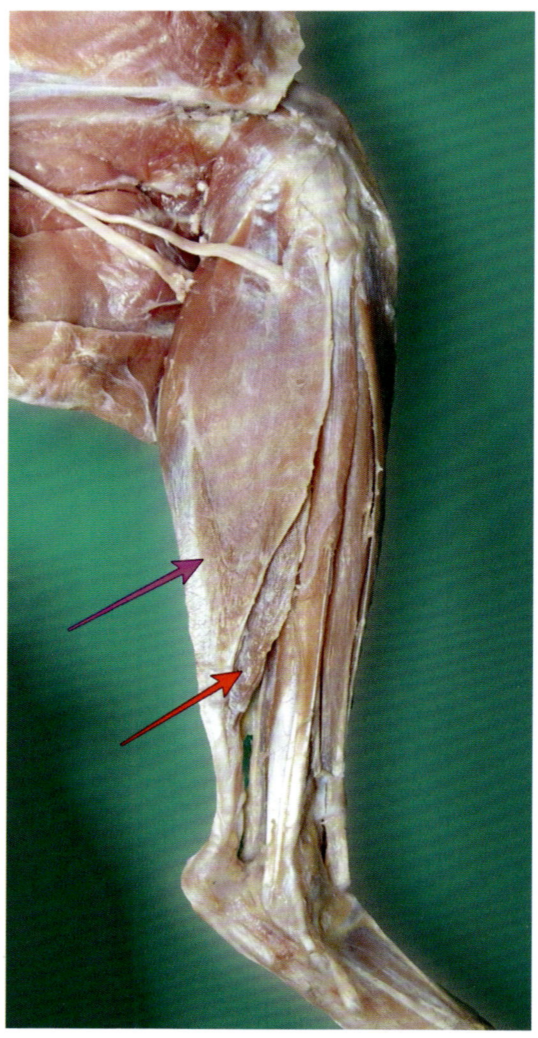

Abb. 173: Rechter Unterschenkel einer Katze, Lateralansicht: Der distale Anteil des *M. biceps femoris* wurde nach kranial gefaltet, subkutane Gefäße wurden nicht erhalten. Bereits oberflächlich erkennbar ist unmittelbar kranial des *M. gastrocnemius* (pink) ein Anteil des *M. soleus* (rot).

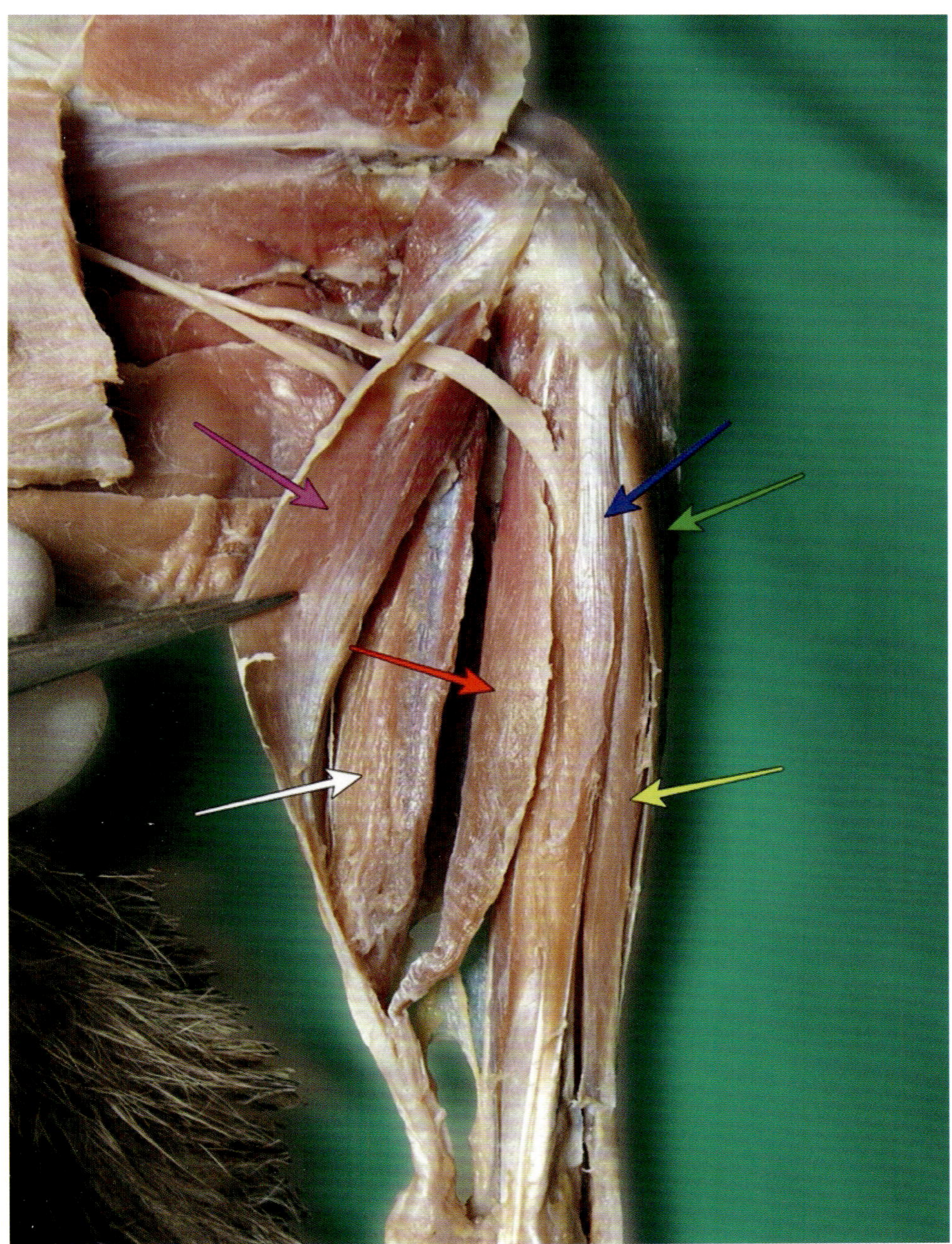

Abb. 174: Rechter Unterschenkel einer Katze von lateral, *Caput laterale* des *M. gastrocnemius* (pink) wird nach kaudal gezogen, um sowohl *M. flexor digitalis superficialis* (weiß) als auch *M. soleus* (rot) in größerem Ausmaß darzustellen. Beachte die Beteiligung des *M. soleus* am *Tractus calcaneus communis*. Außerdem markiert sind *M. fibularis longus* (blau), *M. extensor digitalis communis* (gelb) und *M. tibialis cranialis* (grün).

Zur besseren Darstellung der topographischen Relation der tiefen, medialen Unterschenkelmuskulatur kann das *Caput mediale* weit proximal in seinem muskulären Anteil durchtrennt und damit nach lateral gefaltet werden (siehe Abb. 175).

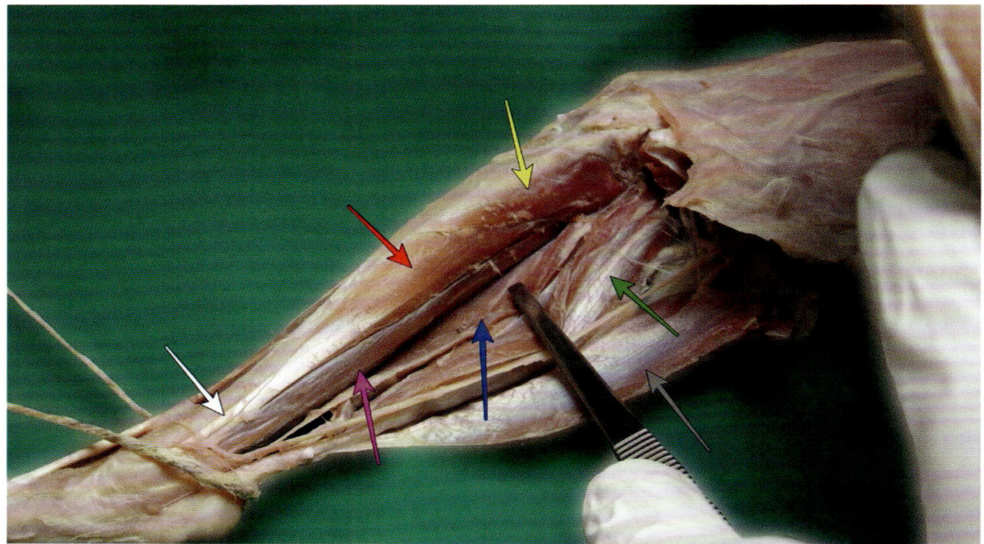

Abb. 175: Rechter Unterschenkel einer Katze von kaudal, distale Anteile von *M. semimembranosus* und *M. gracilis* wurden abpräpariert, *Caput mediale* des *M. gastrocnemius* (grau) weit proximal duchtrennt, oberflächliche Gefäße wurden nicht erhalten: *M. popliteus* (gelb), *M. flexor digitalis medialis* (rot), *M. flexor digitalis lateralis* (pink), *M. soleus* (blau), *M. flexor digitalis superficialis* (grün). Beachte die Endsehne des *M. tibialis caudalis* (weiß) kranial der des *M. flexor digitalis medialis.*

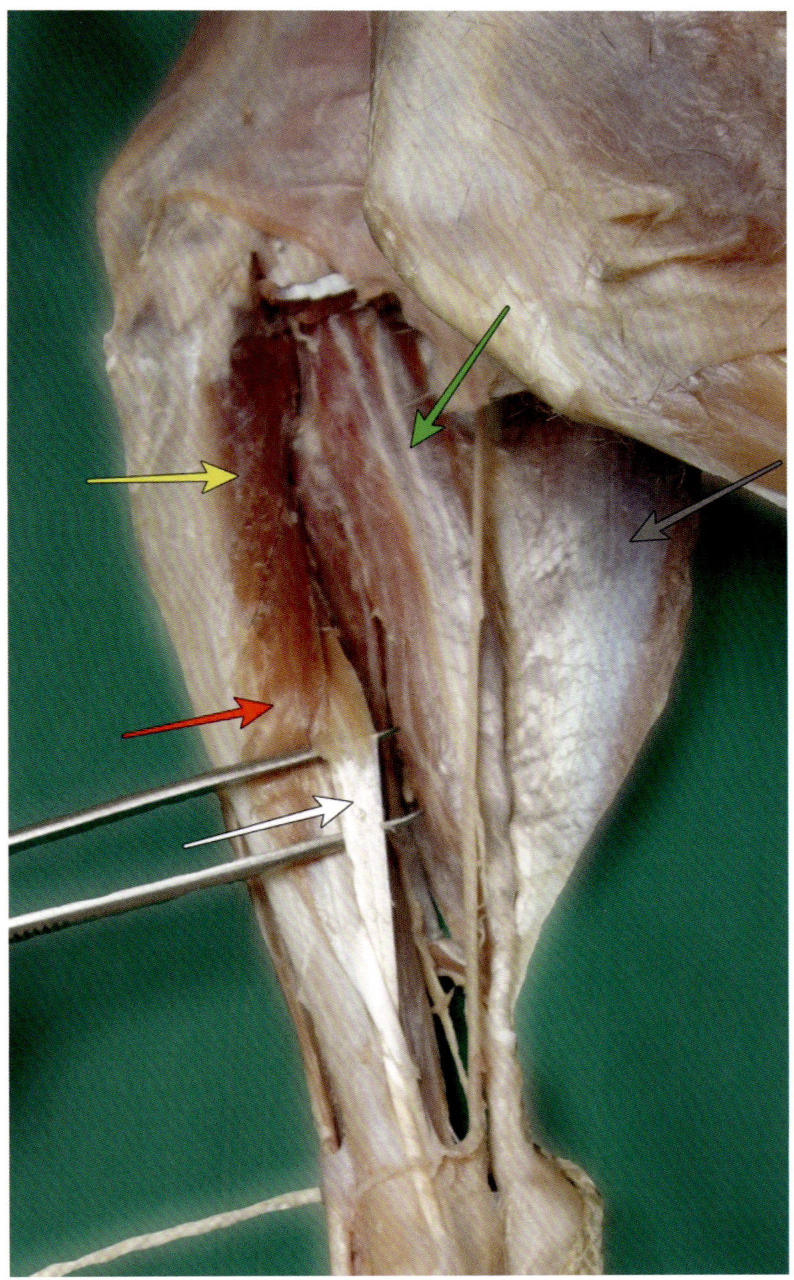

Abb. 176: Rechter Unterschenkel einer Katze von medial: *Caput mediale* des *M. gastrocnemius* (grau) wurde durchtrennt. Wird die Endsehne des *M. tibialis caudalis* (weiß) nach proximal verfolgt, kann bei der Katze meist gar dessen muskulöser Anteil bestimmt werden. Außerdem markiert sind *M. flexor digitalis superficialis* (grün), *M. popliteus* (gelb) und *M. flexor digitalis medialis* (rot).

Kapitel 8

Protokoll zur Präparation des Kopfs

8.1 Muskulatur und Leitungsstrukturen

Bestimme zunächst die tastbaren Knochenpunkte des Schädels.

Tastbare Knochenpunkte des Schädels

- *Protuberantia occipitalis externa*
- *Crista sagittalis externa*
- *Crista frontalis*
- *Arcus zygomaticus*
- *Proc. angularis mandibulae*
- *Margo ventralis mandibulae*

Enthäute den halbierten Kopf vollständig. Beginne die Präparation der Haut kaudal am Hals. Umschneide Augenlider, Ohrmuschel, Nasenlöcher und Lippen. Identifiziere und schone den Hautmuskel (*Platysma* bzw. *M. cutaneus faciei*).

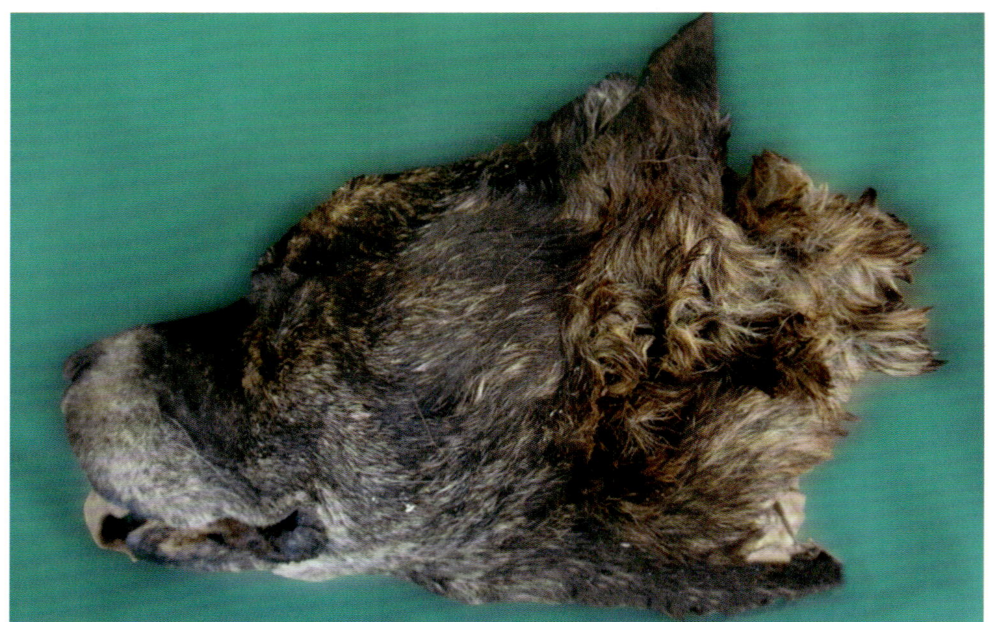

Abb. 177: Halbierter Kopf eines Hundes vor Beginn der Präparation.

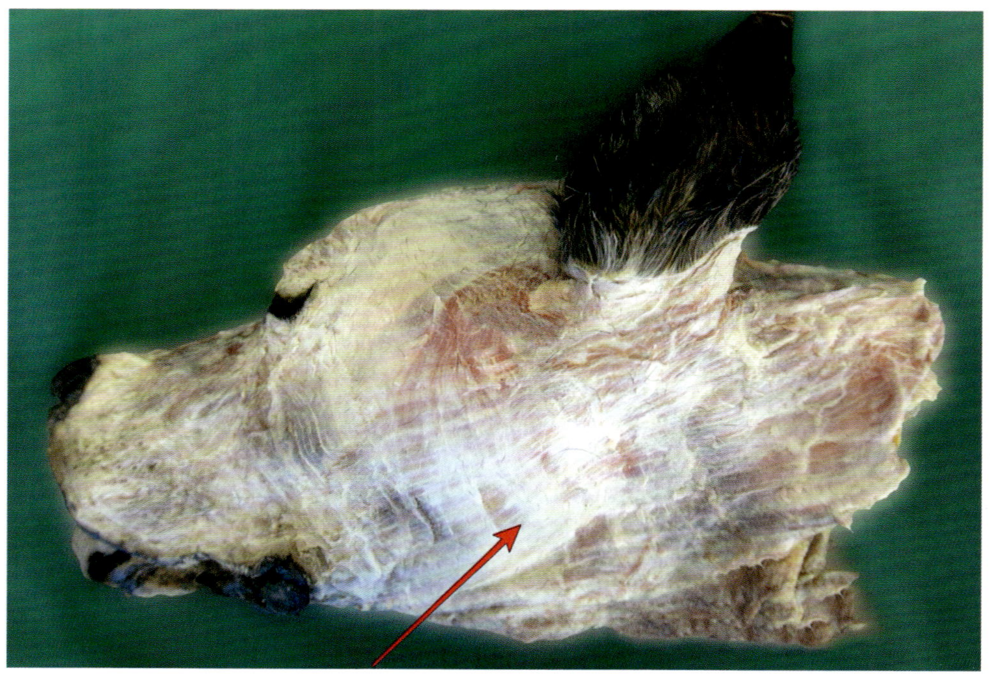

Abb. 178: Enthäuteter Kopf: *Platysma/M. cutaneus faciei* (rot).

Oberflächliche Gesichtsmuskeln

- *M. orbicularis oris*
- *M. buccinator*
- *M. orbicularis oculi*
- *M. levator nasolabialis*
- *M. retractor anguli oculi lateralis*
- *M. zygomaticus*
- *Mm. auriculares*

Identifiziere *M. levator nasolabialis* dorsolateral an der Schnauze. Beachte den zirkulären Verlauf von *M. orbicularis oris* und *M. orbicularis oculi* um die Mundspalte (*M. orbicularis oris*) bzw. das Auge (*M. orbicularis oculi*). Bestimme *M. retractor anguli oculi lateralis* am lateralen Augenwinkel. Identifiziere außerdem die *Mm. auriculares* am Schädeldach und *M. zygomaticus* zwischen Ohrmuschel und Mundwinkel.

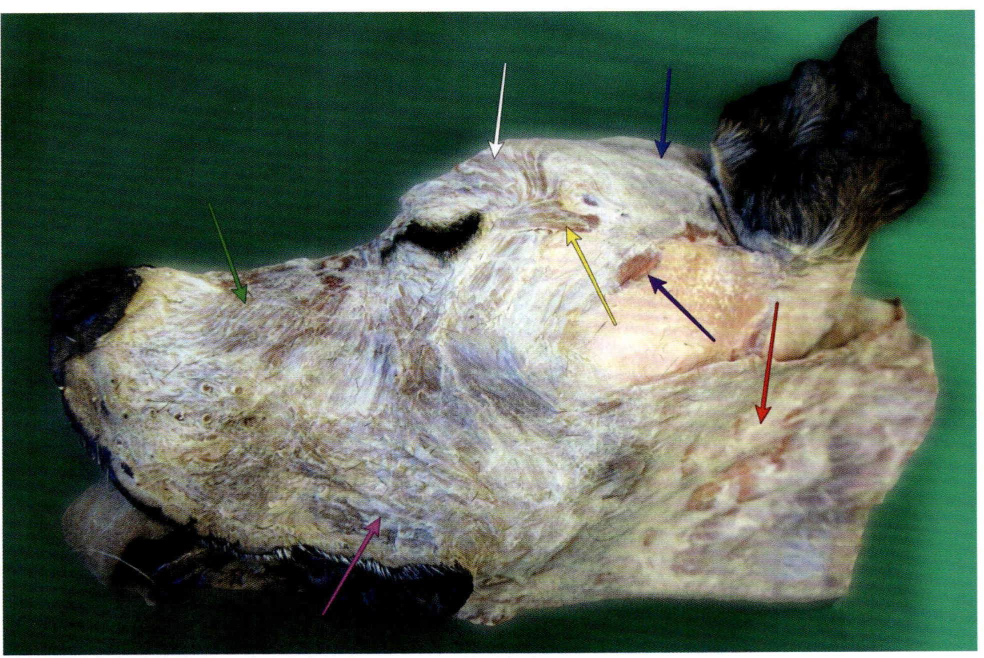

Abb. 179: Oberflächliche Gesichtsmuskeln: *Platysma* (rot), *M. orbicularis oris* (pink), *M. levator nasolabialis* (grün), *M. orbicularis oculi* (weiß), *M. retractor anguli oculi lateralis* (gelb), *Mm. auriculares* (blau), *M. zygomaticus* (lila).

Isoliere die Ränder des Hautmuskels und falte denselben nach rostral. Führe zwei oder drei Finger in den Maulhöhlenvorhof und drücke von innen gegen die Backe, um den *M. buccinator* deutlich zu erkennen. Identifiziere außerdem den bandartigen *M. parotidoauricularis* ventral des äußeren Ohrs. Finde das Lumen der *V. jugularis externa* (Drosselvene) kaudal am Hals. Präpariere dich entlang der Drosselvene nach rostral.

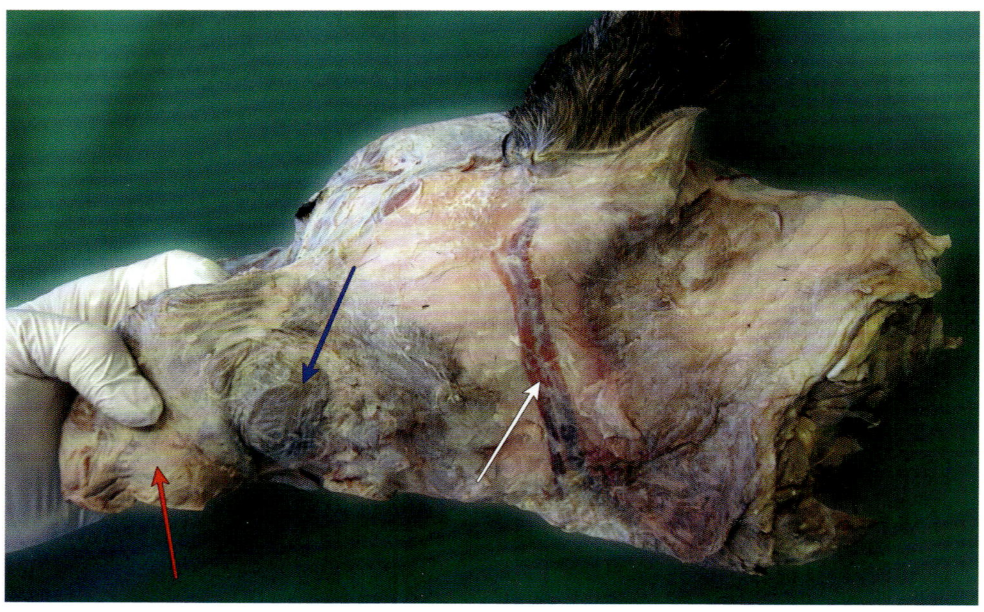

Abb. 180: *Platysma* (rot, nach rostral gefaltet), *M. buccinator* (blau), *M. parotidoauricularis* (weiß).

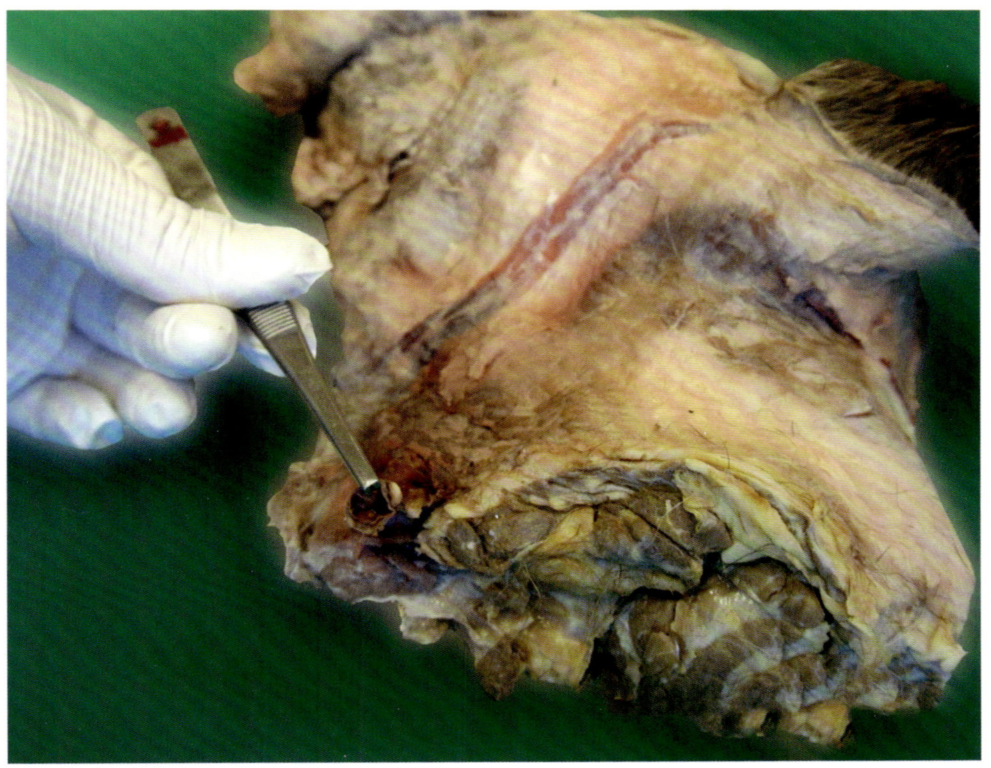

Abb. 181: Ansicht von kaudal: *V. jugularis externa* (mit der Pinzette markiert).

Isoliere *M. parotidoauricularis* und falte diesen nach dorsal. Bestimme *V. linguofacialis* und *V. maxillaris* als Aufzweigung der *V. jugularis externa*. Löse die knollenförmige Unterkieferspeicheldrüse (*Gl. mandibularis*) im Bereich zwischen *V. linguofacialis* und *V. maxillaris* aus ihrer bindegewebigen Kapsel.

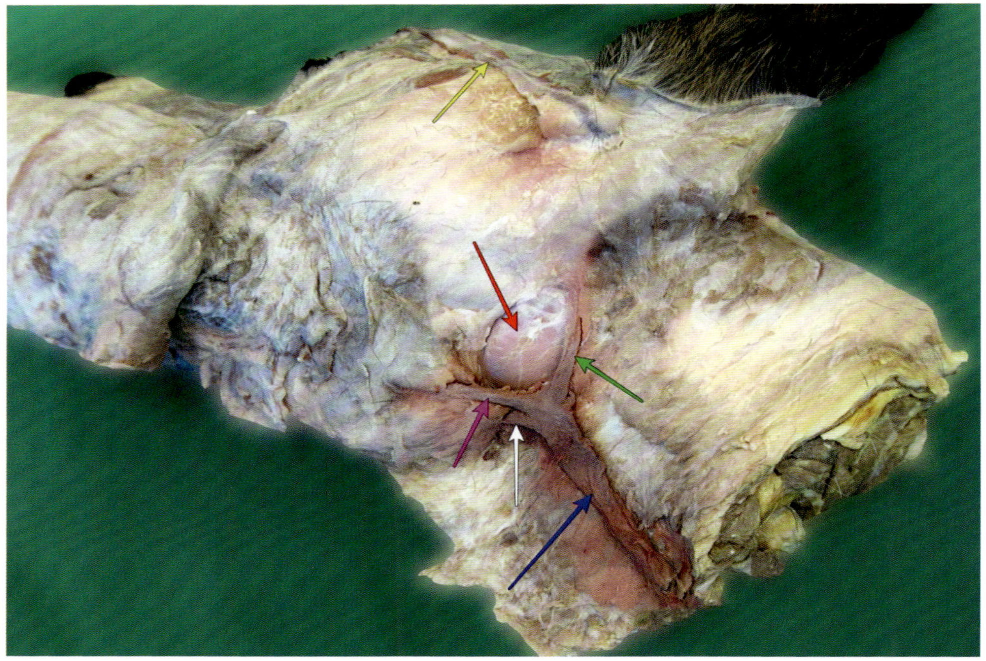

Abb. 182: *V. jugularis externa* (blau), *V. maxillaris* (grün), *V. lingualis* (weiß), *V. facialis* (pink), *Gl. mandibularis* (rot), *M. parotidoauricularis* (gelb, nach rostrodorsal gefaltet).

🛈 **Individuelle Besonderheit:** Am dargestellten Präparat teilt sich die *V. jugularis externa* unmittelbar in *V. maxillaris*, *V. facialis* und *V. lingualis* (siehe Abbildung 182).

Entferne Fett- und Bindegewebe am Ohrgrund, dorsal der *Gl. mandibularis*, um die feinlappige Ohrspeicheldrüse (*Gl. parotis*) darzustellen.

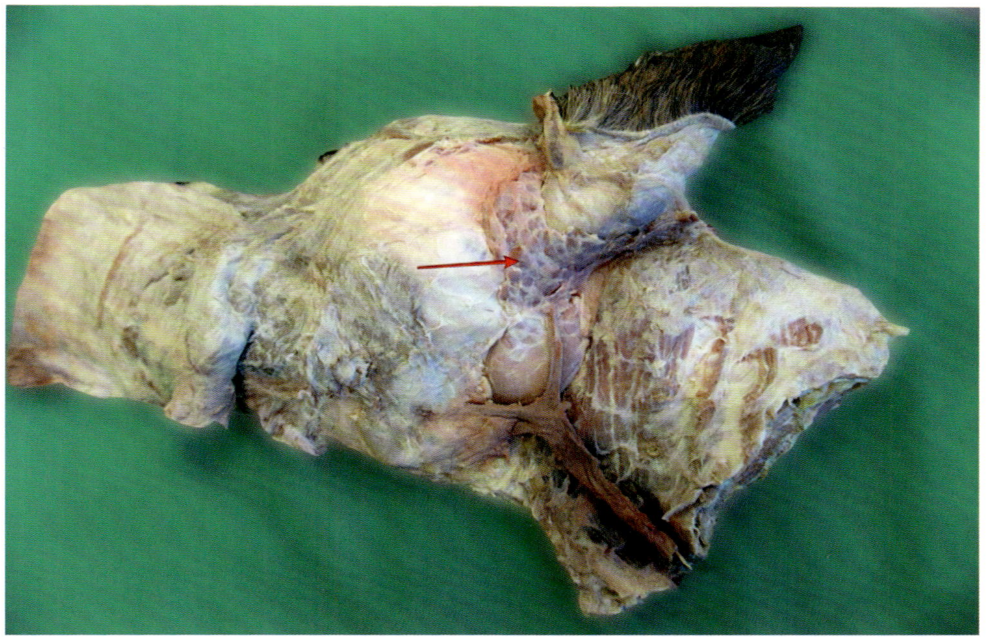

Abb. 183: *Gl. parotis* (rot).

Isoliere rostral der Speicheldrüsen *Ramus buccolabialis dorsalis* und *ventralis* des *N. facialis*, dazwischen den Ausführungsgang der Ohrspeicheldrüse (*Ductus parotideus*), darunter den kräftigen *M. masseter*.

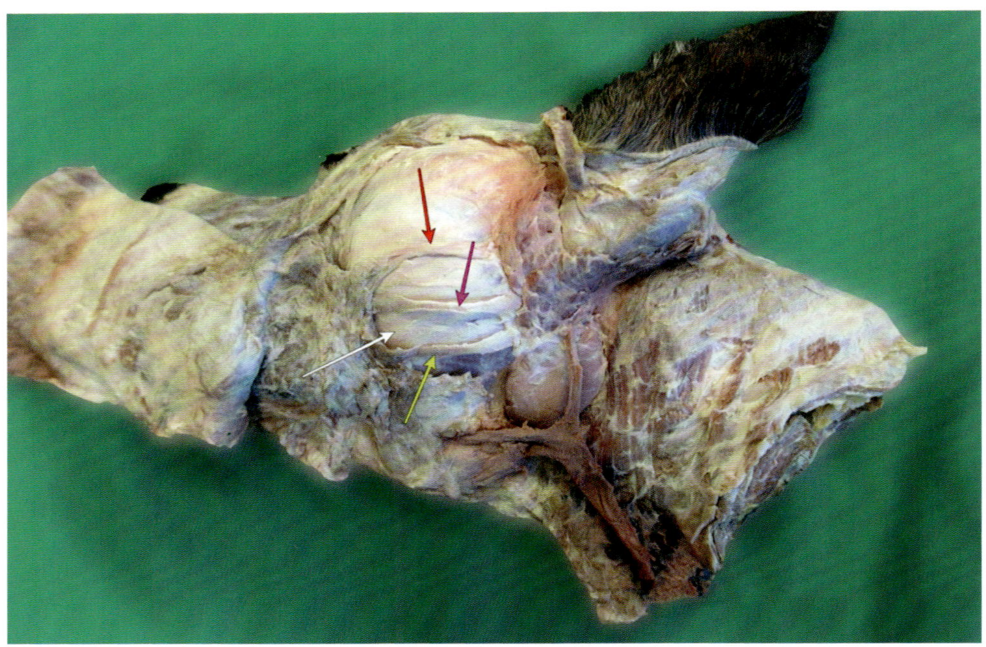

Abb. 184: *R. buccolabialis dorsalis* (rot), *R. buccolabialis ventralis* (gelb), *Ductus parotideus* (pink), *M. masseter* (weiß).

Verfolge *Ramus buccolabialis dorsalis* und *ventralis* nach kaudal in Richtung Ohrgrund, um auch *N. auriculopalpebralis*, *N. auricularis caudalis* sowie deren aller Ursprung, den *N. facialis*, zu identifizieren. Hierfür muss die Integrität der *Gl. parotis* zerstört werden.

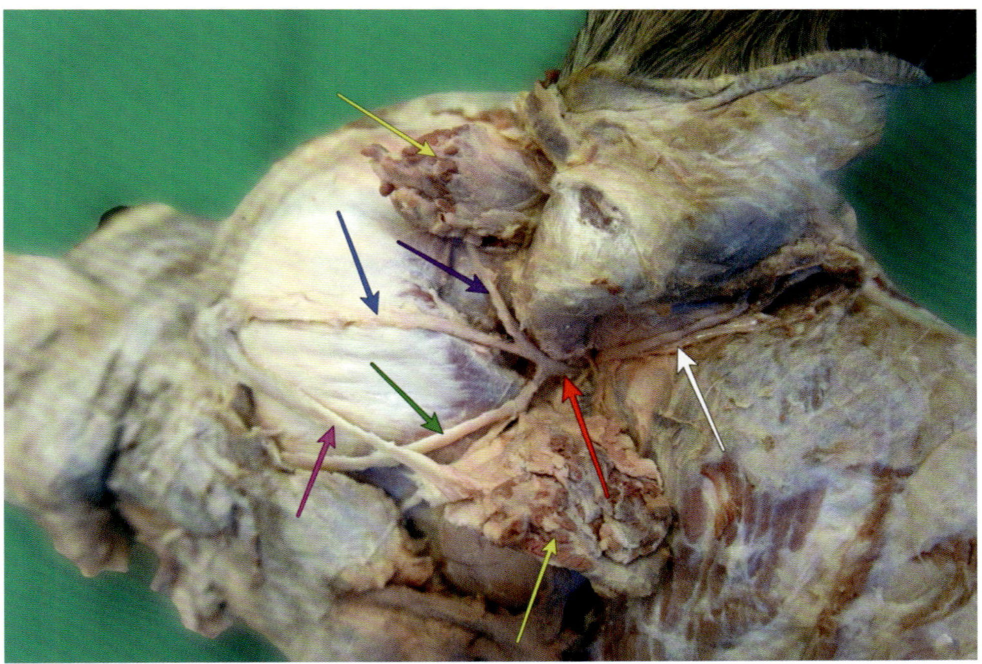

Abb. 185: *R. buccolabialis dorsalis* (blau), *R. buccolabialis ventralis* (grün), *N. auriculopalpebralis* (lila), *N. auricularis caudalis* (weiß), *N. facialis* (rot), *Gl. parotis* (durchtrennt, gelb), *Ductus parotideus* (pink).

Löse die Ohrmuskulatur vom *M. orbicularis oculi* und falte sie in Richtung Ohr, um die kräftige Sehnenplatte des *M. temporalis* zu darzustellen.

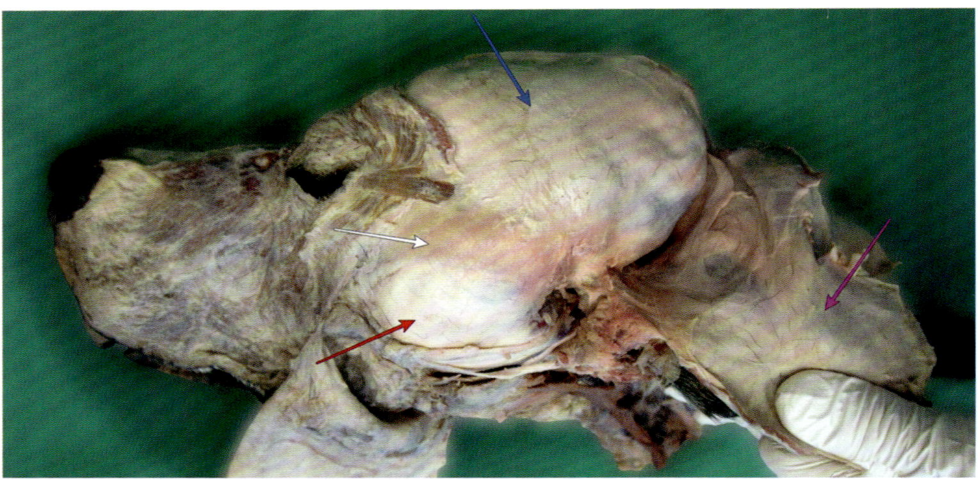

Abb. 186: Sehnenplatte des *M. temporalis* (blau), *M. masseter* (rot), *Arcus zygomaticus* (weiß), *Mm. auriculares* (pink, in Richtung Ohr gefaltet).

Präpariere anschließend entlang der *V. linguofacialis* nach rostral. Beachte die Aufzweigung in *V. lingualis* und *V. facialis*. Identifiziere den *M. digastricus* ventral des *M. masseter*, den Mandibularlymphknoten (*Ln. mandibularis*) im Raum zwischen *V. lingualis* und *V. facialis*, sowie den platten *M. mylohyoideus* medial des *M. digastricus*.

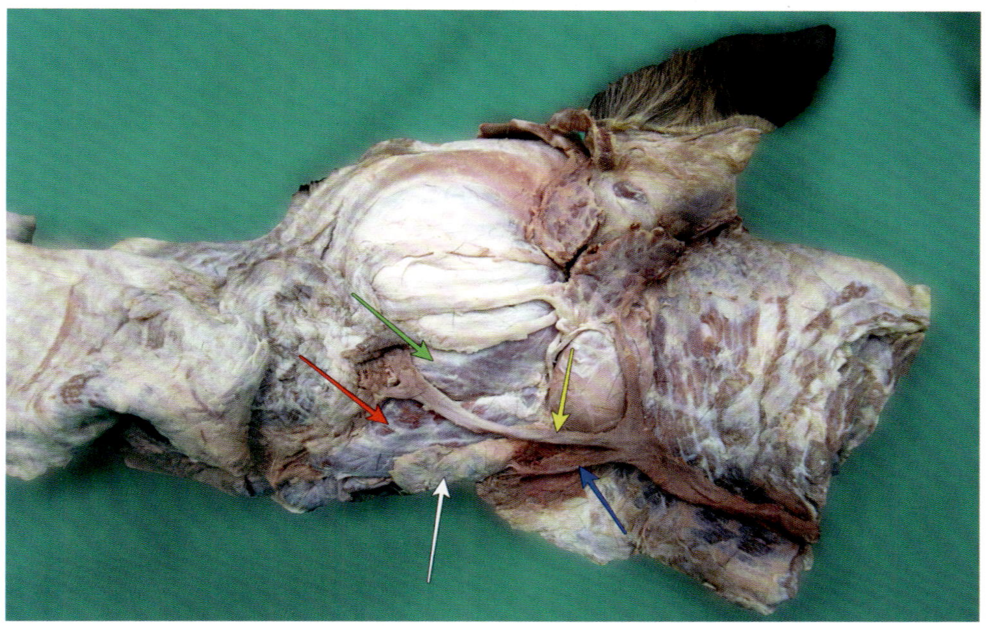

Abb. 187: *M. digastricus* (rot), *M. masseter* (grün), *Ln. mandibularis* (weiß), *V. facialis* (gelb), *V. lingualis* (blau).

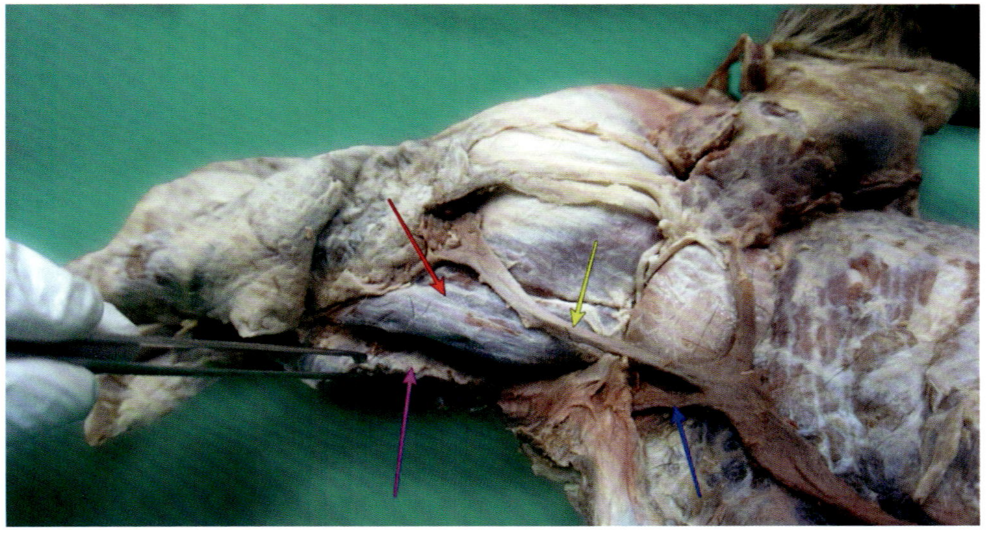

Abb. 188: *M. mylohyoideus* (pink, mit der Pinzette fixiert), *M. digastricus* (rot), *V. facialis* (gelb), *V. lingualis* (blau).

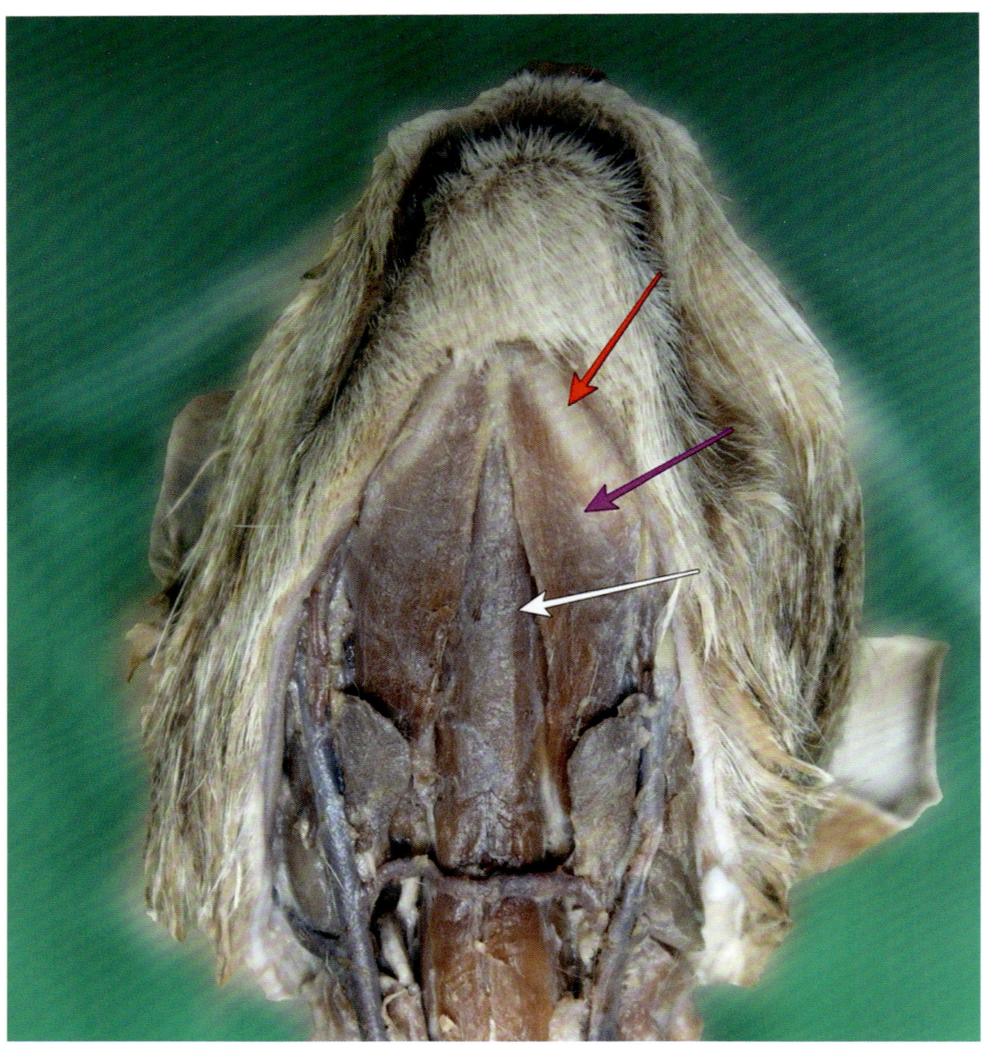

Abb. 189: Ventralansicht auf einen nicht halbierten Kopf einer Katze zur Verdeutlichung der topographischen Relation zwischen *M. digastricus* (pink) und *M. mylohyoideus* (weiß). Der Unterkieferknochen ist rot markiert.

8.2 Cavum oris, Zungen- und Zungenbeinmuskulatur

Gliedere die Maulhöhle in *Vestibulum oris* (zwischen Lippen/Backen und Zahnbogen) und *Cavum oris proprium* (innerhalb des Zahnbogens) und identifiziere die verschiedenen gustatorischen und mechanischen Papillen am Zungenrücken (*Papillae filiformes*, *Papillae conicae*, *Papillae valatae* und *Papillae fungiformes*).

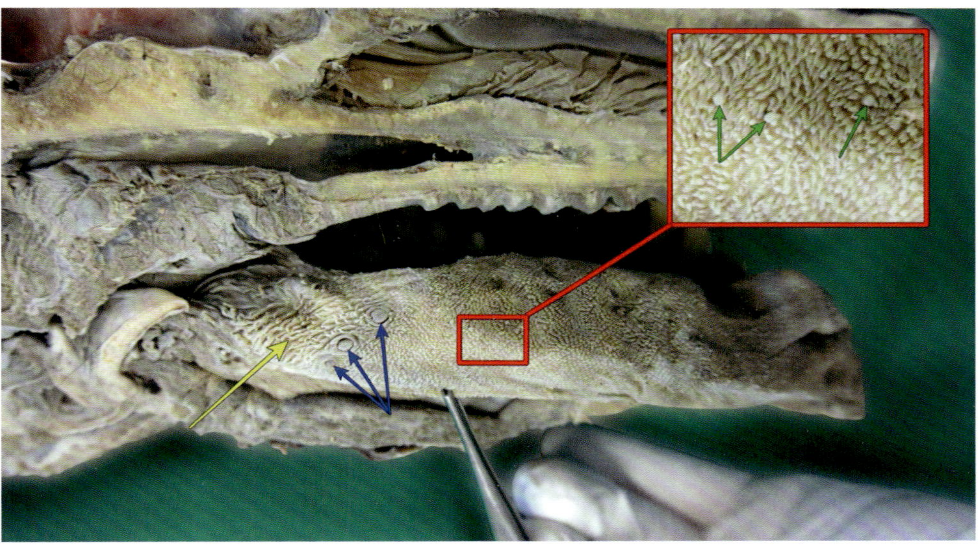

Abb. 190: Zunge mit *Papillae conicae* (gelb), *Papillae vallatae* (blau) und einigen *Papillae fungiformes* (grün) zwischen unzähligen *Papillae filiformes*.

Setze eine Inzision in die Schleimhaut des *Recessus sublingualis lateralis*, um den Ausführungsgang der *Gl. mandibularis* (*Ductus mandibularis*) darzustellen. Orientiere dich an der meist gut sichtbaren *Caruncula sublingualis*.

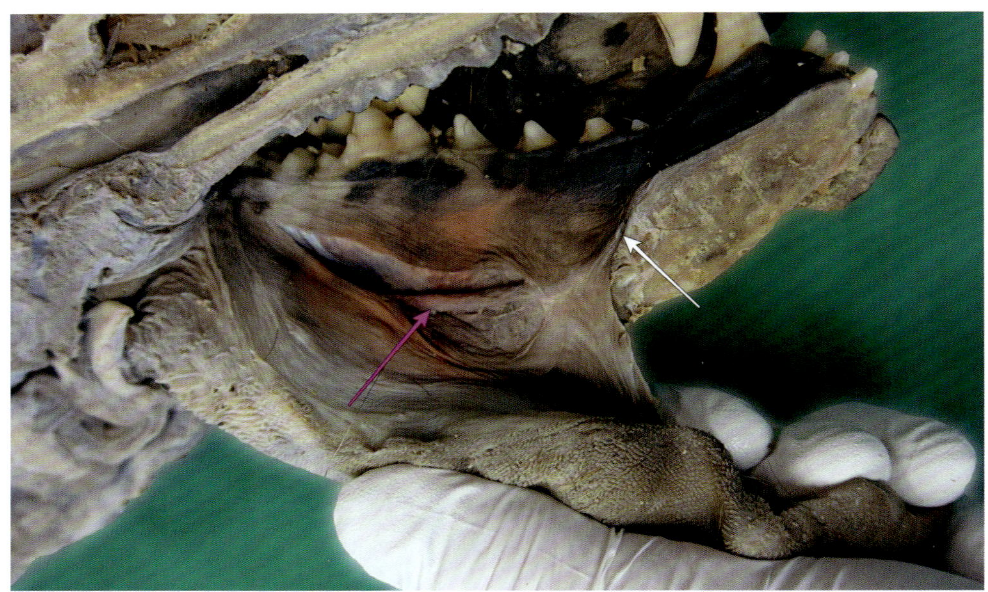

Abb. 191: *Ductus mandibularis* (pink), *Caruncula sublingualis* (weiß).

Bestimme *M. styloglossus* und *M. hyoglossus*, indem Du *M. mylohyoideus* und *M. digastricus* nach lateral, das *Basihyoid* (leichter zu identifizieren von medial, siehe Abbildung 194) nach medial drückst. Zur besseren Darstellung kann der *M. digastricus* mittig durchtrennt werden. Identifiziere den ebenfalls in Richtung Zunge verlaufenden *N. hypoglossus* sowie etwas weiter dorsal auch den *N. lingualis.*

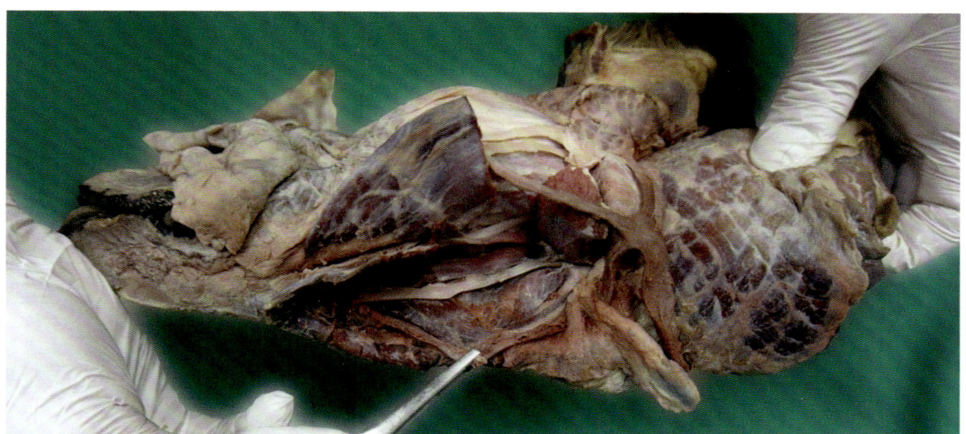

Abb. 192: Ansicht von ventral zur Darstellung von *M. styloglossus*, *M. hyoglossus* und *N. hypoglossus*. *M. digastricus* wurde durchtrennt, das Basihyoid wird mit der Pinzette nach medial gedrückt.

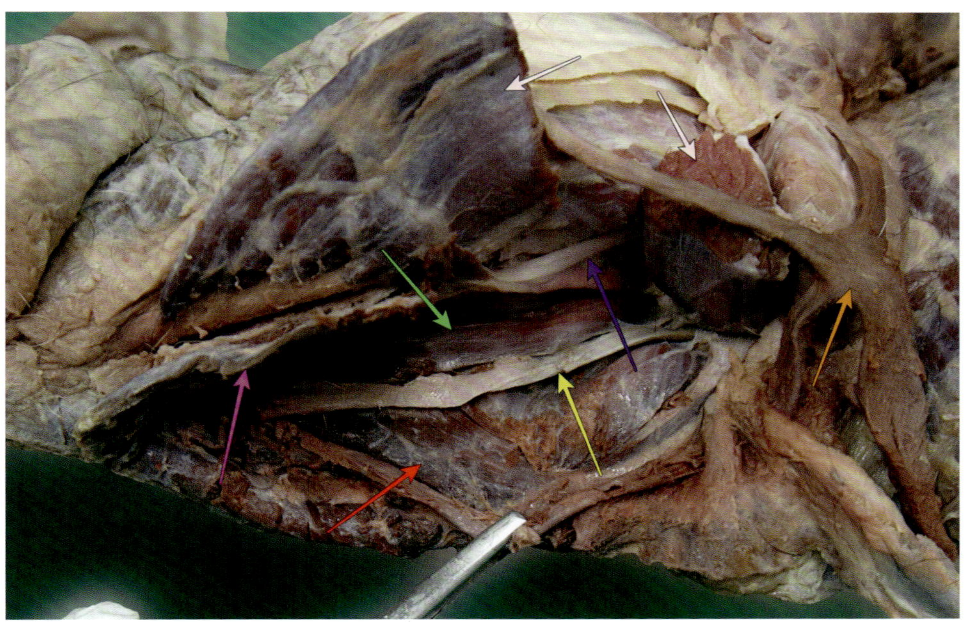

Abb. 193: Nahaufnahme von Abb. 192: *M. digastricus* (weiß, durchtrennt), *M. mylohyoideus* (pink), *M. styloglossus* (grün), *M. hyoglossus* (rot), *N. hypoglossus* (gelb), *N. lingualis* (lila), Aufzweigung der *V. jugularis externa* (orange). Die Pinzette fixiert *A.* und *V. lingualis* und drückt das Basihyoid nach medial.

Wende das Präparat und identifiziere *M. genioglossus* und *M. geniohyoideus* ventral des Zungenkörpers. Unterscheide die Stümpfe von *M. sternohyoideus* und *M. sternothyroideus* anhand ihrer Ansätze am Basihyoid (M. sternohyoideus) bzw. am Schildknorpel (M. sternothyroideus).

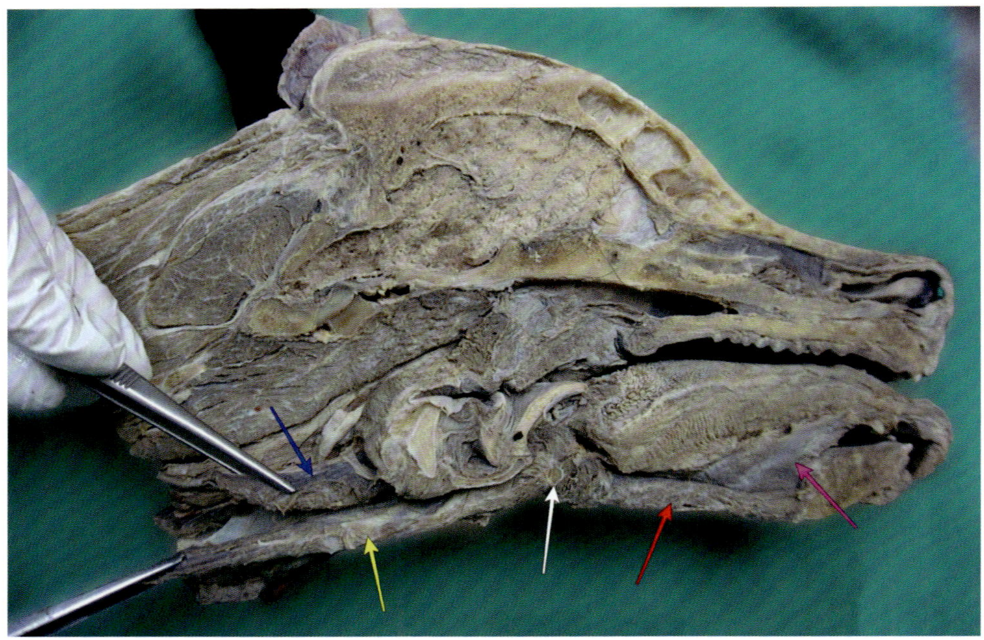

Abb. 194: *Basihyoid* (weiß), *M. sternothyroideus* (blau), *M. sternohyoideus* (gelb), *M. geniohyoideus* (rot), *M. genioglossus* (pink).

Identifiziere *M. thyrohyoideus* ventral des Kehlkopfs.

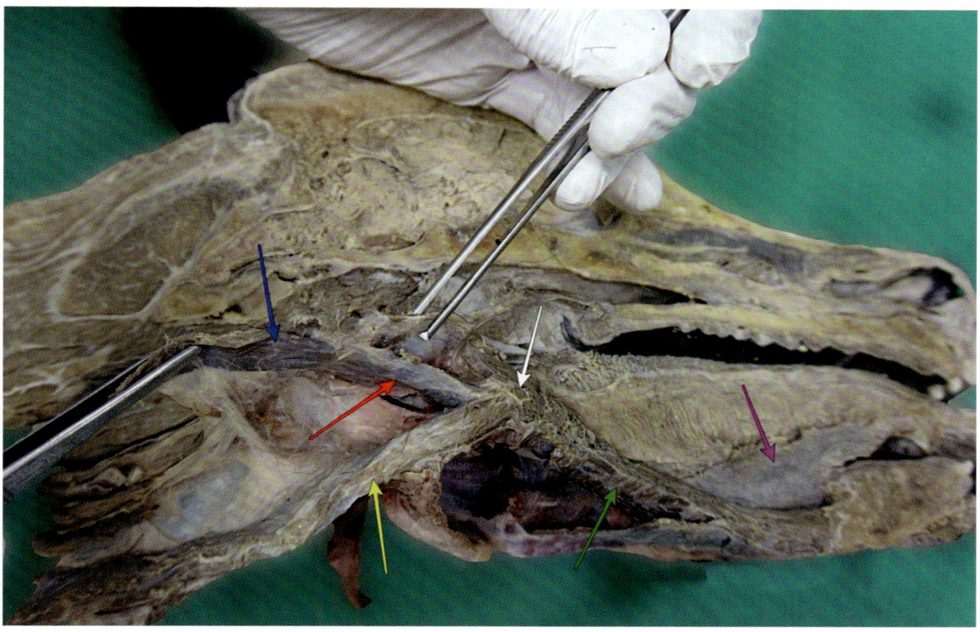

Abb. 195: Zur Darstellung des *M. thyrohyoideus* (rot) wird der Ringknorpel mittels Pinzette angehoben. Außerdem: *M. sternothyroideus* (blau), *M. sternohyoideus* (gelb), *M. geniohyoideus* (grün), *M. genioglossus* (pink), *Basihyoid* (weiß).

8.3 Cavum nasi, Pharynx, Larynx

Entferne nun am halbierten Kopf, je nach Schnittebene, die Nasenscheidewand. Bestimme die die Nasenhöhle ausfüllenden Nasenmuscheln (*Concha nasalis dorsalis, ventralis und media*), drei Nasengänge (*Meatus nasi dorsalis, medius* und *ventralis*) sowie im rostralen Anteil der Nasenhöhle drei Schleimhautfalten (*Plica recta, Plica alaris, Plica basalis*).

Bestimme harten und weichen Gaumen (*Palatum durum, Palatum molle*) und unterscheide somit den Atmungsrachen (*Pars nasalis pharyngis*) vom Schlingrachen (*Pars digestoria pharyngis*).

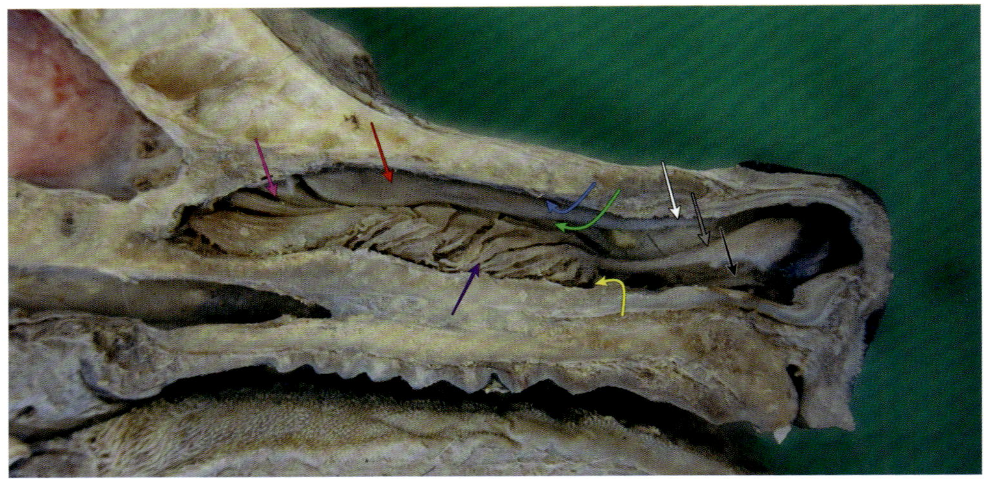

Abb. 196: *Concha nasalis dorsalis* (rot), *Concha nasalis media* (pink), *Concha nasalis ventralis* (lila), *Meatus nasi dorsalis* (blau), *Meatus nasi medius* (grün), *Meatus nasi ventralis* (gelb), *Plica recta* (weiß), *Plica alaris* (grau), *Plica basalis* (schwarz).

Gliederung des Pharynx

- *Pars nasalis pharyngis* (Atmungsrachen)
- *Pars digestoria pharyngis* (Schlingrachen)
  - *Pars oralis pharyngis* (Mundrachen)
  - *Pars laryngea pharyngis* (Kehlrachen)
  - *Pars oesophagea pharyngis* (Speiseröhrenvorhof)

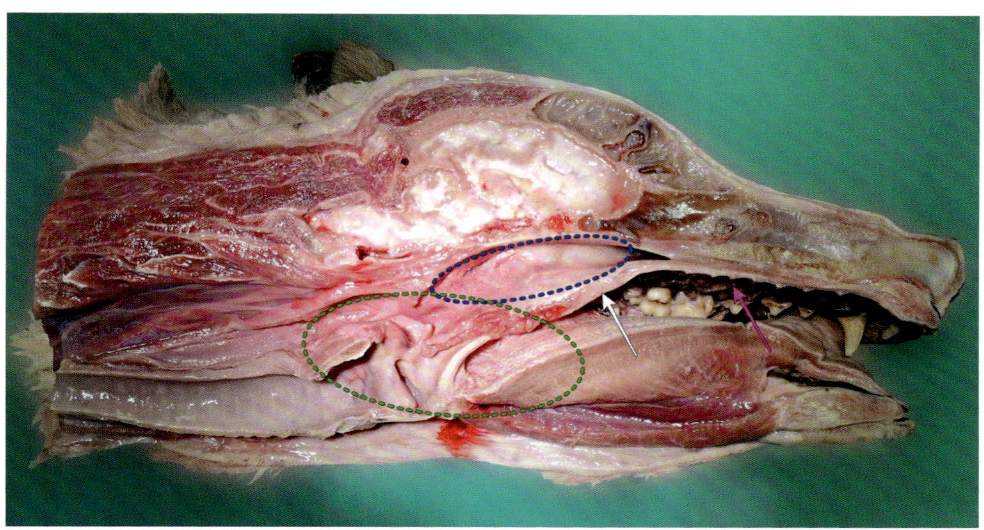

Abb. 197: *Palatum durum* (pink), *Palatum molle* (weiß), *Pars nasalis pharyngis* (blau), *Pars digestoria pharyngis* (grün).

Identifiziere das *Ostium pharyngeum tubae auditivae* im Nasenrachen.

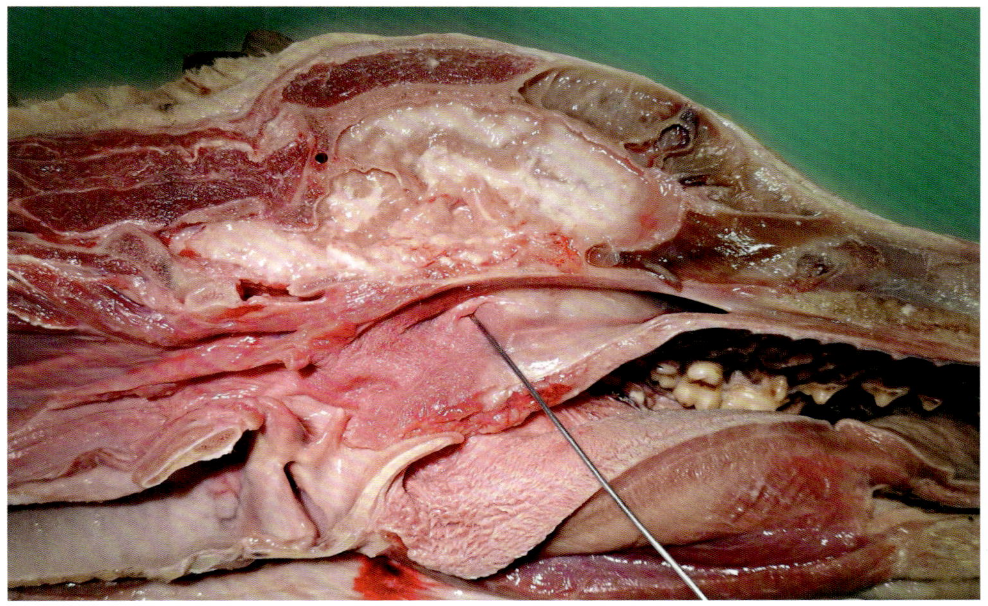

Abb. 198: *Ostium pharyngeum tubae auditivae* (mit der Sonde markiert).

Ziehe am Gaumensegel, falte die Zunge zur Mitte und klappe den Kehldeckel nach kaudal, um die drei pharyngealen Schleimhautfalten (*Arcus palatoglossus, Arcus palatopharyngeus, Arcus veli palatini*) zu spannen und zu identifizieren. Bestimme *Pars oralis pharyngis* zwischen *Arcus palatoglossus* und Kehldeckelbasis. Identifiziere die Gaumenmandel (*Tonsilla palatina*) in einer Grube (*Fossa tonsillaris*) zwischen *Arcus palatoglossus* und *Arcus palatopharyngeus.*

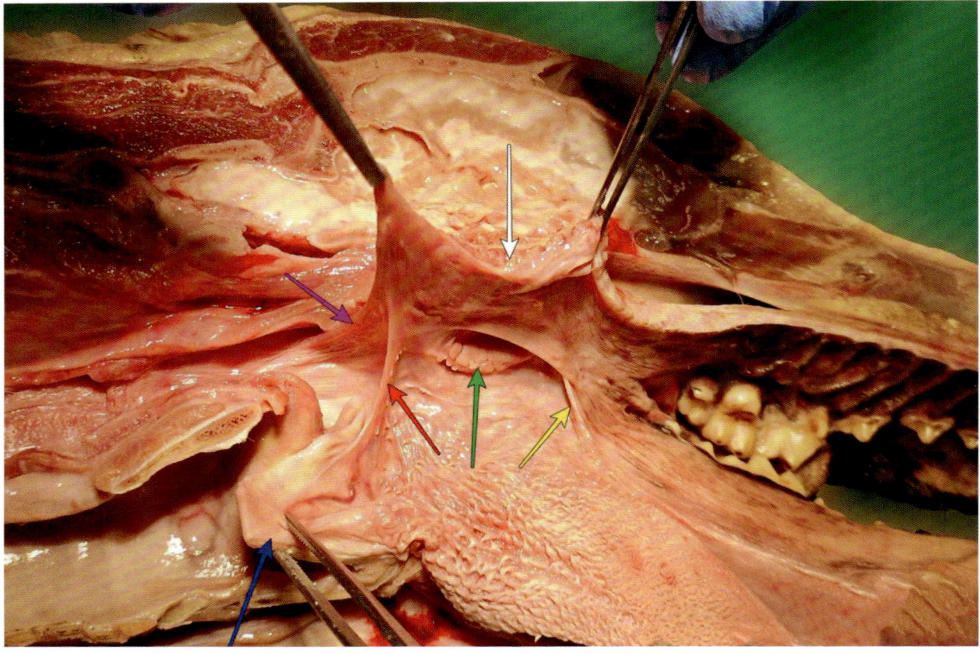

Abb. 199: Gaumensegel (weiß), Kehldeckel (blau), *Arcus veli palatini* (pink), *Arcus palatopharyngeus* (rot), *Arcus palatoglossus* (gelb), *Tonsilla palatina* (grün).

Bestimme *Pars laryngea pharyngis* zwischen *Arcus palatopharyngeus* und Stellknorpel und beachte den *Recessus piriformis* lateral des Kehlkopfs.

Abb. 200: Zur Darstellung des *Recessus piriformis* (weiß) wird der Kehlkopf mittels Pinzette nach medial gezogen. Blau markiert ist die *Pars oesohagea pharyngis.*

Bestimme *Pars oesophagea pharyngis* kaudal der Stellknorpel und identifiziere das *Limen pharyngoesophageum* als Schleimhautverdickung an dessen kaudalem Ende.

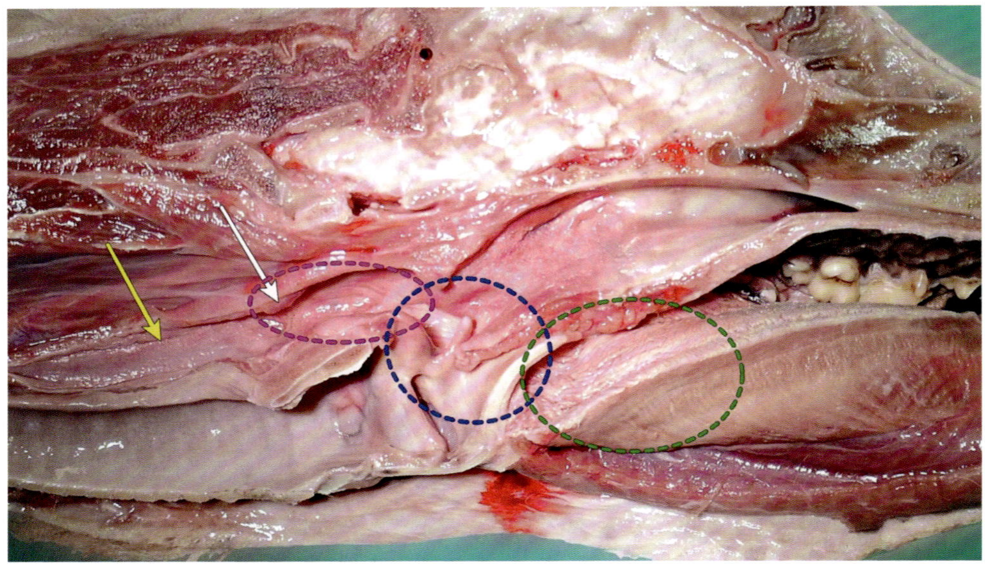

Abb. 201: *Oesophagus* (gelb), *Pars oesophagea pharyngis* (pink), *Limen pharyngoesophageum* (weiß), *Pars laryngea pharyngis* (blau), *Pars oralis pharyngis* (grün).

Setze eine Inzision in die Schleimhaut kaudolateral im Oropharynx und identifiziere die *Mm. pterygoidei* in der Tiefe.

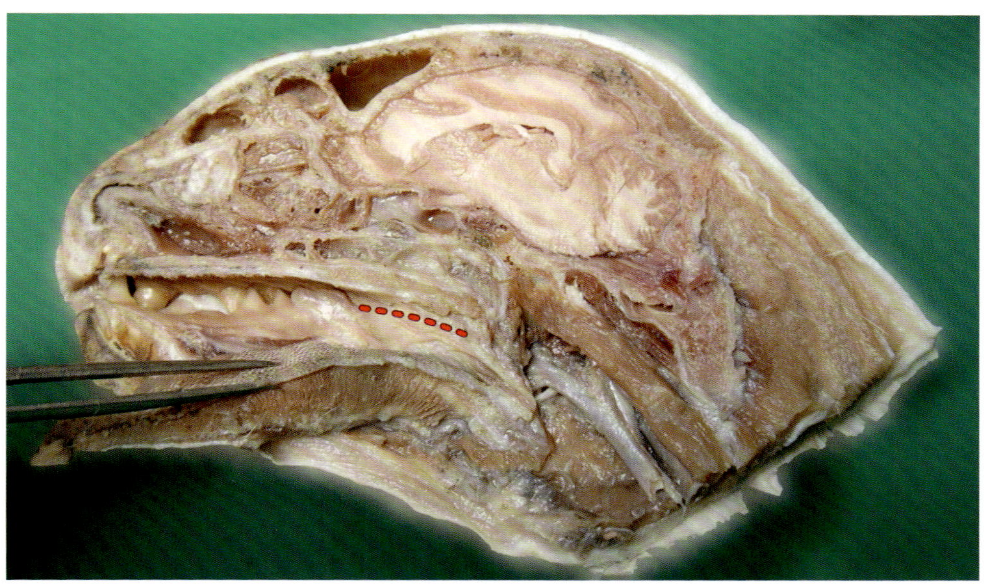

Abb. 202: Schnittlinie zur Darstellung der *Mm. pterygoidei.*

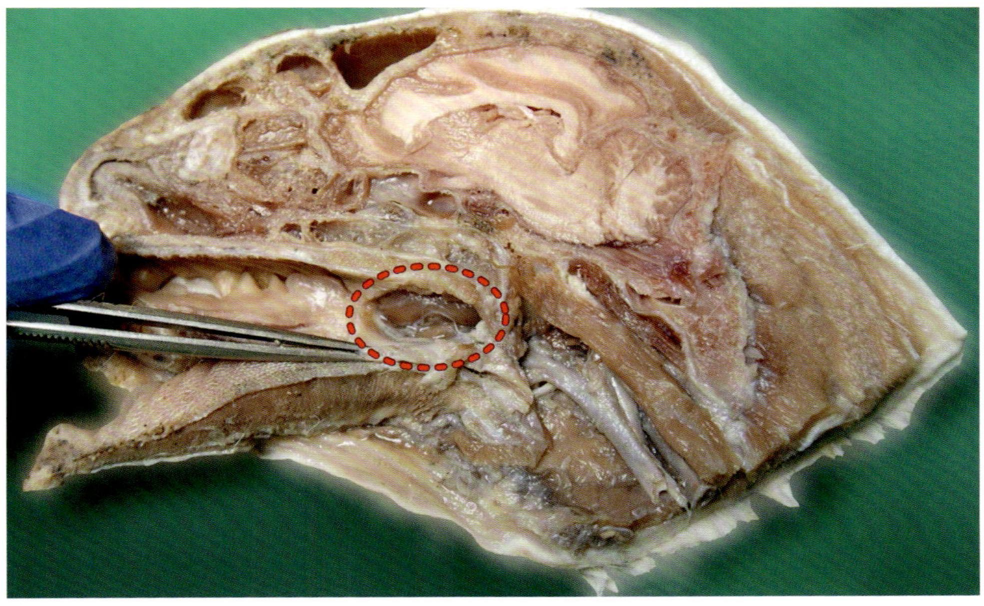

Abb. 203: *Mm. pterygoidei* (rot) der Katze.

Identifiziere ferner die vier Kehlkopfknorpel (*Cartilago epiglottica*, *Cartilago thyroidea*, *Cartilago cricoidea* und *Cartilago arytenoidea*) sowie den *Ventriculus laryngis* zwischen *Plica vestibularis* und *Plica vocalis*.

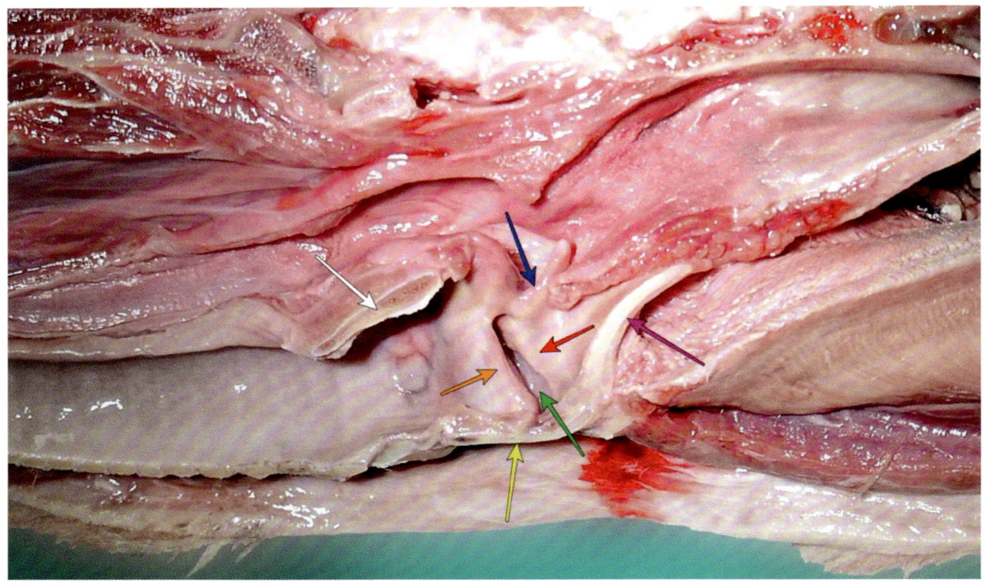

Abb. 204: *Cartilago epiglottica* (pink), *Cartilago thyroidea* (gelb), *Cartilago cricoidea* (weiß), *Cartilago arytenoidea* (blau), *Ventriculus laryngis* (grün), *Plica vocalis* (orange), *Plica vestibularis* (rot).

Beachte: Bei der Katze sind der *Ventriculus laryngis* sowie der *Proc. cuneiformis* nicht ausgebildet.

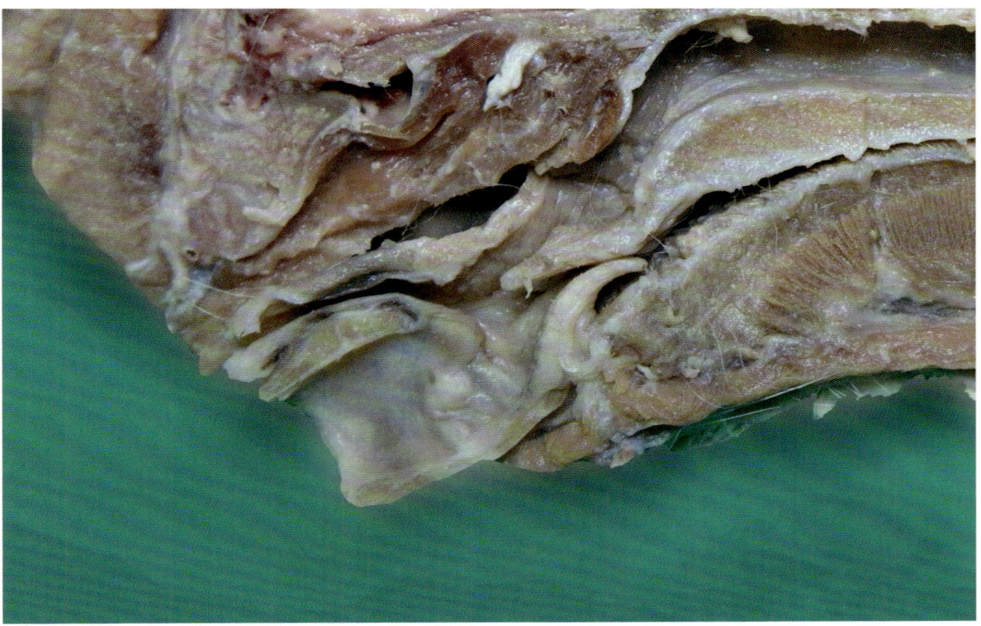

Abb. 205: Nahaufnahme von Abb. 206 (S. 206): Larynx der Katze im Medianschnitt.

8.4 Cavum cranii, Encephalon

Beachte die Trennung zwischen Groß- und Kleinhirn durch das sogenannte Kleinhirnzelt (*Tentorium cerebelli osseum*). Entferne nun, je nach Schnittebene, die *Falx cerebri* und entnimm anschließend vorsichtig das Gehirn sowie am Präparat verbliebene Anteile des Rückenmarks. Austretende Hirnnerven werden durchtrennt. (s. Abb. 206)

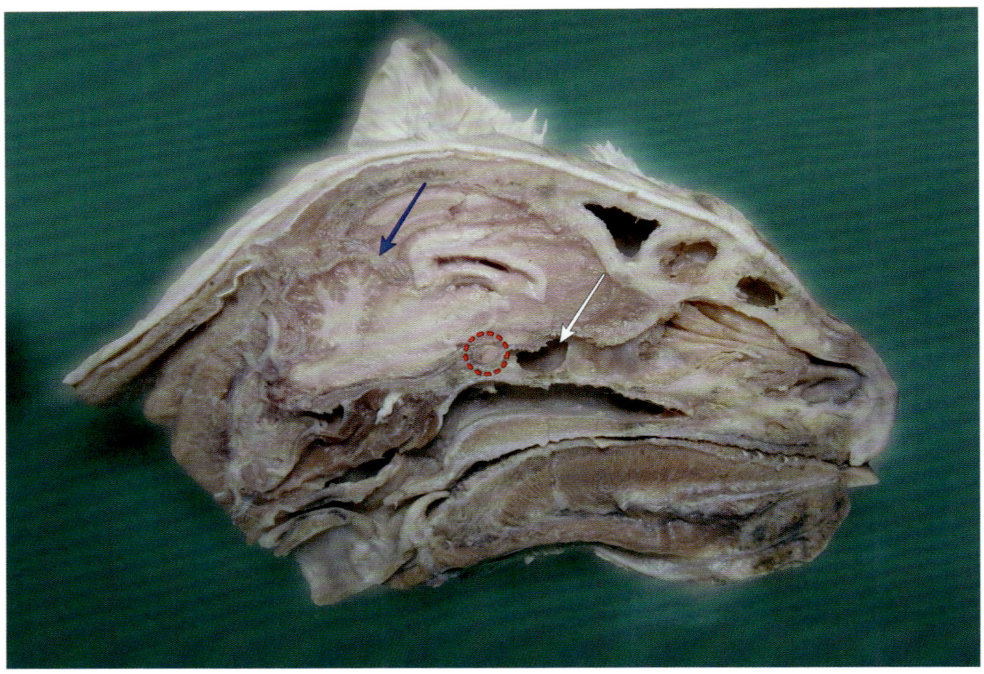

Abb. 206: Halbierter Kopf einer Katze, die Nasenscheidewand wurde entfernt: *Tentorium cerebelli osseum* (blau), Hypophyse (rot – CAVE: reißt bei der Entnahme des Gehirns leicht ab), *Sinus sphenoidalis* (weiß, fehlt beim Hund!).

Bestimme die verschiedenen Abschnitte des Gehirns und identifiziere die dazugehörigen Strukturen.

> **!**
>
> **Beachte:** Inwieweit die folgenden Strukturen am Formalin-fixierten Präparat identifizierbar sind, ist abhängig von der Gewebebeschaffenheit sowie deiner Entnahmetechnik. Zu Demonstrationszwecken werden die Strukturen an einem Plastinat erläutert.

Abschnitte des Gehirns und wichtige dazugehörige Strukturen

Myelencephalon	Metencephalon	Mesencephalon	Diencephalon	Telencephalon
Medulla oblongata	*Pons*	*Pedunculi cerebri*	*Glandula pinealis*	Großhirnrinde
4. Ventrikel	*Cerebellum*	*Tectum mesencephali*	*Thalamus* *	*Corpus callosum*
	4. Ventrikel	*Aqueductus mesencephali*	*Hypothalamus* *	Seitenventrikel
			Corpus mamillare *	
			Hypophyse **	
			3. Ventrikel ***	

* am Präparat kaum voneinander abgrenzbar
** reißt bei der Entnahme des Gehirns i.d.R. ab
*** nur im Medianschnitt gut darstellbar

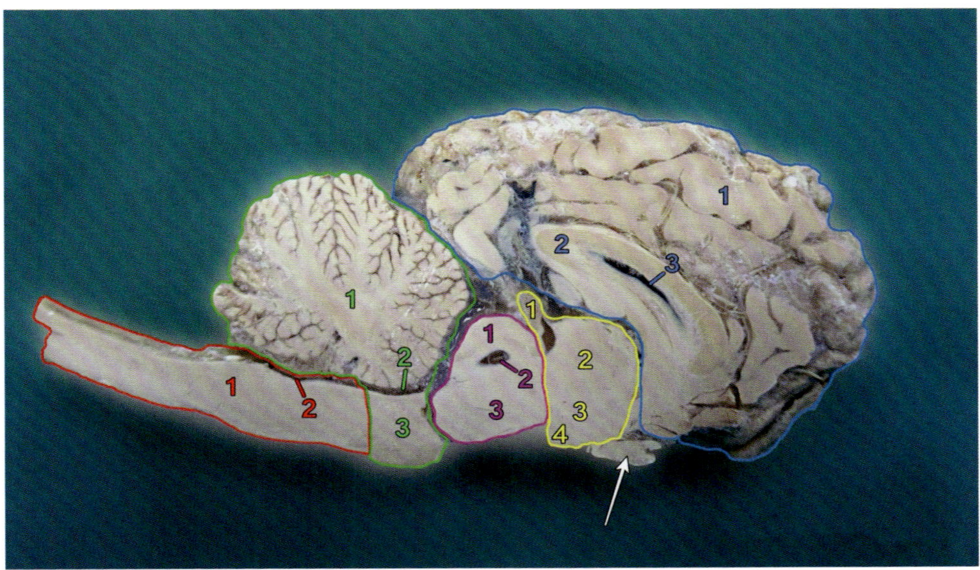

Abb. 207: Gehirn im Paramedianschnitt

Myelencephalon (rot): *Medulla oblongata* (1), 4. Ventrikel (2)
Metencephalon (grün): *Cerebellum* (1), 4. Ventrikel (2), *Pons* (3)
Mesencephalon (pink): *Tectum mesencephali* (1), *Aqueductus mesencephali* (2), *Pedunculi cerebri* (3)
Diencephalon (gelb): *Glandula pinealis* (1), *Thalamus* (2), *Hypothalamus* (3), *Corpus mamillare* (4)
Telencephalon (blau): Großhirnrinde (1), *Corpus callosum* (2), Seitenventrikel (3)
Außerdem markiert: Gerhirnnahe Reste des *N. opticus* (weiß).

Kapitel 9

Protokoll zur Präparation der Brusthöhle

9.1 Linkes Cavum pleurae

Setze die Gliedmaße ab und eröffne das linke *Cavum pleurae*, indem Du die Rippen mit einer Zange brichst.

> !
>
> **Beachte:** Das Abdomen soll hierbei nicht eröffnet werden.

Die letzte sternale (i.d.R. Rippe 9) sowie alle asternalen Rippen sollen deswegen intakt bleiben. Lässt sich die Lokalisation der letzten sternalen Rippe bei adipösen Tieren durch Palpation nicht eindeutig bestimmen, muss Muskulatur (weitestgehend schonend) abgetragen werden, bis die Rippen sichtbar sind. Führe die ausliegende Zange möglichst sternumnah zwischen 9. Und 10. Rippe ein. Brich die 9. Rippe mit der Zange und gehe in gleicher Manier mit den Rippen 8–1 vor (1). Ausgehend von deiner ersten Einstichstelle zwischen Rippe 9 und 10 soll nun senkrecht nach dorsal geschnitten werden (2). Muskelgewebe wird mit Schere/ Skalpell, Knochengewebe mittels Zange durchtrennt. Die Schnittrichtung wird ggf. adjustiert. Möglichst nahe der Wirbelsäule werden die Rippen nun erneut von kaudal nach kranial gebrochen (3). Indem Du die verbleibende Muskulatur nicht durchtrennst, kreierst Du eine Art „aufklappbares Fenster“, die Rippen verbleiben am Tierkörper.

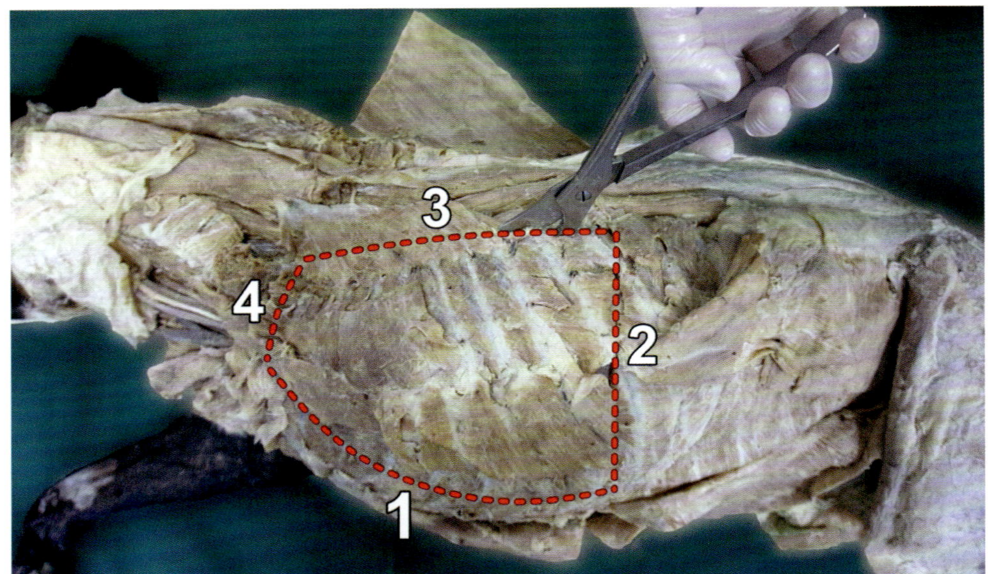

Abb. 208: „Schnittlinien" zur Eröffnung des *Cavum pleurae.*

Abb. 209: Das linke *Cavum pleurae* wurde eröffnet (die erste Rippe wurde an diesem Präparat erst nachträglich entnommen).

Identifiziere *M. transversus thoracis* an der Innenseite des Brustkorbs. Der Muskel wird meist bereits mit der Zange beschädigt und muss spätestens zum „Aufklappen" der Rippen vollständig durchtrennt werden.

Abb. 210: In der Regel verbleibt ein Teil des *M. transversus thoracis* (rot) an der aufgeklappten Brustwand.

Isoliere je eine der feinen *A., V.* und *N. intercostalis* im Zwischenrippenraum, jeweils kaudal der entsprechenden Rippe.

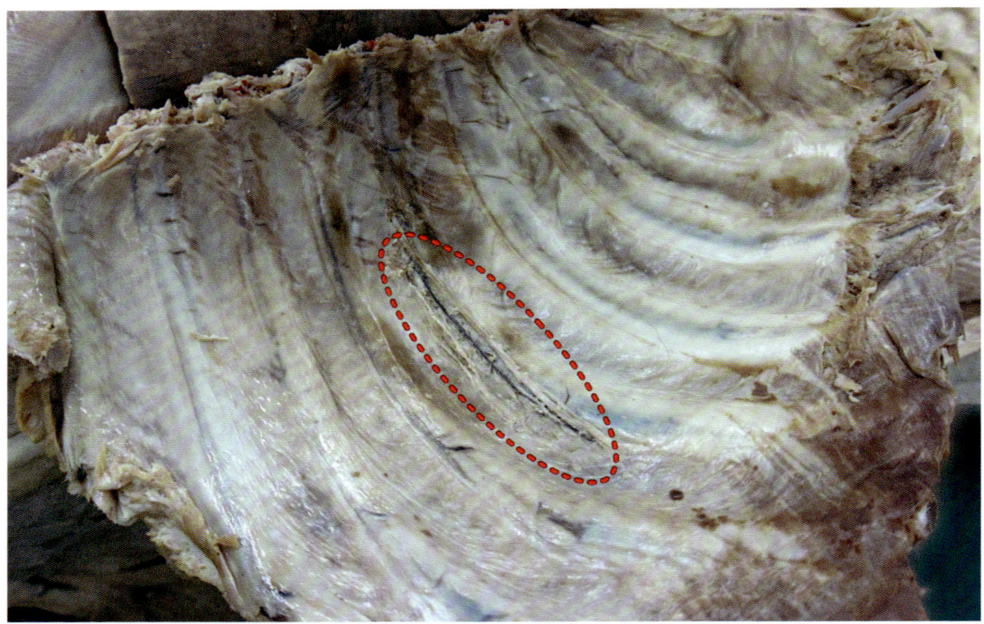

Abb. 211: *A., V.* und *N. intercostalis.*

Beachte das *Lig. pulmonale* als Serosaduplikatur zwischen Lungenhilus und kaudalem Lungenflügel, bevor Du die Lunge möglichst hilusnah absetzt, sodass sie als Ganzes entnommen werden kann.

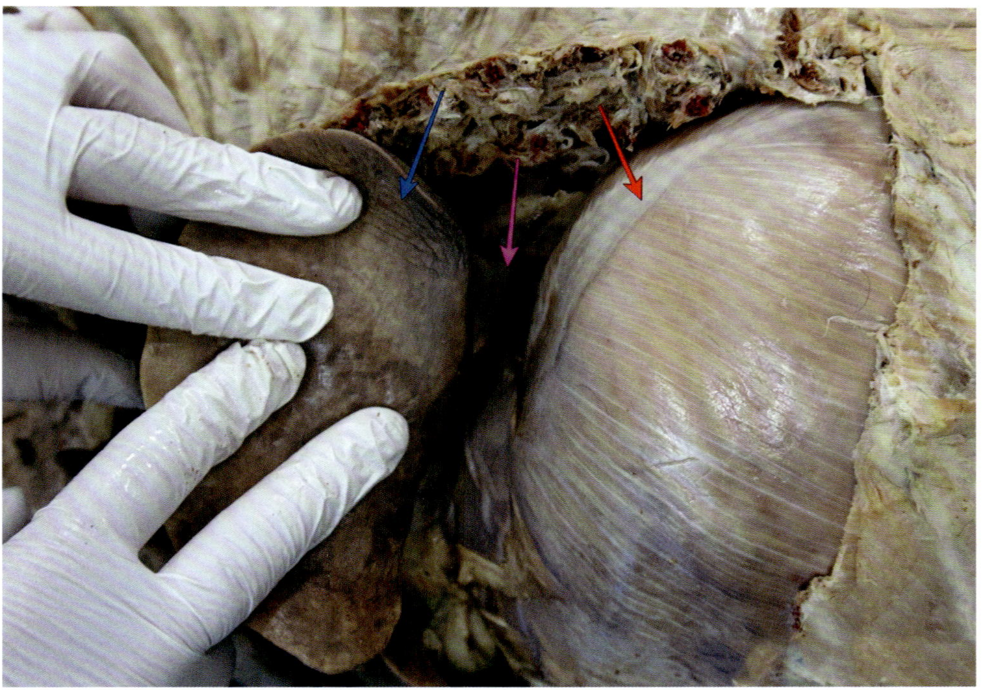

Abb. 212: *Ligamentum pulmonale* (pink), *Lobus caudalis pulmonis sinistri* (blau), *Diaphragma* (rot).

Betrachte die *Facies costalis* der linken Lunge: Bestimme *Lobus cranialis* und *caudalis* anhand der *Fissura interlobaris*. Unterscheide innerhalb des *Lobus cranialis*, anhand einer *Fissura intralobaris*, ferner eine *Pars cranialis* von einer *Pars caudalis*. Beachte die Eindrücke der Rippen in das Lungengewebe (*Impressiones costales*).

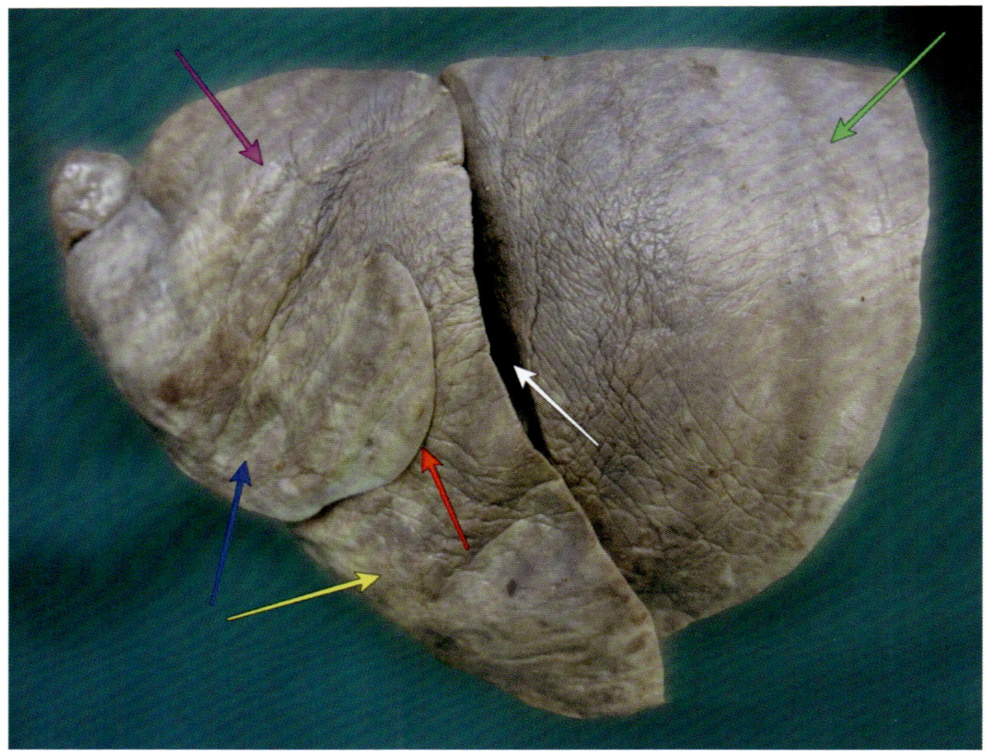

Abb. 213: Linke Lunge, *Facies costalis*: *Lobus cranialis* (pink) mit *Pars cranialis* (blau), *Pars caudalis* (gelb) und *Fissura intralobaris* (rot), *Fissura interlobaris* (weiß), *Lobus caudalis* (grün).

Wende die Lunge zur *Facies medialis*: Unterscheide die kranial liegende *Apex* von der kaudalen, konkaven *Basis pulmonis*. Identifiziere die Lungenpforte (*Hilus pulmonis*) als Ein- und Austrittsstelle von Gefäßen und Bronchien. Beachte die *Impressio cardiaca* ventral, die *Impressio aortica* dorsal des Hilus. Bezeichne den stumpfen, dorsalen Lungenrand (*Margo dorsalis*) als *Margo obtusus* und den eher spitzen, kaudalen (*Margo caudalis*) und ventralen Rand (*Margo ventralis*) als *Margo acutus*.

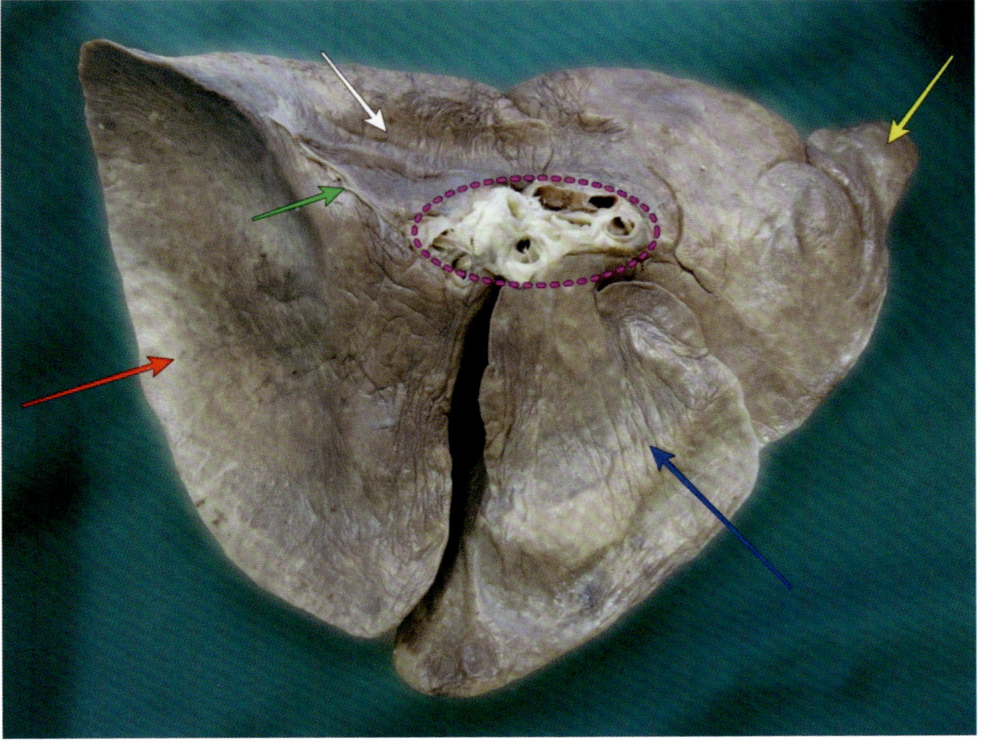

Abb. 214: Linke Lunge: *Facies medialis*: *Hilus pulmonis* (pink), *Apex pulmonis* (gelb), *Basis pulmonis* (rot), *Impressio cardiaca* (blau), *Impressio aortica* (weiß), Reste des *Ligamentum pulmonale* (grün).

Beachte die *Pleura visceralis*, die die Lunge bedeckt und bestimme die verschiedenen Anteile der *Pleura parietalis*:

Pleuraverhältnisse

- *Pleura visceralis*
  - *Pleura pulmonalis*
- *Pleura parietalis*
  - *Pleura costalis*
  - *Pleura diaphragmatica*
  - *Pleura mediastinalis*
    - *Pleura pericardiaca*

Identifiziere den *Recessus costodiaphragmaticus* sowie den *Recessus costomediastinalis* als Nische zwischen Rippen und Diaphragma/Mediastinum und bestimme die verschiedenen Anteile des Zwerchfells (*Pars lumbalis/costalis/sternalis/diaphragmatica, Centrum tendineum*).

Abb. 215: Linkes *Cavum pleurae* nach Entfernung der Lunge. Grün markiert ist das *Centrum tendineum* des Diaphragmas.

Eröffne Mediastinum inkl. Perikard und entferne Fett- und Bindegewebe unter Schonung und zur Darstellung von:

Mediastinale Leitungsstrukturen (linkslastig)

- *N. phrenicus*
- *N. vagus* inkl. *N. laryngeus recurrens*
- *Truncus sympathicus*
- *Aorta*
  - *Truncus brachiocephalicus*
  - *A. subclavia sinistra*
  - *Aa. intercostales dorsalis*

Beachte: Insbesondere im Bereich der 1. Rippe erfordern die anatomischen Gegebenheiten eine präzise und geduldige Präparation.

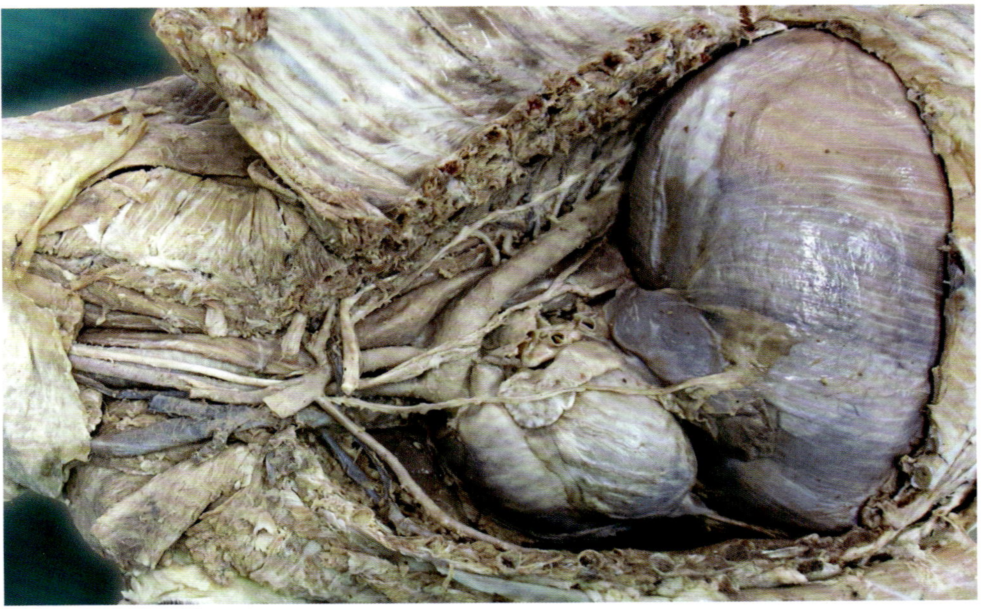

Abb. 216: Übersichtsaufnahme des linken *Cavum pleurae* nach Entfernung von Fett- und Bindegewebe

Bestimme die *Facies auricularis* des Herzens anhand rechtem und linkem Herzohr (*Auricula dextra* und *sinistra*). Identifiziere den langen *N. phrenicus*, der die Herzoberfläche im dorsalen Drittel passiert und in Richtung Zwerchfell zieht, sowie das *Lig. phrenicopericardiacum*, welches das Perikard am Diaphragma befestigt.

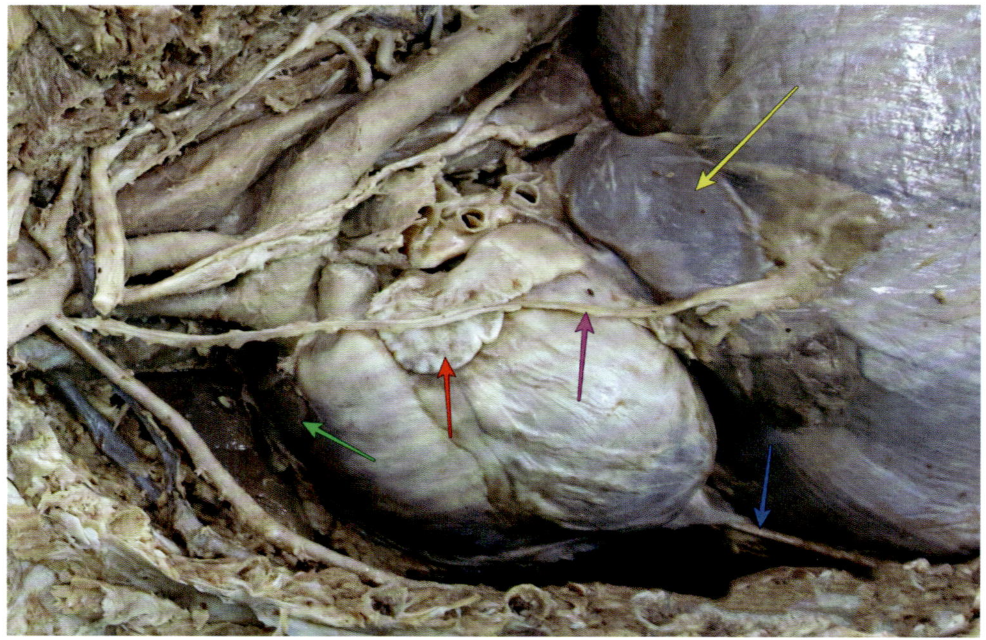

Abb. 217: *Facies auricularis* mit *Auricula dextra* (grün) und *sinistra* (rot), *N. phrenicus* (pink), *Lig. phrenicoperiardiacum* (blau), *Lobus accessories* der rechten Lunge (gelb).

Lokalisiere die *Aorta* hoch dorsal im Thorax und identifiziere den am Herz verbliebenen Stumpf des *Truncus pulmonalis*. Beachte das *Lig. arteriosum* herznah zwischen *Aorta* und *Truncus pulmonalis*. Folge dem Verlauf der Aorta und isoliere ihre herznahen Abzweigungen (*Truncus brachiocephalicus*, *A. subclavia sinistra*). Identifiziere die verschiedenen Äste der *A. subclavia sinistra*:

Aufzweigung der *A. subclavia sinistra*

- *Truncus costocervicalis*
- *A. vertebralis*
- *A. cervicalis superficialis*
- *A. thoracica interna*
- *A. axillaris* (als Fortsetzung der *A. subclavia sinistra*)

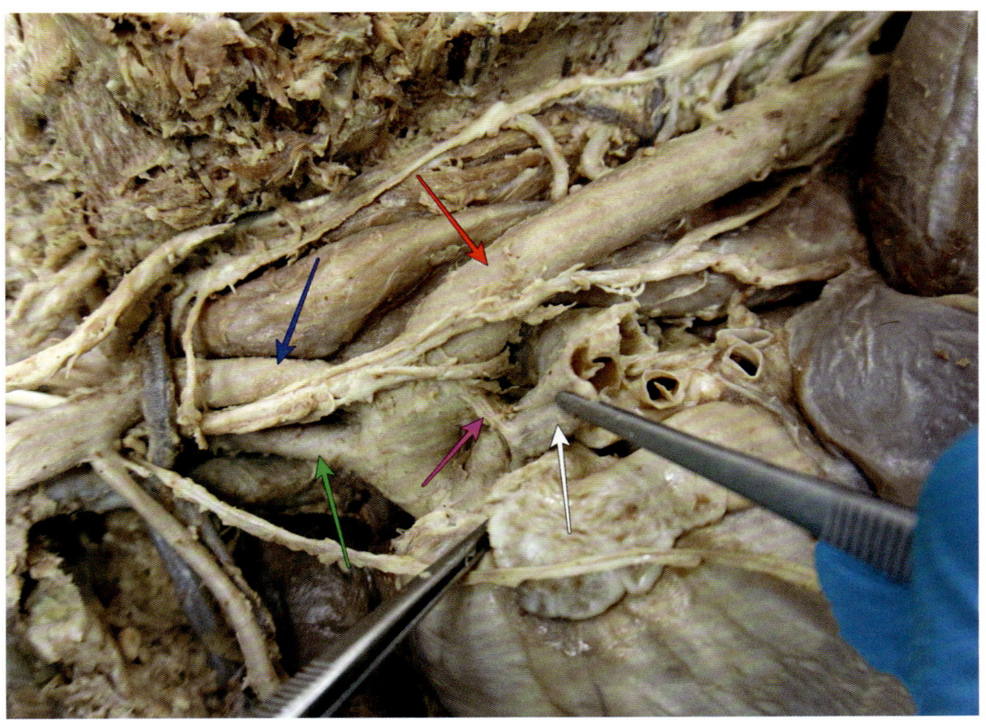

Abb. 218: *Aorta* (rot), *Truncus brachiocephalicus* (grün), *A. subclavia sinistra* (blau), *Truncus pulmonalis* (weiß, mit Pinzette fixiert), *Ligamentum arteriosum* (pink).

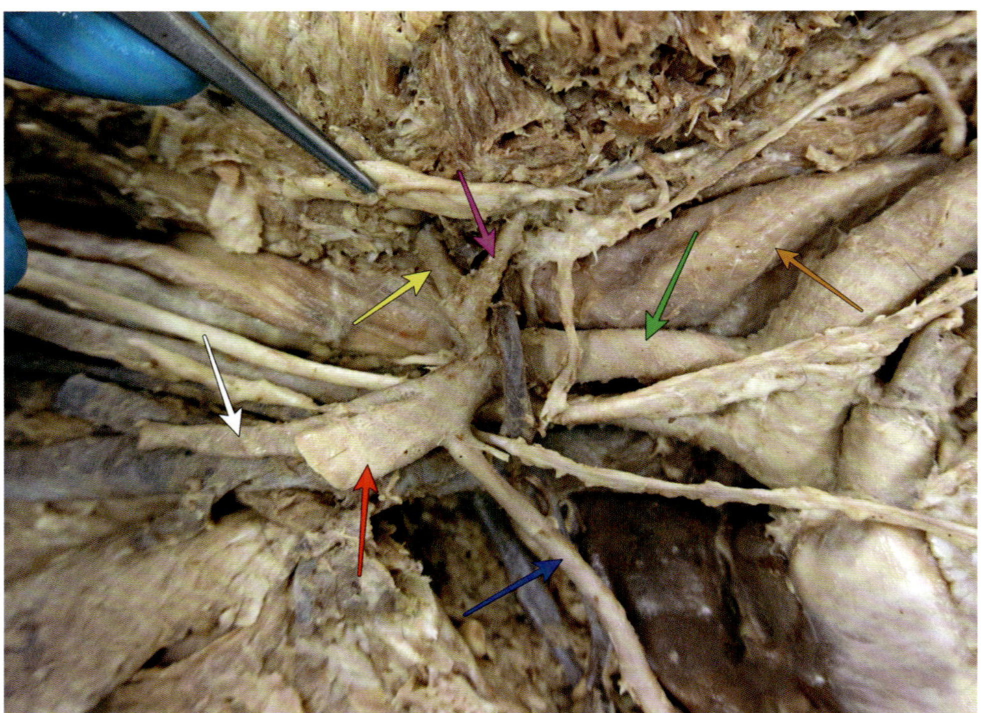

Abb. 219: Aufzweigung der *A. subclavia sinistra* (grün) in *Truncus costocervicalis* (pink), *A. vertebralis* (gelb), *A. cervicalis superficialis* (weiß), *A. thoracica interna* (blau), *A. axillaris* (rot), *Oesophagus* (braun). Die Stümpfe der eigentlich in die Vordergliedmaße einstrahlenden Nerven des *Plexus brachiails* werden mittels Pinzette fixiert.

Isoliere den Grenzstrang (*Truncus sympathicus*) dorsal der *Aorta*. Verfolge diesen nach kranial bis zum *Ganglion stellatum* (=*Ganglion cervicothoracicum*, etwa auf Höhe der 1. Rippe). Identifiziere die *Ansa subclavia* als Verbindung zwischen *Ganglion stellatum* und *Ganglion cervicale medium*. Isoliere darüber hinaus den kräftigen *N. vagus* über dem Aortenbogen. Identifiziere *N. laryngeus recurrens*, der sich um die Aorta windet und von dort aus kopfwärts zieht. Beachte die Aufzweigung des *Nervus vagus* in *Ramus dorsalis* und *Ramus ventralis*, die sich der Speiseröhre anschmiegen.

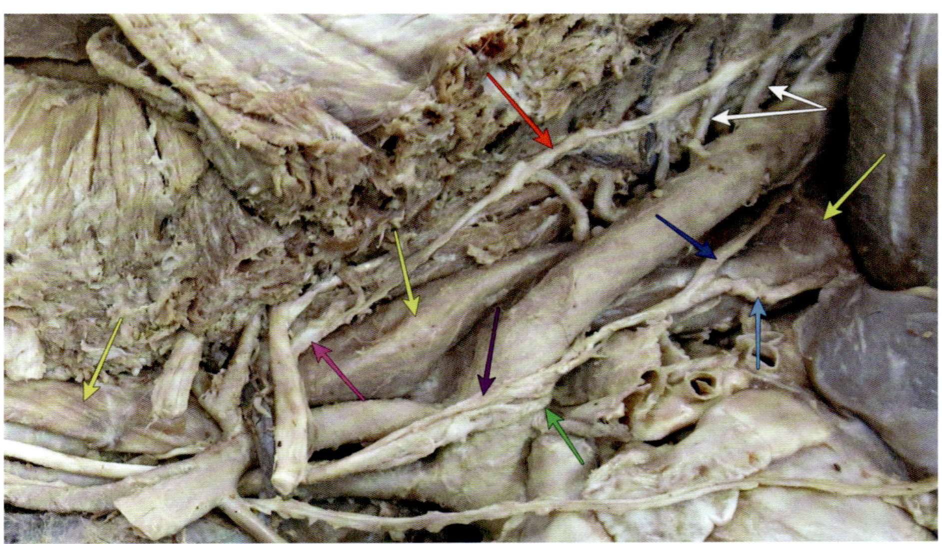

Abb. 220: *Oesophagus* (gelb), *Truncus sympaticus* (rot), *Aa. intercostales dorsales* (weiß), *Ganglion stellatum* (pink), *N. vagus* (violett) mit *Ramus dorsalis* (dunkelblau) und *Ramus ventralis* (hellblau), *N. laryngeus recurrens* (grün).

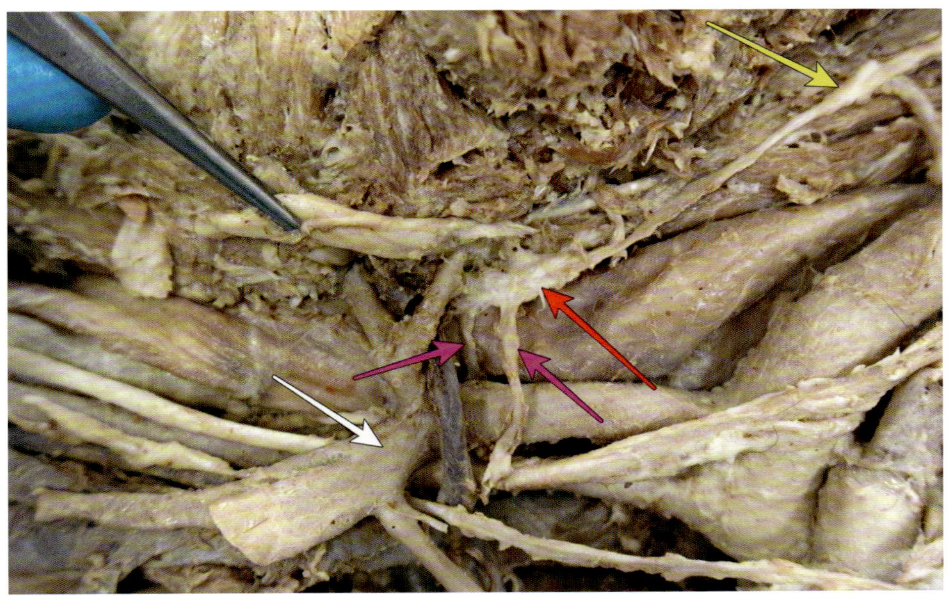

Abb. 221: *Truncus sympathicus* (gelb), *Ganglion stellatum* (rot), *Ansa subclavia* (pink), *A. subclavia sinistra* (weiß).

9.2 Rechtes Cavum pleurae

Eröffne das rechte Cavum pleurae analog zum linken. Bestimme *V. cava caudalis* mitsamt *Plica venae cavae* und identifiziere den *Recessus mediastinodiaphragmaticus* als Nische zwischen Mediastinum und Diaphragma. Entnimm die Lunge hilusnah. Bestimme *V. cava caudalis* mitsamt *Plica venae cavae* und identifiziere den *Recessus mediastini* als Nische zwischen *Mediastinum* und *Plica venae cavae* und den *Recessus mediastinodiaphragmaticus* zwischen *Mediastinum* und *Diaphragma*.

Beachte: Um die rechte Lunge als Ganzes zu entnehmen, muss der *Lobus accessorius*, lokalisiert im *Recessus mediastini*, zunächst aus diesem vorverlagert werden.

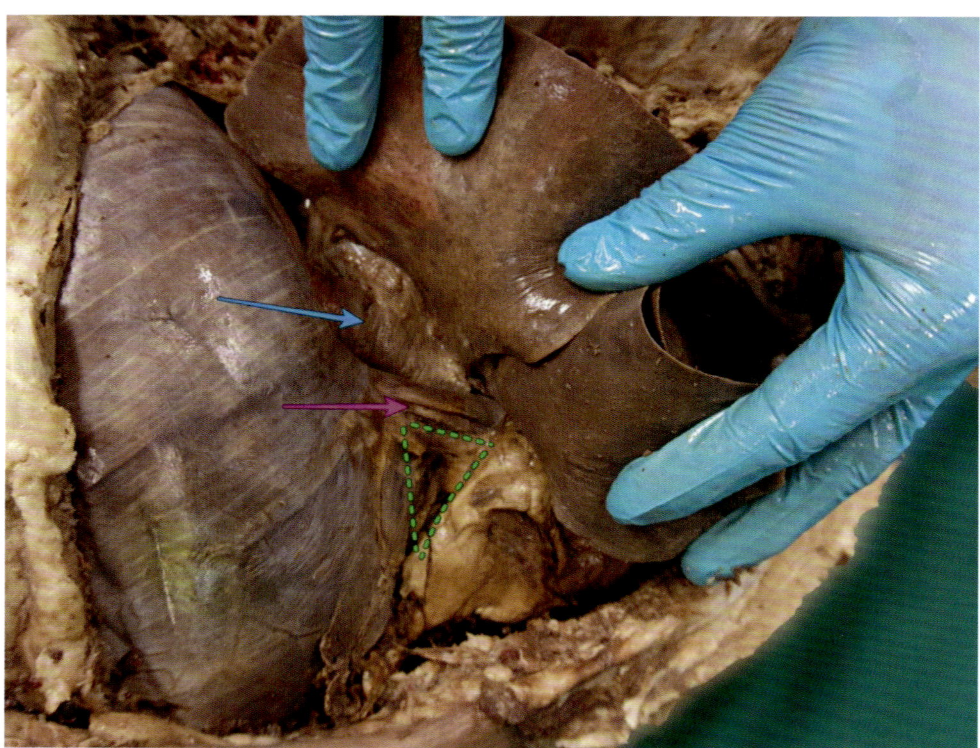

Abb. 222: Rechtes *Cavum pleurae*: *V. cava caudalis* (pink), *Plica venae cavae* (grün), *Lobus accessorius* (blau).

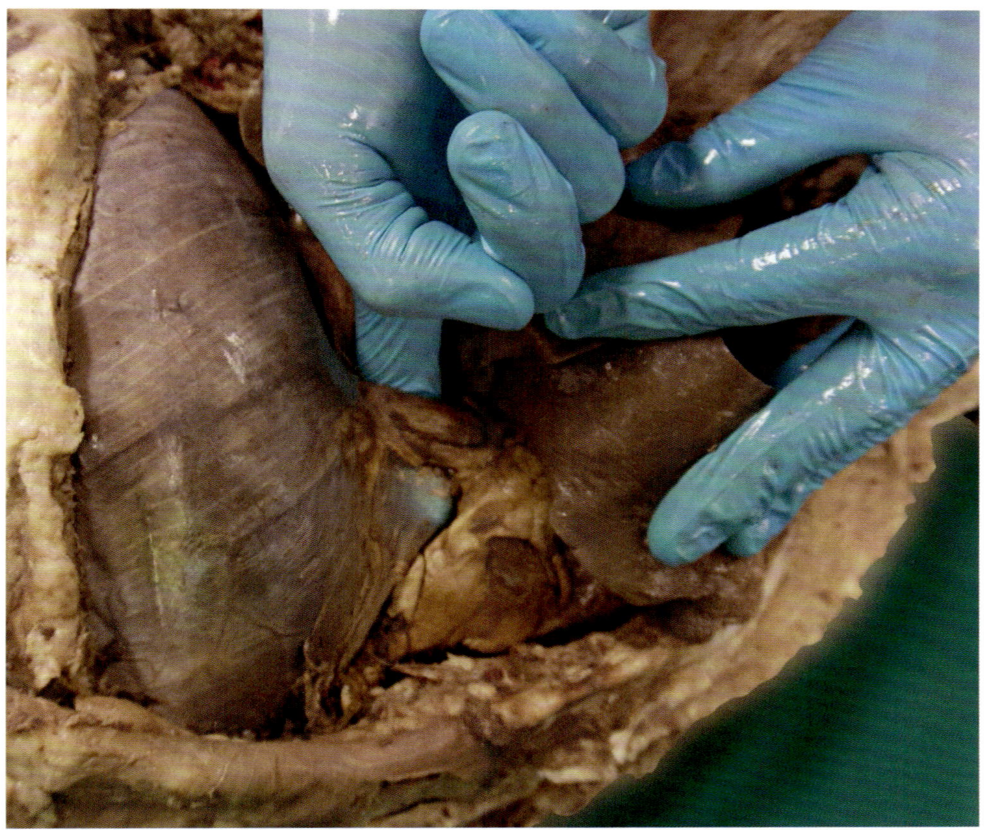

Abb. 223: Der Zeigefinger der rechten Hand befindet sich nach Vorverlagerung des *Lobus accessorius* innerhalb des *Recessus mediastini* und drückt gegen die *Plica venae cavae.*

Bestimme neben *Lobus accesorius* auch *Lobus cranialis*, *Lobus medius* und *Lobus caudalis* der rechten Lunge und identifiziere *Impressio* und *Incisura cardiaca* sowie *Impressio oesophagea.*

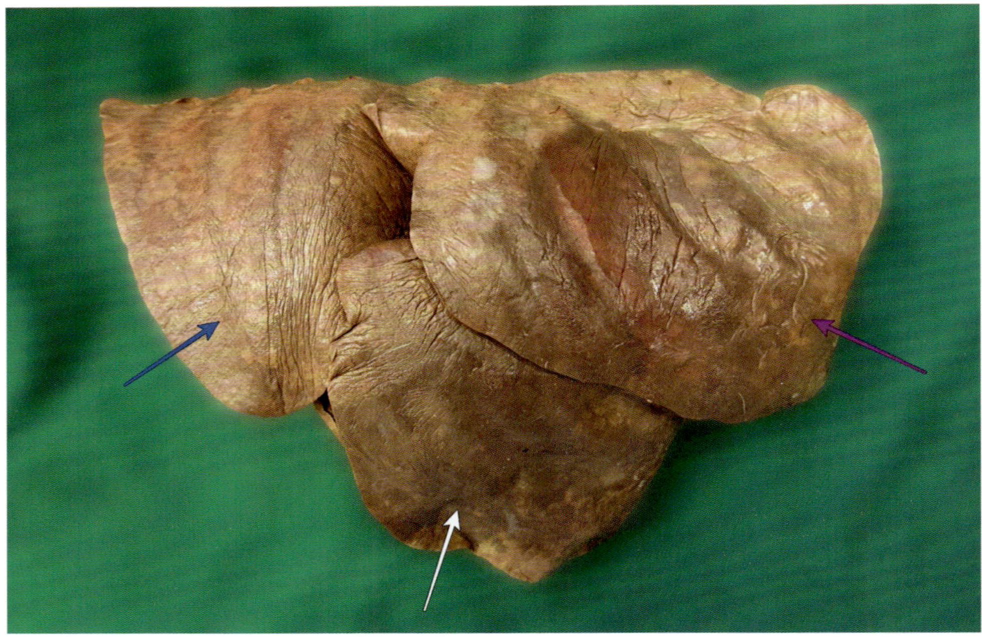

Abb. 224: Rechte Lunge, *Facies costalis*: *Lobus cranialis* (pink), *Lobus medius* (weiß), *Lobus caudalis* (blau).

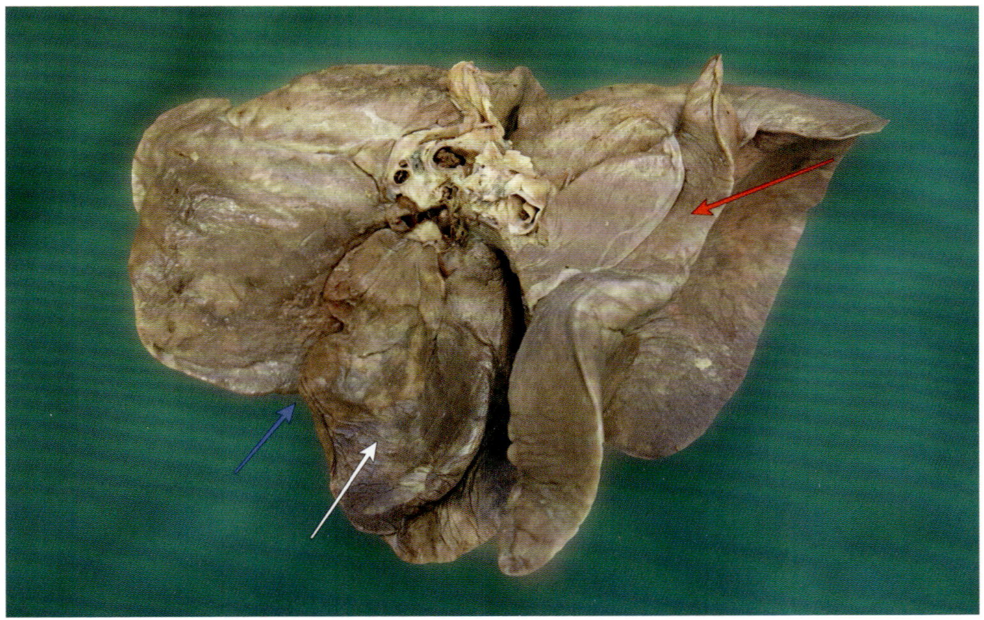

Abb. 225: Rechte Lunge, *Facies medialis*: *Lobus accessorius* mit *Impressio oesophagea* (rot), *Lobus medius* mit *Impressio cardiaca* (weiß), *Incisura cardiaca* (blau).

Entferne Fett- und Bindegewebe im rechten Thorax unter Schonung und zur Darstellung von:

Mediastinale Leitungsstrukturen (rechtslastig)

- *N. phrenicus*
- *N. vagus* inkl. *N. laryngeus recurrens*
- *Truncus sympathicus*
- *V. cava caudalis*
- *V. cava cranialis*
- *V. azygos dextra*
- *A. subclavia dextra*

Abb. 226: Übersichtsaufnahme des rechten Cavum pleurae nach Entfernung von Fett- und Bindegewebe.

Identifiziere den rechten *N. phrenicus*, der die *Facies atrialis* des Herzens passiert. Bestimme *V. cava caudalis*, *V. cava cranialis* und hoch dorsal im Thorax *V. azygos dextra*. Isoliere den Grenzstrang (*Truncus sympathicus*) dorsal der *V. azygos dextra*. Identifiziere *Trachea* (dorsal der *V. cava cranialis*) und *Oesophagus* (postkardial) und beachte die Aufzweigung des *N. vagus* in *Ramus dorsalis* und *Ramus ventralis*. Gegebenenfalls kann weit kaudal dargestellt werden, wie sich beide *Rami dorsales* und beide *Rami ventrales* zum *Truncus vagalis dorsalis/ventralis* verbinden.

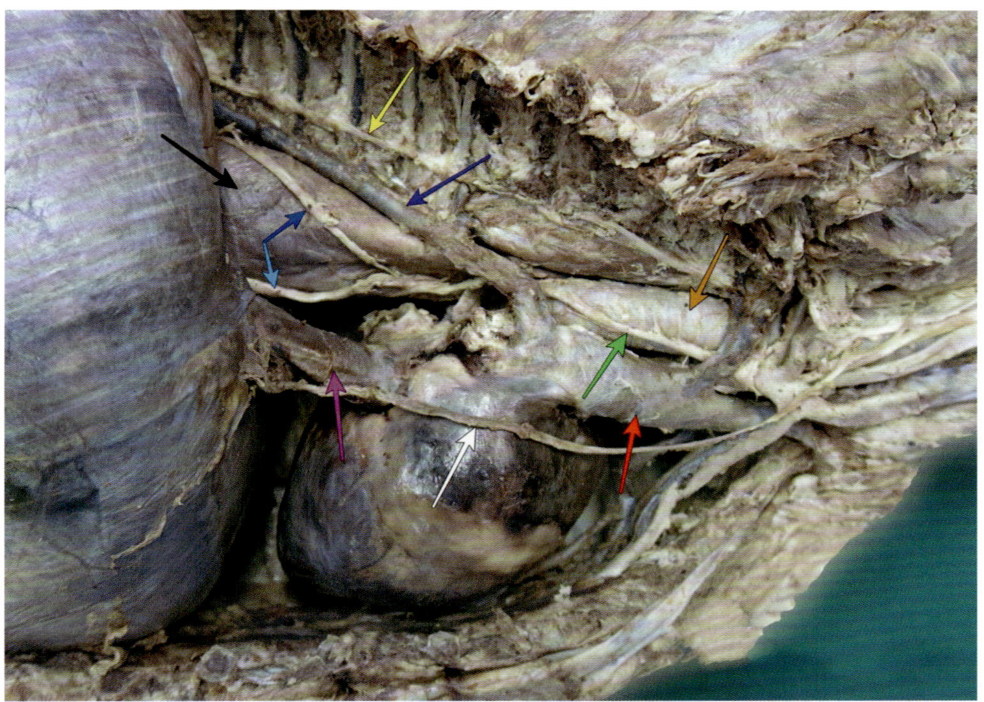

Abb. 227: Nahaufnahme von Abb. 226: *N. phrenicus* (weiß), *V. cava cranialis* (rot), *V. cava caudalis* (pink), *V. azygos dextra* (lila), *Truncus sympathicus* (gelb), *Trachea* (orange), *Oesophagus* (schwarz), *N. vagus* (grün) mit *Ramus dorsalis* (dunkelblau) und *Ramus ventralis* (hellblau).

Beachte, wie sich *V. jugularis externa* und der am Rumpf verbliebene Anteil der *V. subclavia* zur *V. brachiocephalica* verbinden. Identifiziere *V. thoracica interna* und *V. costocervicalis*, die in die *V. cava cranialis* münden.

Abb. 228: *V. jugularis externa* (blau), *V. subclavia* (gelb), *V. brachiocephalica* (grau), *V. thoracica interna* (grün), *V. costocervicalis* (pink), *V. cava cranialis* (rot), *V. azygos dextra* (weiß), *V. cava caudalis* (braun).

Bestimme außerdem die verschiedenen Äste der *A. subclavia dextra* (entsprechend *A. subclavia sinistra*). Identifiziere *N. laryngeus recurrens*, der sich im rechten *Cavum pleurae* um die *A. subclavia dextra* windet, bevor er nach kranial zieht.

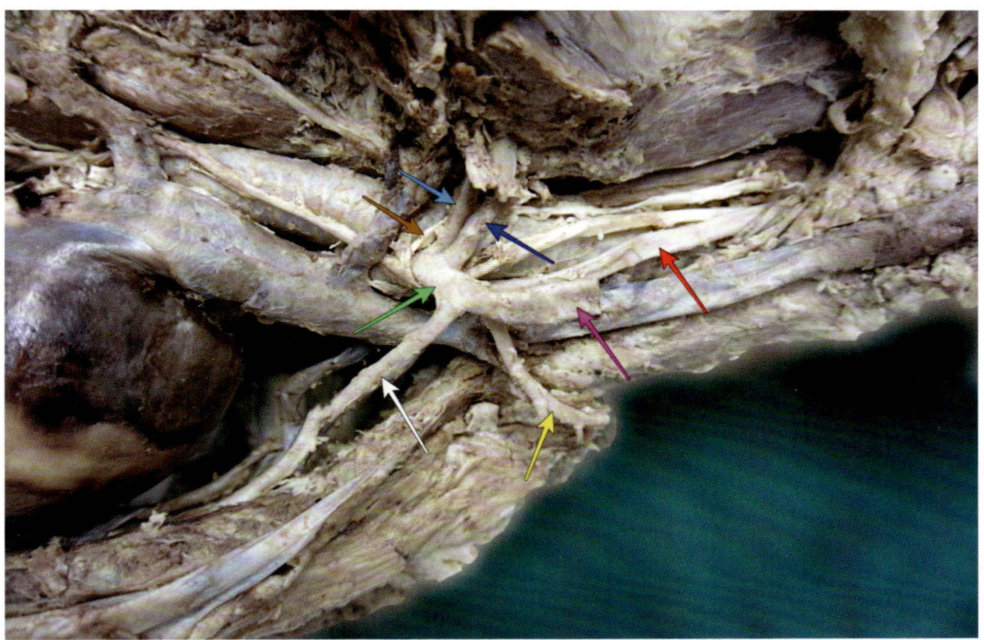

Abb. 229: *A. subclavia dextra* (grün), *Truncus costocervicalis* (hellblau), *A. vertebralis* (dunkelblau), *A. thoracica interna* (weiß), *A. cervicalis superficialis* (gelb), *A. axillaris* (pink), *A. carotis communis* (rot), *N. laryngeus recurrens* (braun).

Kapitel 10

Protokoll zur Präparation der Bauch- und Beckenhöhle

10.1 Eröffnung der Bauchhöhle

Zur Eröffnung der Bauchhöhle wird der Tierkörper mit den ausliegenden Seilen in Rückenlage am Tisch ausgebunden. Eröffne das Abdomen durch eine Inzision vom *Proc. xiphoideus* des Sternums bis zum *Pecten ossis pubis*, etwa zwei Finger paramedian der *Linea alba* (1). Beim männlichen Tier wird das Praeputium umschnitten. Setze einen bogenförmigen Entlastungsschnitt entlang des Rippenbogens.

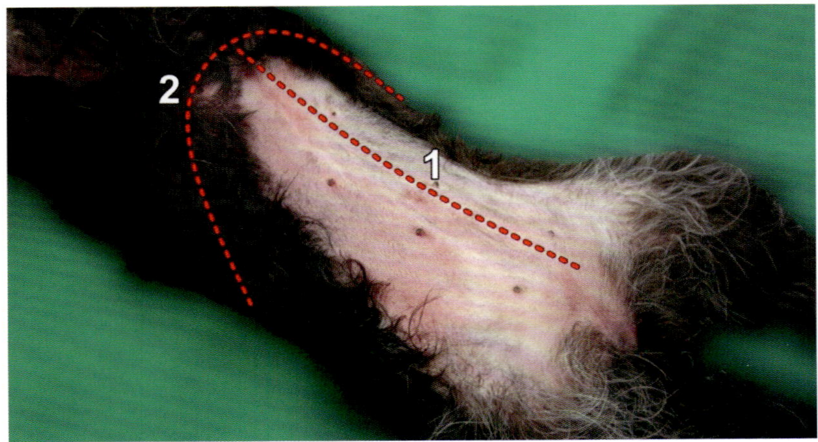

Abb. 230: Schnittlinien zur Eröffnung der Bauchhöhle (links im Bild=kranial, rechts im Bild=kaudal).

Identifiziere das *Lig. falciforme* als mit Fett gefüllte Serosaduplikatur, die vom *Diaphragma* zum Nabel reicht (aufgrund des platzierten Entlastungsschnittes kann der Ansatz am *Diaphragma* nicht mehr nachvollzogen werden). Verfolge außerdem das *Lig. vesicae medianum* vom Nabel bis zur Harnblase.

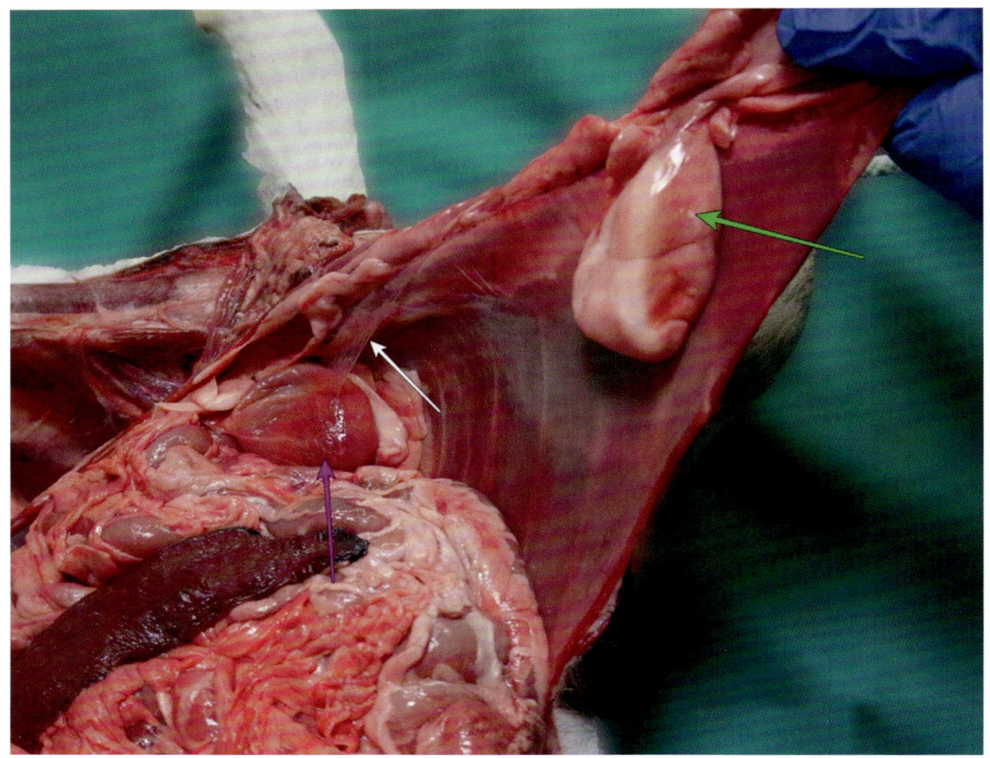

Abb. 231: *Lig. falciforme* (grün), *Lig. vesicae medianum* (weiß), Harnblase (pink).

Verschaffe Dir einen Überblick über die Bauchhöhle. Erblicke Leber, Magen, Milz sowie das große Netz (*Omentum majus*), welches das Darmkonvolut bedeckt.

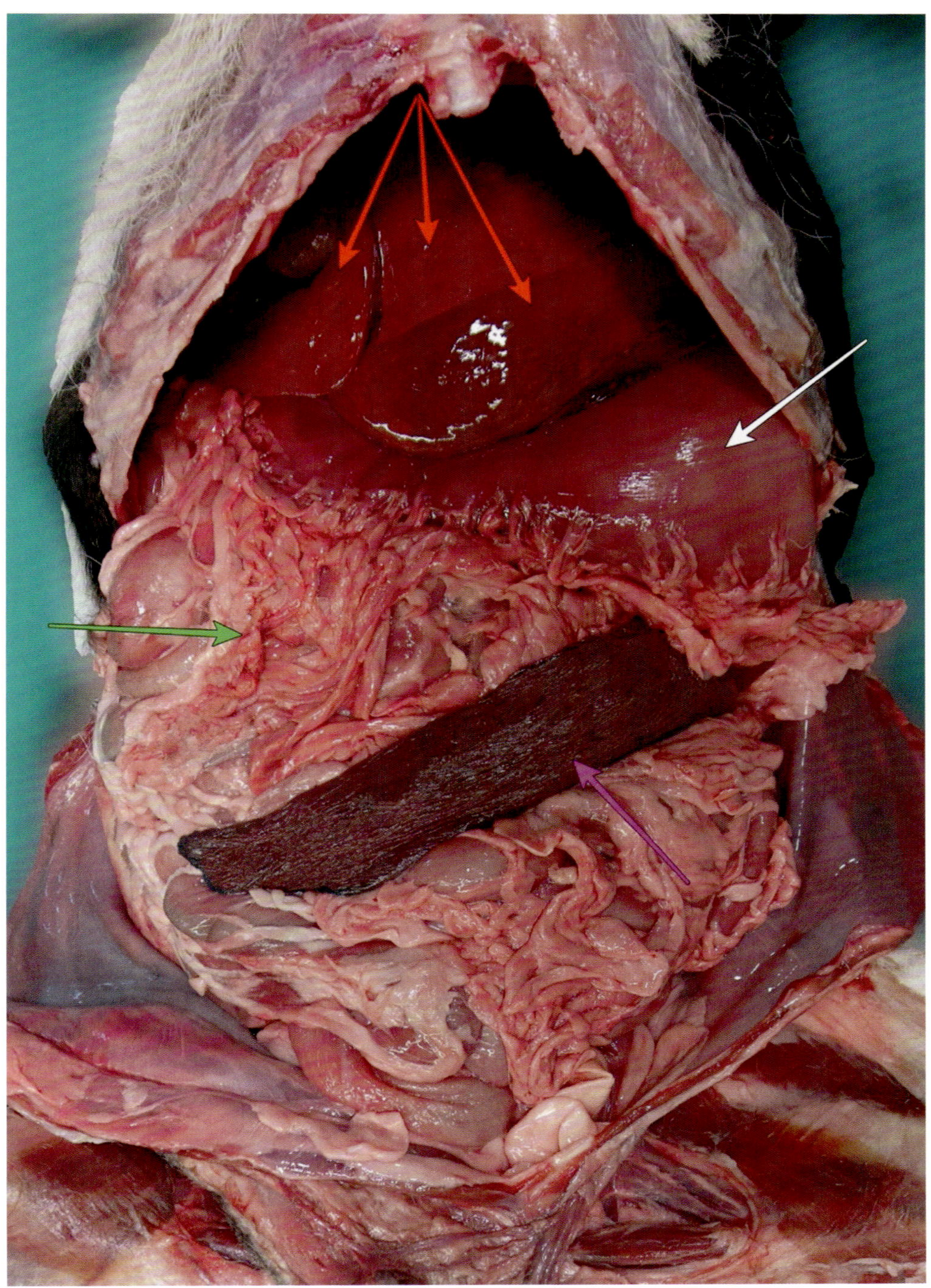

Abb. 232: Blick auf die abdominalen Organe nach Eröffnung der Bauchhöhle: Leber (rot), Magen (weiß), großes Netz (grün), Milz (pink).

Hebe das große Netz vorsichtig vom Darmkonvolut ab, bestimme *Paries profundus* von *Paries superficialis* und verfolge *Paries superficialis* zur *Curvatura major* des Magens. Beachte die Lage der Milz, die in die *Paries superficialis* eingebettet ist.

Beachte: Insbesondere am Formalin-fixierten Präparat neigen *Omentum majus* und *minus* zur Ruptur. Entsprechend sorgsam müssen diese gehandhabt werden.

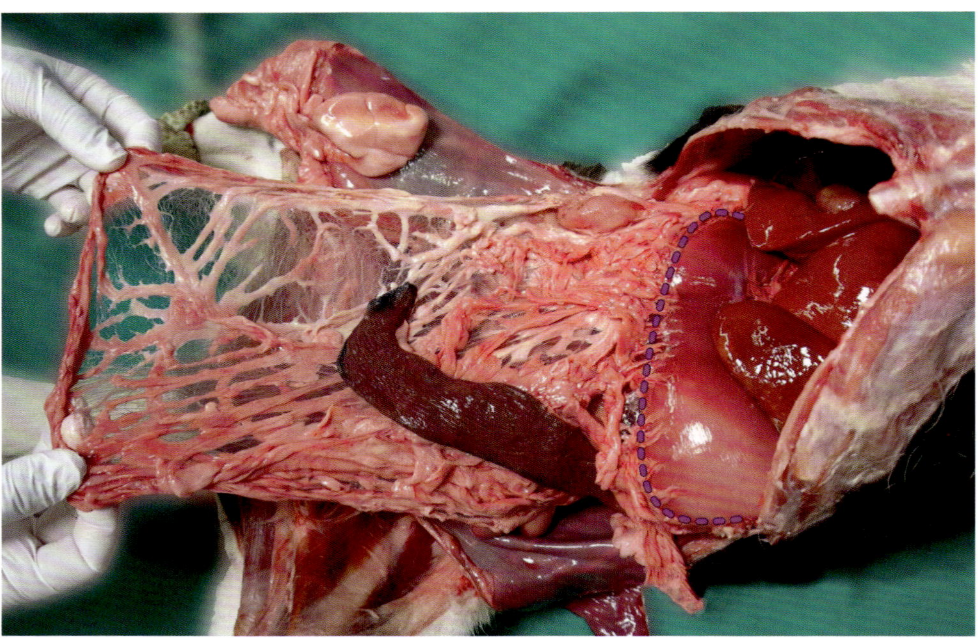

Abb. 233: Das *Omentum majus* wird angehoben. Du blickst auf die *Paries superficialis.* Die *Curvatura major ventriculi* ist pink markiert.

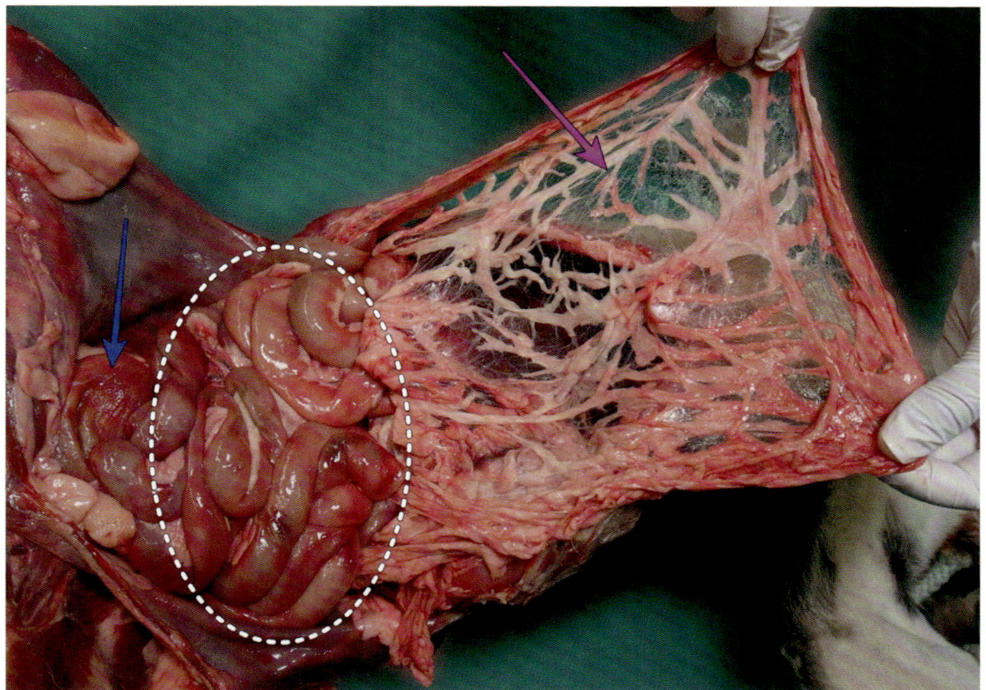

Abb. 234: Das *Omentum majus* wird nach kranial umgeschlagen. Du blickst auf dessen *Paries profundus* (pink). Darunter werden Darmkonvolut (weiß, bei diesem Tier stark aufgegast) und Harnblase (blau) sichtbar.

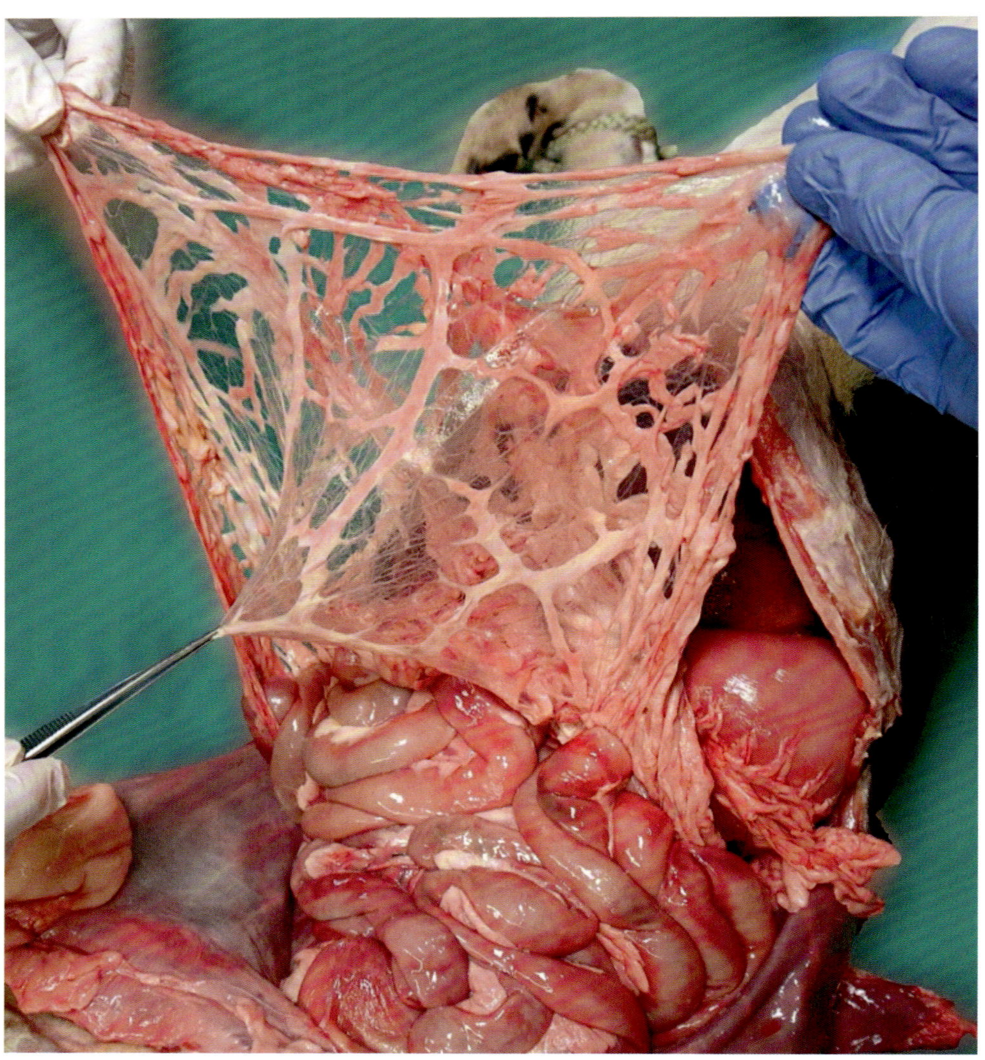

Abb. 235: Durch vorsichtigen Zug können *Paries profundus* und *superficialis* separiert werden.

Identifiziere das kleine Netz (*Omentum minus*) zwischen *Curvatura minor* des Magens und Leber. Beachte den innerhalb des *Vestibulum bursae omentalis* lokalisierten und damit von dem Kleinnetz bedeckten *Proc. papillaris* des *Lobus caudatus* der Leber.

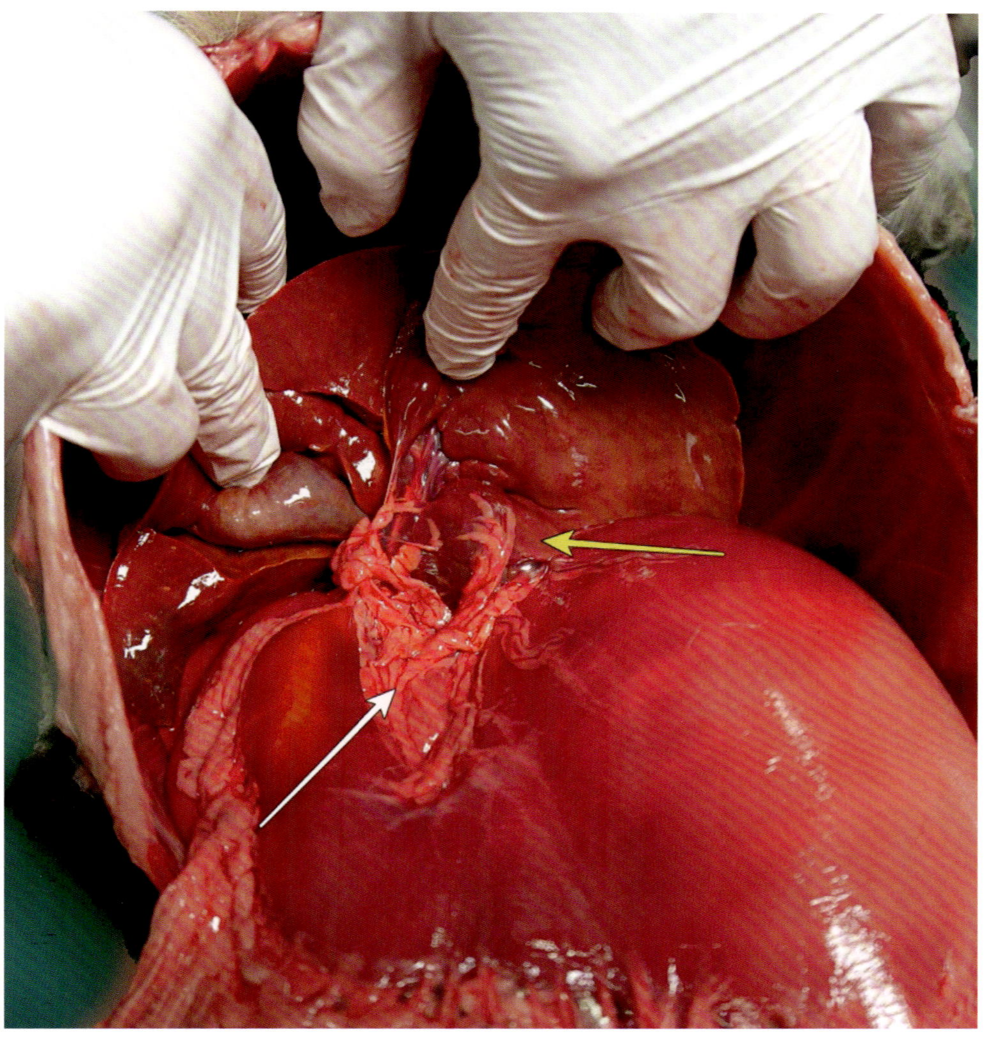

Abb. 236: *Omentum minus* (weiß), *Proc. papillaris* des *Lobus caudatus* (gelb).

10.2 Magen-Darm-Trakt

Bestimme *Curvatura major* und *minor ventriculi* und gliedere den Magen in *Cardia*, *Fundus*, *Corpus* und *Pylorus ventriculi*.

Abschnitte des Darms

- Dünndarm (*Intestinum tenue*)
  - Zwölffingerdarm (*Duodenum*)
  - Leerdarm (*Jejunum*)
  - Hüftdarm (*Ileum*)
- Dickdarm (*Intestinum crassum*)
  - Blinddarm (*Caecum*)
  - Grimmdarm (*Colon*)
  - Mastdarm (*Rectum*)

Gliedere den Zwölffingerdarm in *Pars cranialis*, *Pars descendens*, *Pars transversa* und *Pars ascendens duodeni* und bestimme *Flexura duodeni cranialis*, *Flexura duodeni caudalis* und *Flexura duodenojejunalis*.

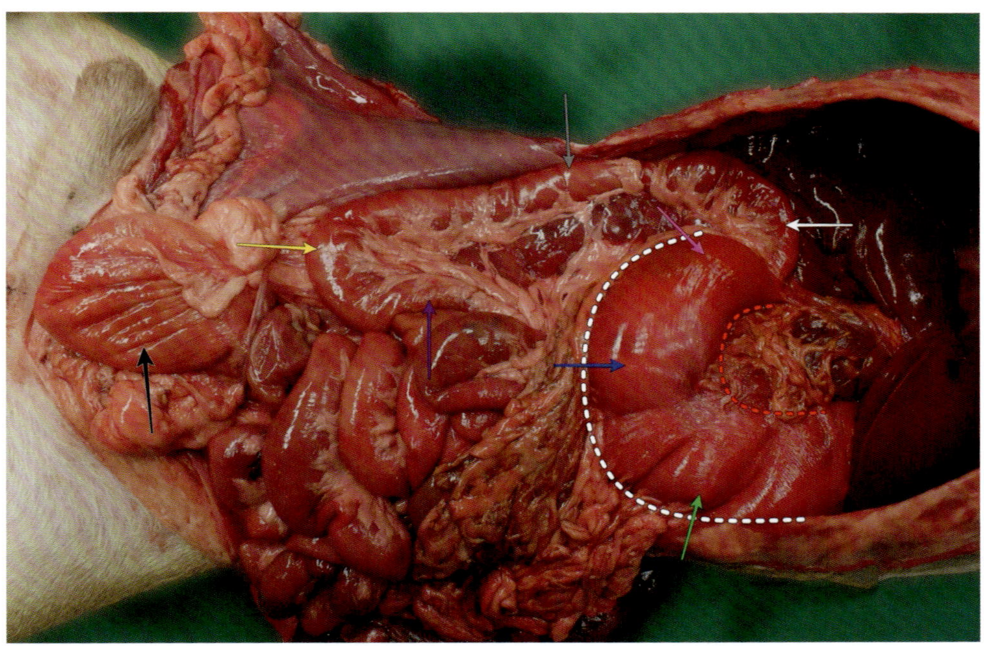

Abb. 237: *Fundus ventriculi* (grün), *Corpus ventriculi* (blau), *Pylorus ventriculi* (pink), *Curvatura major ventriculi* (weiß gestrichelte Linie), *Curvatura minor ventriculi* (rot gestrichelte Linie), *Pars cranialis duodeni* mit *Flexura duodeni cranialis* (weißer Pfeil), *Pars descendens duodeni* (grau), *Pars transversa duodeni* mit *Flexura duodeni caudalis* (gelb), *Pars ascendens duodeni* (lila), Harnblase (schwarz).

Bestimme den Beginn des Jejunums anhand des kranialen Randes der *Plica duodenocolica*, einer Serosafalte zwischen *Pars ascendens duodeni* und *Colon descendens*. Palpiere die *Lnn. jejunales* im *Mesojejunum*, nahe der Gekrösewurzel (*Radix mesenterii*).

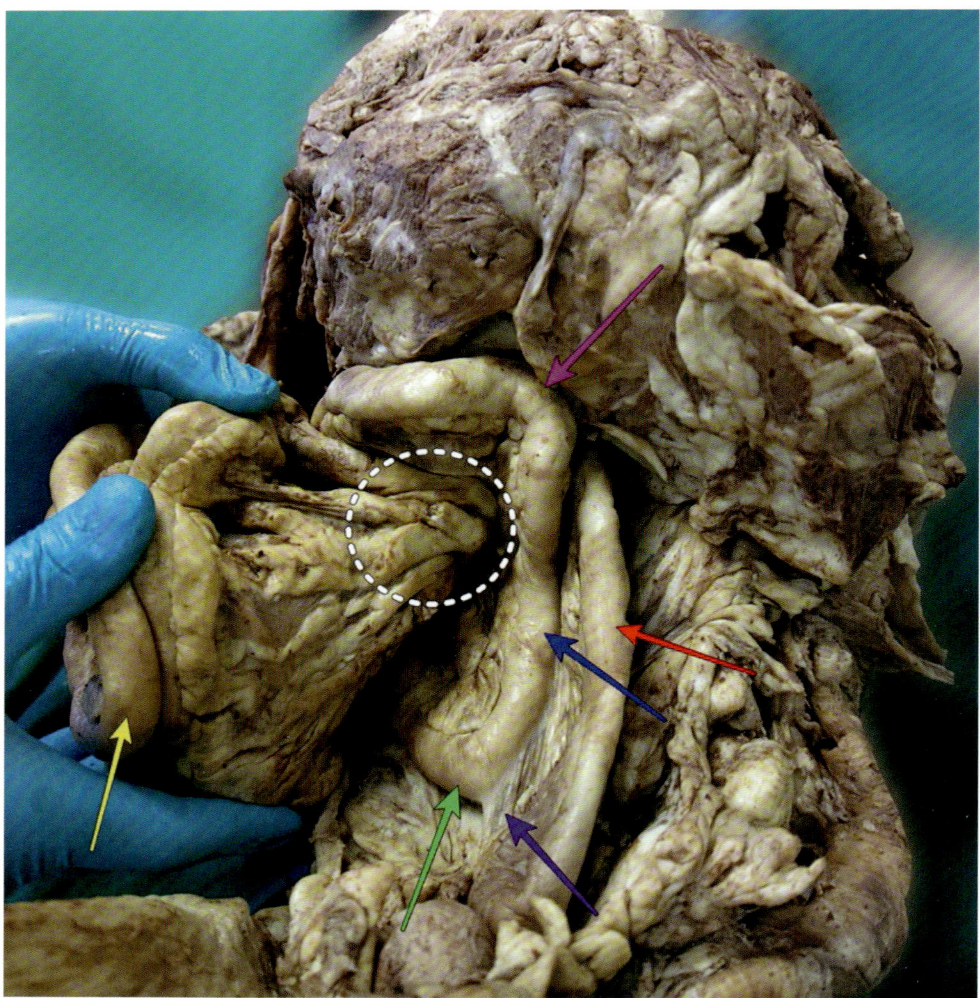

Abb. 238: Formalinfixiertes Präparat, das große Netz wurde nach kranial (oben im Bild) umgeschlagen: *Pars transversa duodeni* mit *Flexura duodeni caudalis* (grün), *Pars ascendens duodeni* (blau), *Flexura duodenojejunalis* (pink), *Colon descendens* (rot), *Radix mesenterii* (weiß), *Jejunum* (gelb), *Plica duodenocolica* (lila).

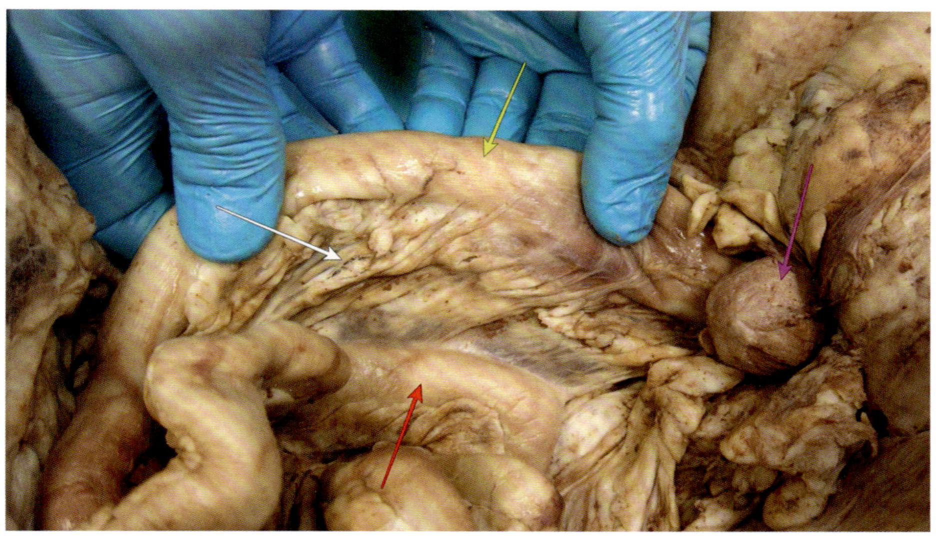

Abb. 239: *Plica duodenicolica* (weiß), *Pars ascendens duodeni* (rot), *Colon descendens* (gelb, Harnblase (pink).

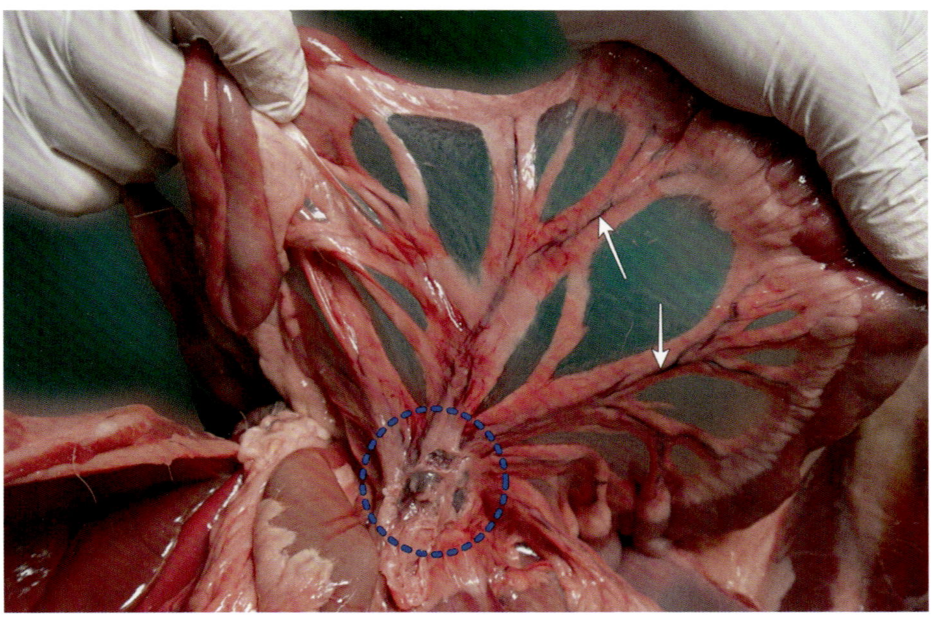

Abb. 240: Durch Anheben des *Jejunums* wird das *Mesojejunum* gespannt und die *Aa. jejunales* (weiß) sowie die *Lnn. jejunales* (blau) dargestellt.

Bestimme die Länge des *Ileums* anhand des *Ramus ilei antimesenterialis*. Identifiziere das korkenzieherförmige *Caecum* und beachte die *Plica ileocaecalis* zwischen *Caecum* und *Ileum* sowie die *Plica caecocolica* zwischen *Caecum* und *Colon*.

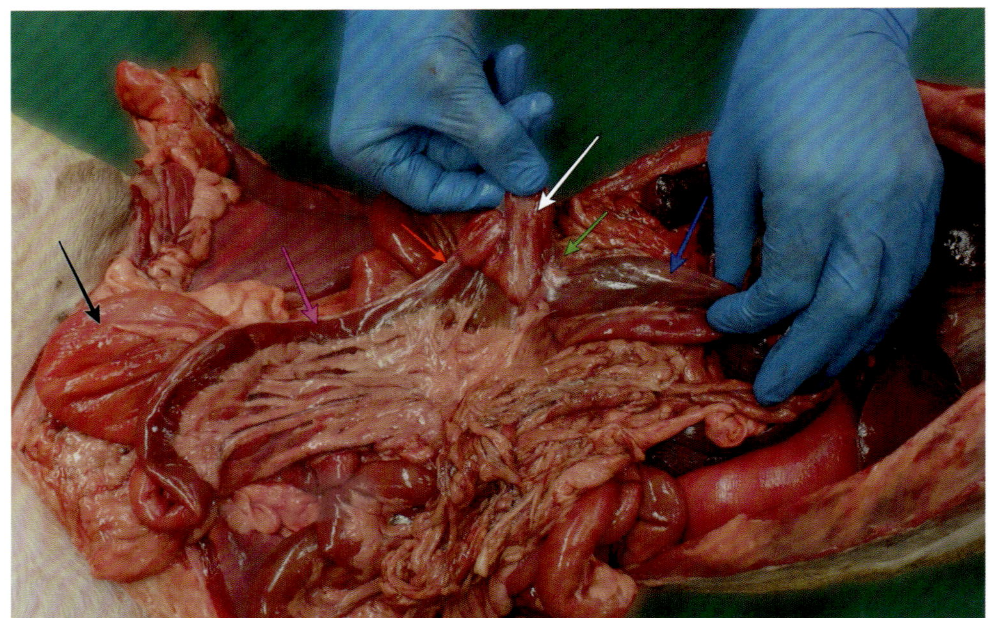

Abb. 241: *Caecum* (weiß), *Ileum* (pink), *Colon* (blau), *Plica ileocaecalis* (rot), *Plica caecocolica* (grün), Harnblase (schwarz).

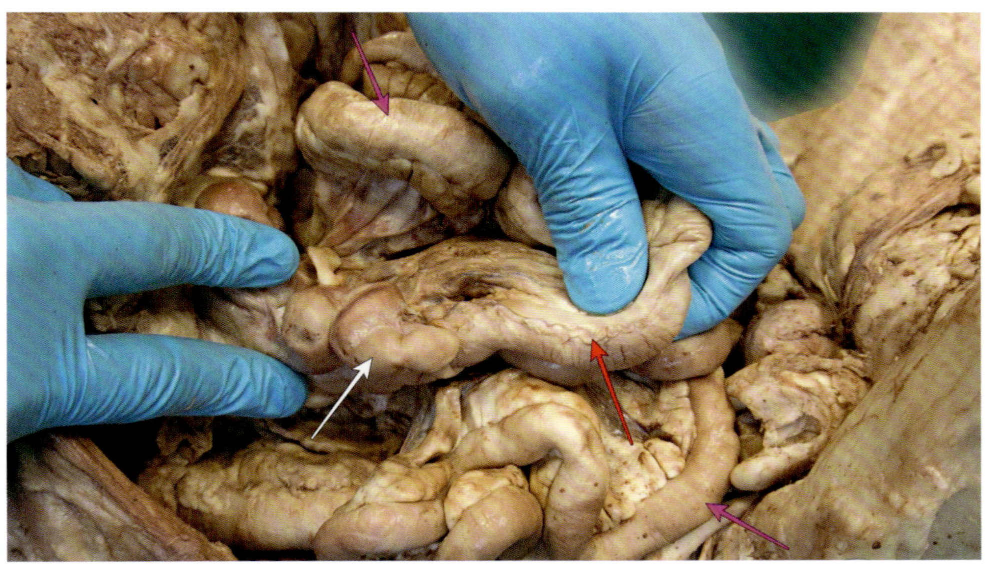

Abb. 242: *Caecum* (weiß), *Ramus ilei antimesenterialis* (rot), *Jejunum* (pink).

Gliedere den Grimmdarm in *Colon ascendens*, *Colon transversum* und *Colon descendens* und bestimme *Flexura coli sinistra* und *Flexura coli dextra.* Hebe die Milz an, sodass sich das Segelnetz (*Velum omentale*) als Serosaduplikatur zwischen *Mesocolon descendens* und *Paries profundus* des *Omentum majus*, nahe dem Milzhilus, spannt.

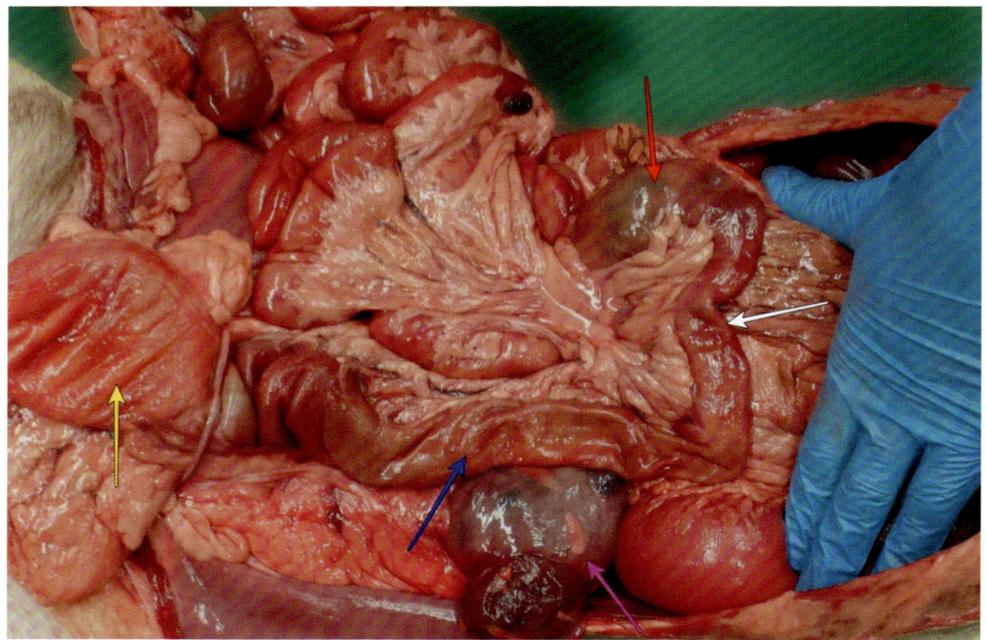

Abb. 243: *Colon ascendens* (rot), *Colon transversum* (weiß), *Colon descendens* (blau), linke Niere (pink, mit einer großen und mehreren kleineren Umfangsvermehrungen), Harnblase (gelb).

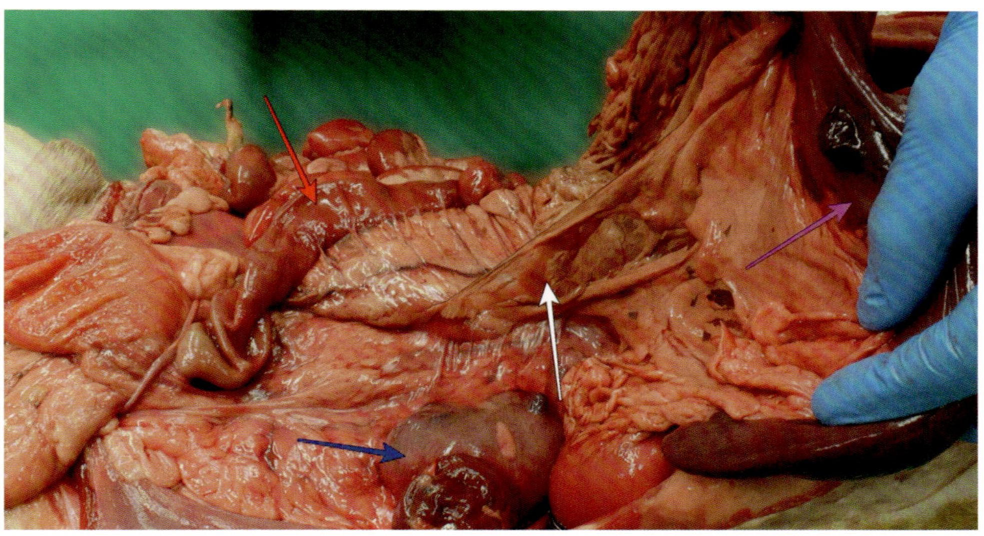

Abb. 244: *Velum omentale* (weiß), *Facies visceralis* der Milz (pink), *Colon descendens* (rot), linke Niere (blau).

10.3 Leber, Gallenblase, Gallengangsystem, Pankreas

Ziehe den Rippenbogen nach kranial, um größere Anteile von Milz und Leber darzustellen. Bestimme die verschiedenen Leberlappen:

Lappung der Leber

- *Lobus hepatis sinister lateralis*
- *Lobus hepatis sinister medialis*
- *Lobus quadratus*
- *Lobus hepatis dexter medialis*
- *Lobus hepatis dexter lateralis*
- *Lobus caudatus (Processus caudatus, Processus papillaris)*

Identifizifiere die Gallenblase (*Vesica fellea*) zwischen *Lobus hepatis dexter medialis* und *Lobus quadratus*.

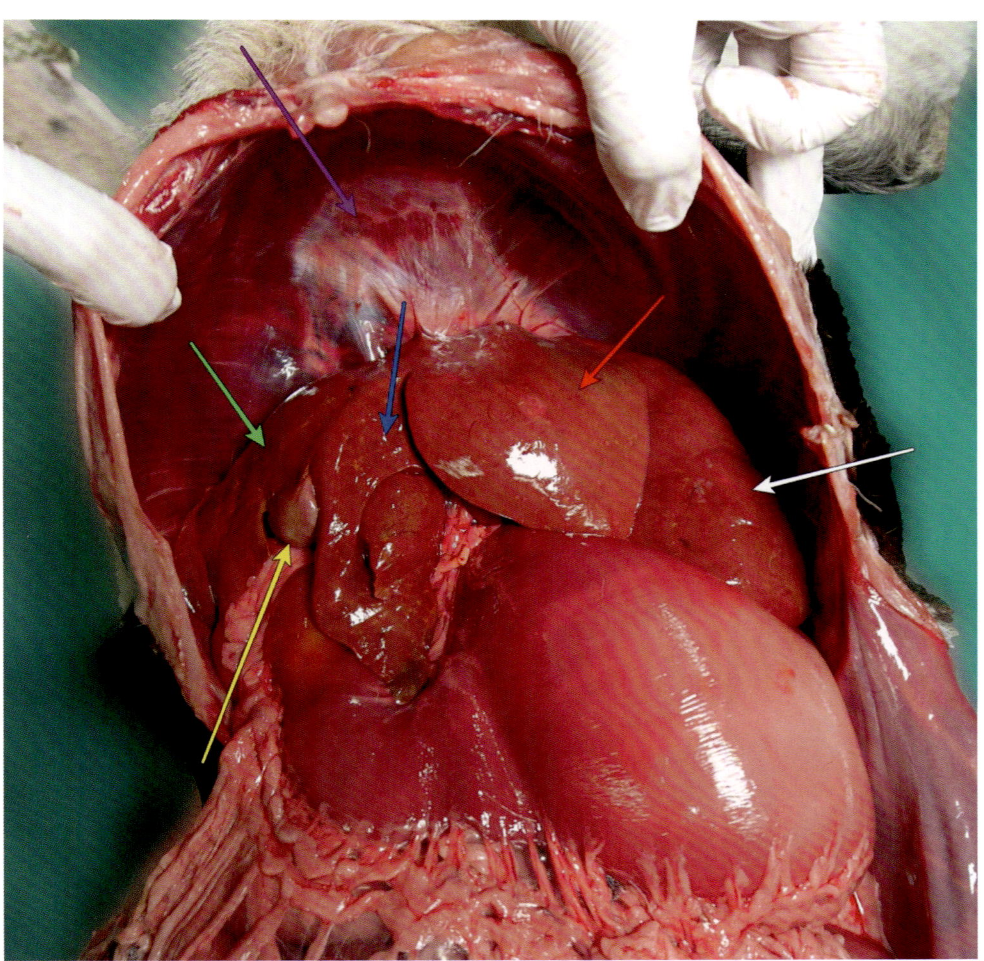

Abb. 245: *Lobus hepatis sinister lateralis* (weiß) und *medialis* (rot), *Lobus quadratus* (blau), *Lobus hepatis dexter medialis* (grün), Gallenblase (gelb), *Centrum tendineum* des Zwerchfells (pink).

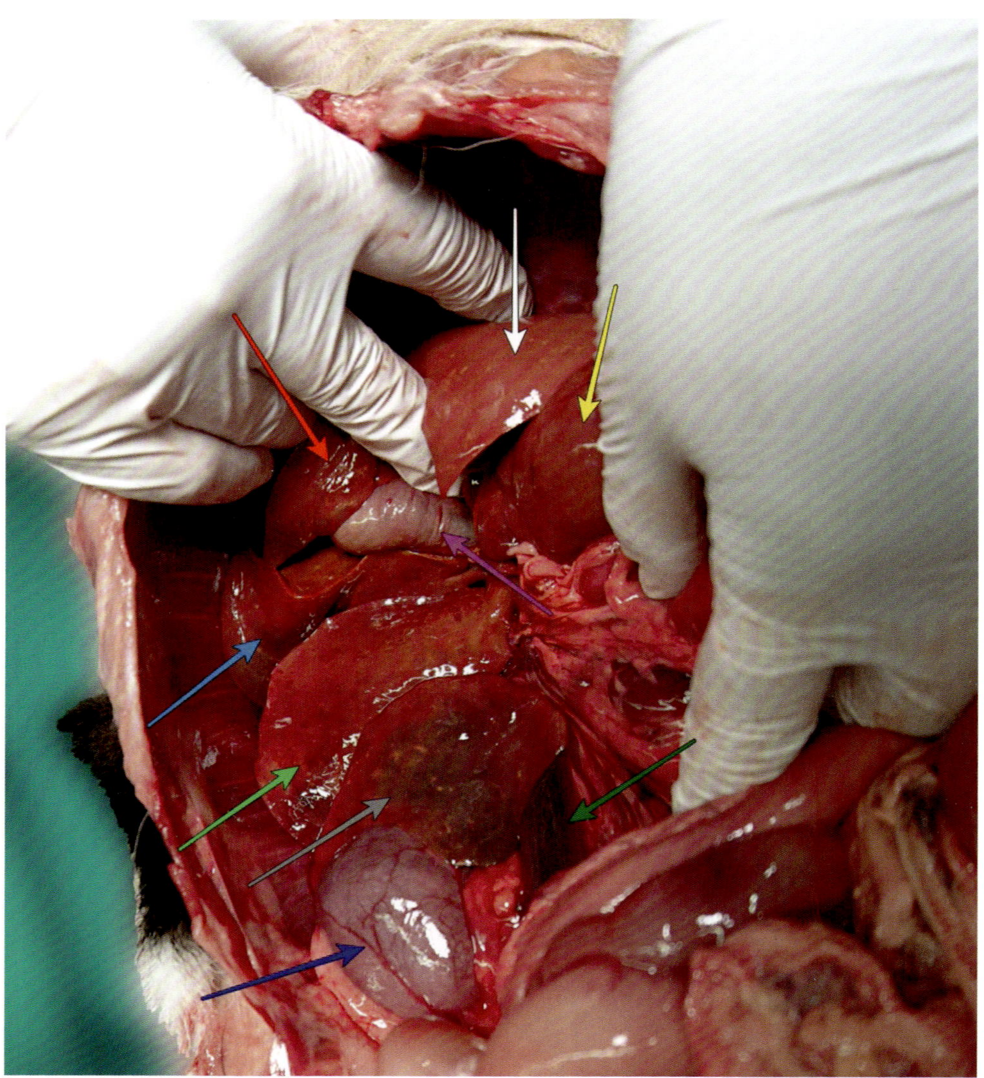

Abb. 246: *Lobus hepatis sinister lateralis* (gelb), *Lobus hepatis sinister medialis* (weiß), *Lobus quadratus* (rot), Gallenblase (pink), *Lobus hepatis dexter medialis* (hellblau), *Lobus hepatis dexter lateralis* (hellgrün), *Proc. caudatus* des *Lobus caudatus* (grau), rechte Niere (dunkelblau), *V. cava caudalis* (dunkelgrün).

Identifiziere die verschiedenen Leberbänder.

Bänder der Leber

Lig. falciforme hepatis
Lig. teres hepatis
Lig. coronarium hepatis
Lig. triangulare dextrum
Lig. triangulare sinistrum
Lig. hepatorenale

Lig. hepatoduodenale
Lig. hepatogastricum } *Omentum minus*

Das *Lig. teres hepatis* obliteriert nach abgeschlossener Embryonalentwicklung zu einem bindegewebigen Strang innerhalb des *Lig. falciforme hepatis.* Meist kann es nur beim sehr jungen Tier dargestellt werden. Das *Lig. coronarium hepatis* befestigt die zentralen Leberanteile am Diaphragma. Verfolge dessen beiden Serosalamellen nach lateral und bestimme deren Zusammenkünfte als *Lig. triangulare dextrum* und *sinistrum.*

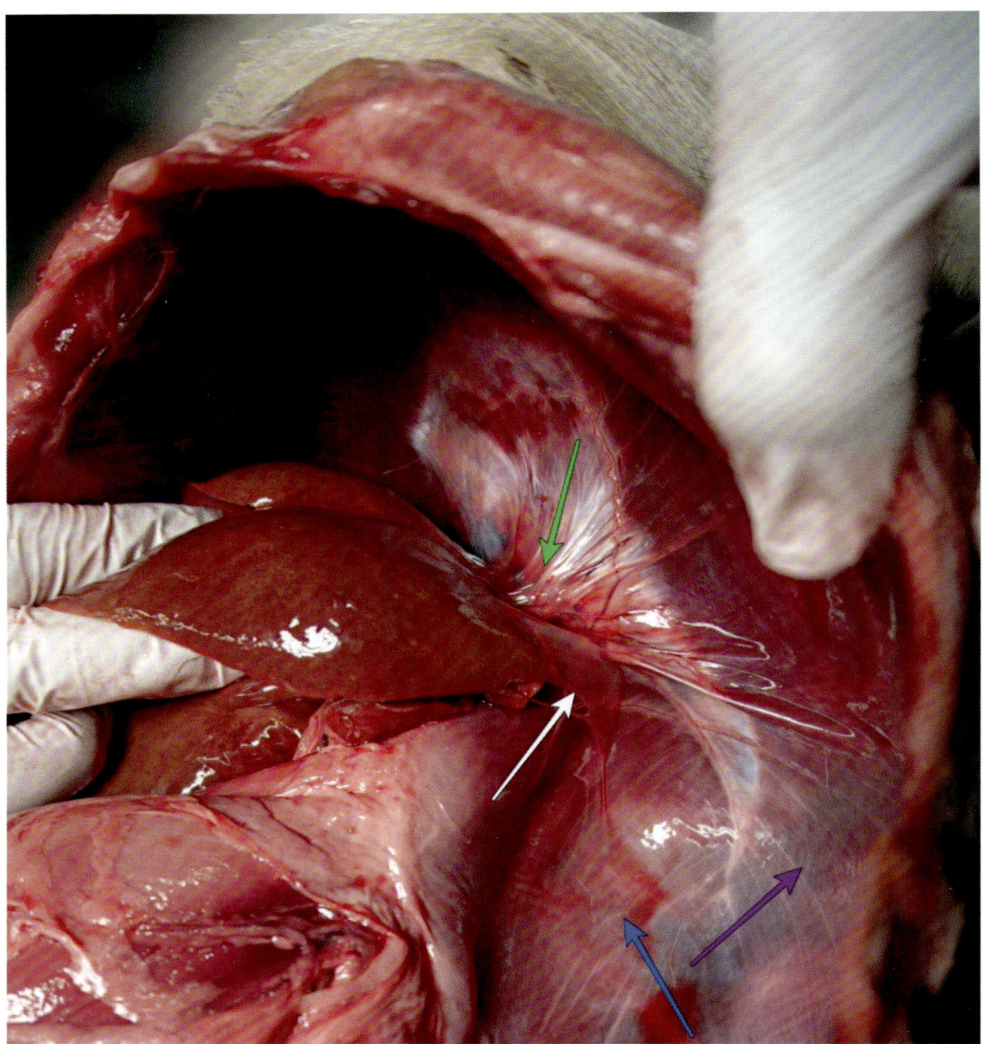

Abb. 247: *Lig. coronarium heaptis* (grün), *Lig. triangulare sinistrum* (weiß). In diesem Bild kann anhand des Faserverlaufs außerdem gut zwischen *Pars lumbalis* (blau) und *Pars costalis* (violett) des Zwerchfells unterschieden werden.

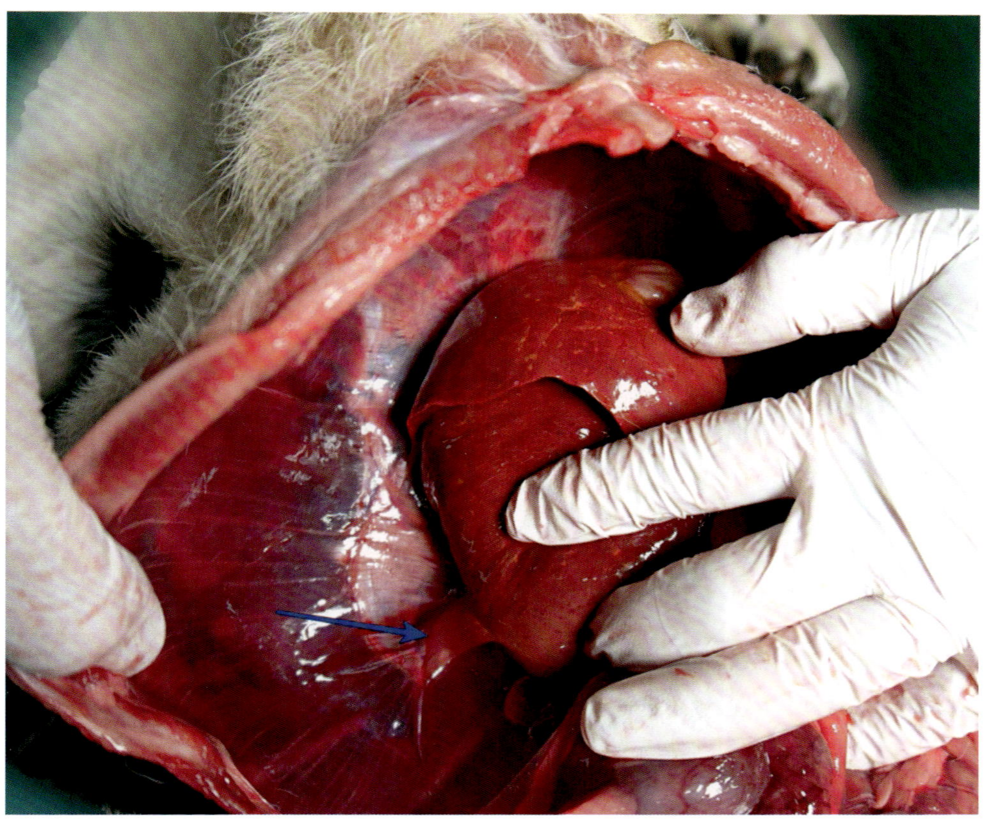

Abb. 248: *Lig. triangulare dextrum* (blau).

Bestimme das *Lig. hepatorenale* zwischen rechter Niere und *Processus caudatus* des *Lobus caudatus* der Leber.

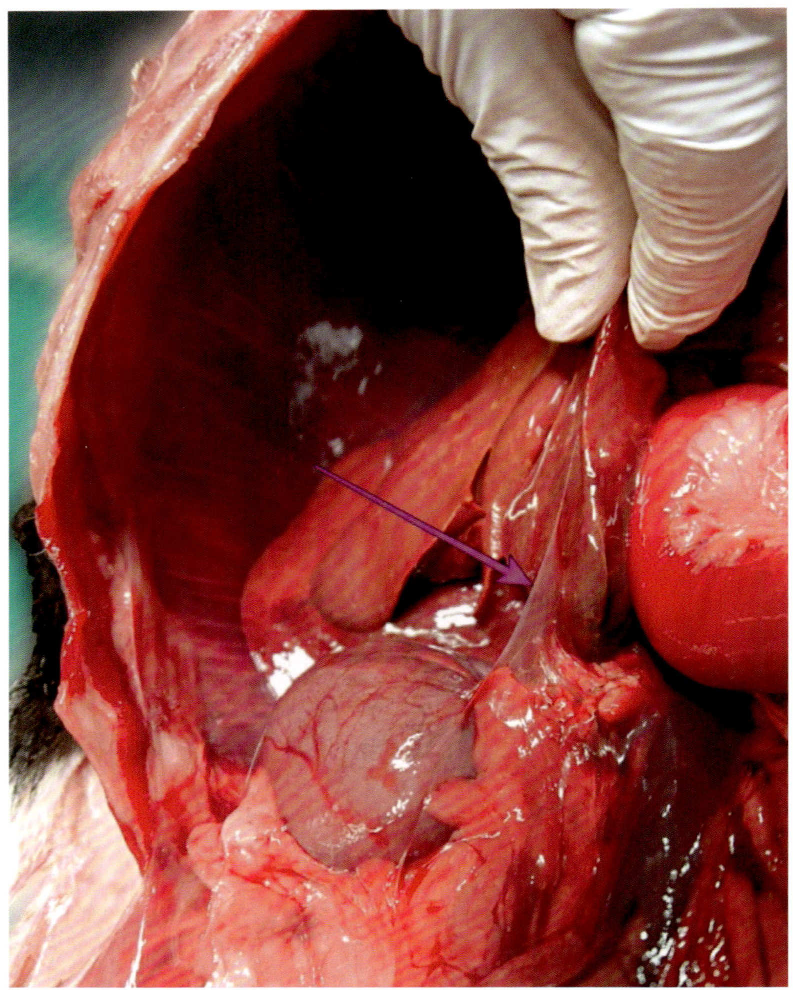

Abb. 249: Am *Proc. caudatus* des *Lobus caudatus* wird vorsichtig gezogen, sodass sich das *Lig. hepatorenale* (pink) spannt.

Ziehe die *Pars descendens duodeni* nach kaudal, sodass sich *Lig. hepatoduodenale* zwischen Leber und *Pars cranialis duodeni* sowie *Lig. hepatogastricum* zwischen Leber und Pylorus spannen.

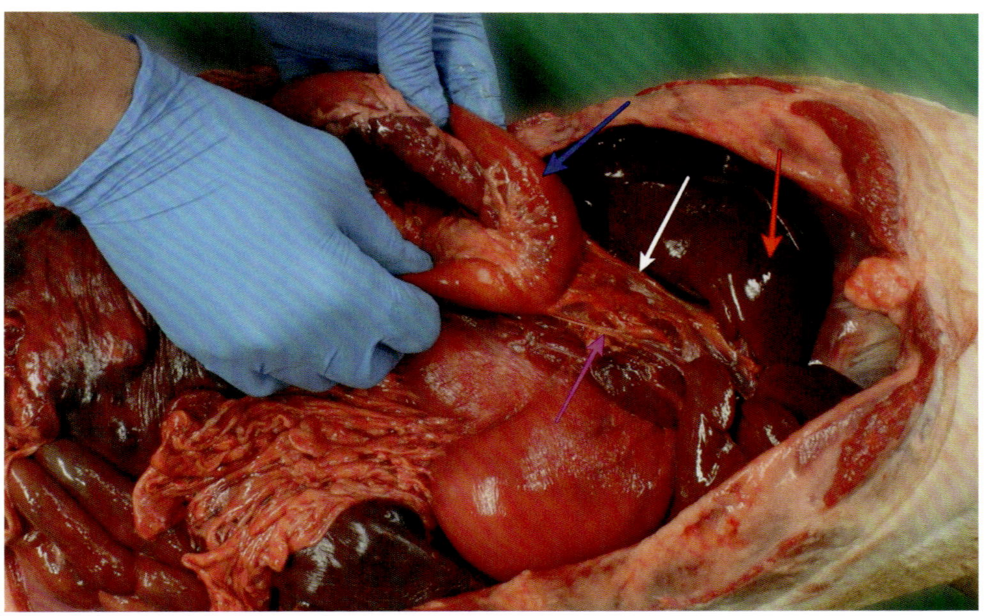

Abb. 250: *Lig. hepatoduodenale* (weiß) und *Lig. hepatogastricum* (pink) zwischen Leber (rot) und *Pars cranialis duodeni* (blau) bzw. *Pylorus ventriculi.*

Verfolge den aus der Gallenblase austretenden *Ductus cysticus* in den gemeinsamen Gallengang (*Ductus choledochus*). Beachte außerdem die aus den Leberlappen aus- und ebenfalls in den *Ductus choledochus* eintretenden *Ductuus hepatici*.

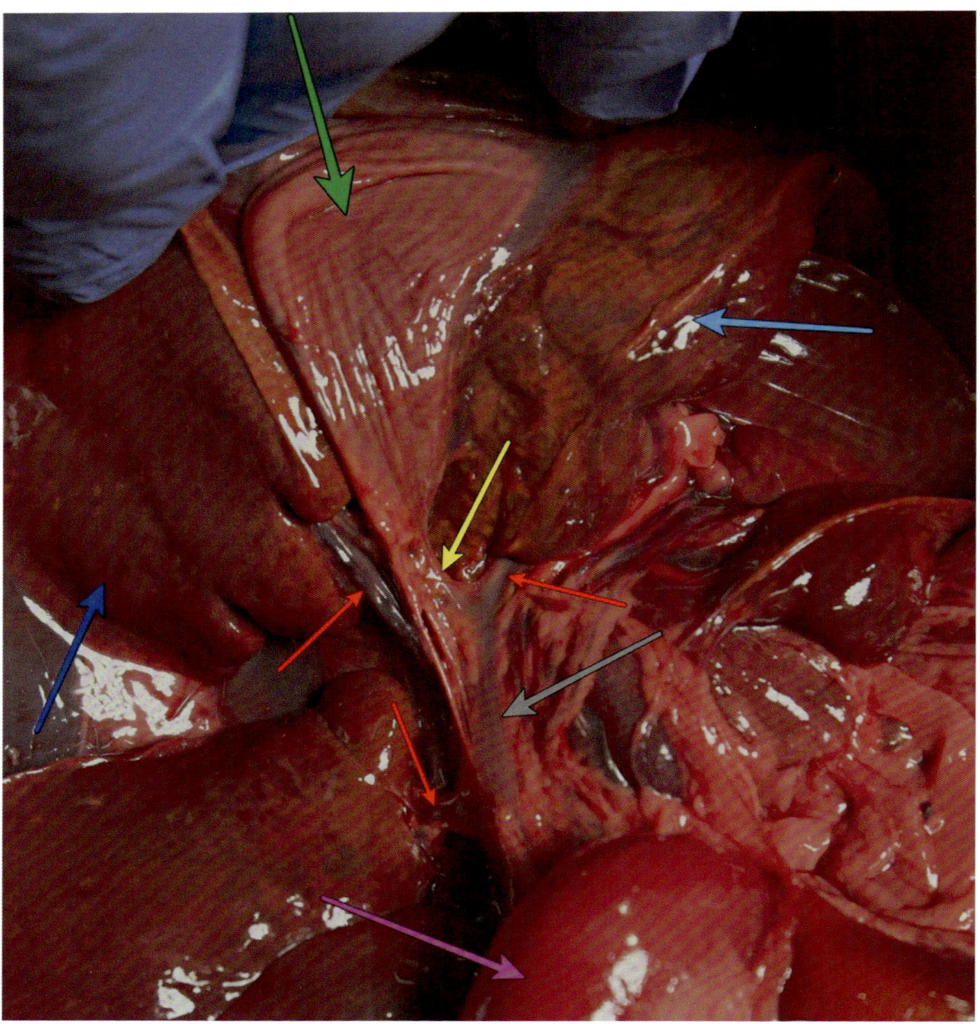

Abb. 251: *Lobus quadratus* (hellblau), *Lobus hepatis dexter medialis* (dunkelblau), *Pars cranialis duodeni* (pink), Gallenblase (grün), *Ductus cysticus* (gelb), *Ductuus hepatici* (rot), *Ductus choledochus* (grau).

Eröffne den kranialen Anteil der *Pars descendens duodeni* auf seiner antimesenterialen Seite und bestimme *Papilla duodeni major* und *minor*, indem Du die Schleimhaut mit dem Skalpell abkratzt.

> **Beachte:** Um den Austritt von Darminhalt in die Bauchhöhle zu verhindern, muss der Darm vor dessen Eröffnung oral und aboral der Inzision abgebunden werden.

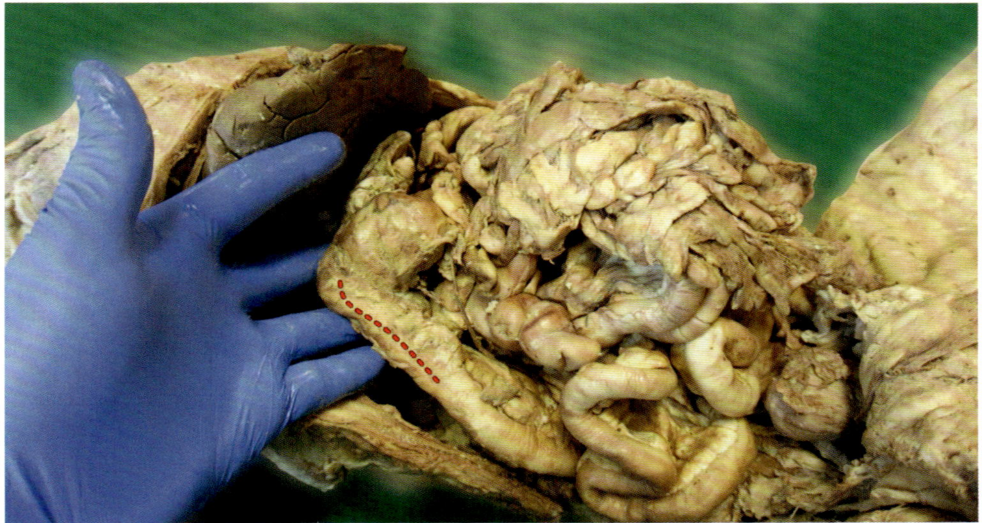

Abb. 252: Schnittlinie zur Darstellung von *Papilla duodeni major* und *minor.*

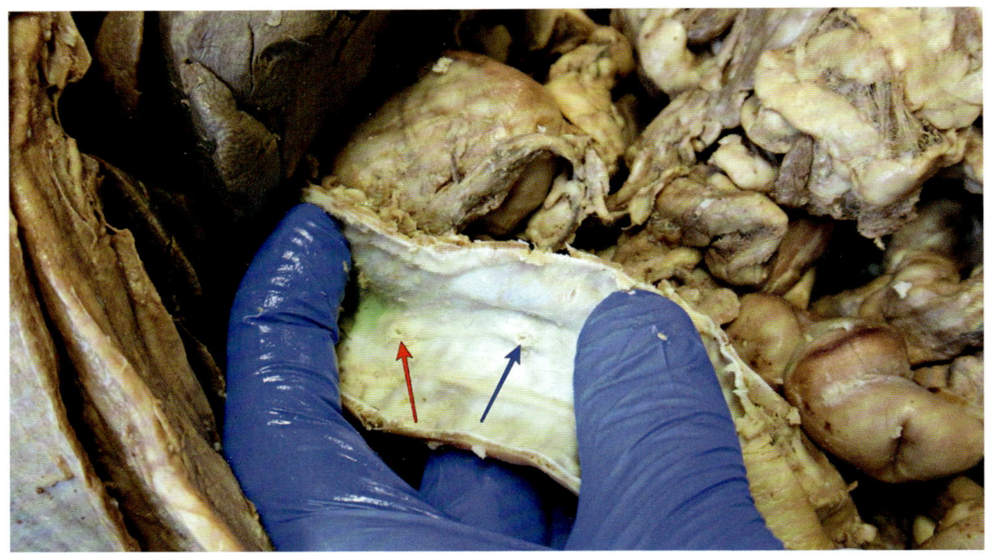

Abb. 253: Das Duodenum wurde eröffnet und die Schleimhaut abgeschabt: *Papilla duodeni major* (rot) und *minor* (blau).

Spanne das große Netz nach kranial und ziehe das Duodenum nach lateral, um alle Anteile des Pankreas darzustellen: Identifiziere dessen Duodenalschenkel (*Lobus pancreatis dexter*) im *Mesoduodenum descendens*, den Pankreaskörper (*Corpus pancreatis*) in der *Flexura duodeni cranialis* und den Milzschenkel (*Lobus pancreatis sinister*) innerhalb der *Paries profundus* des *Omentum majus*, in Richtung Milz ragend.

Beachte: Je nach Ausmaß der abdominalen Fetteinlagerungen und Alter des Präparates ist das Pankreas mehr oder weniger gut darstellbar.

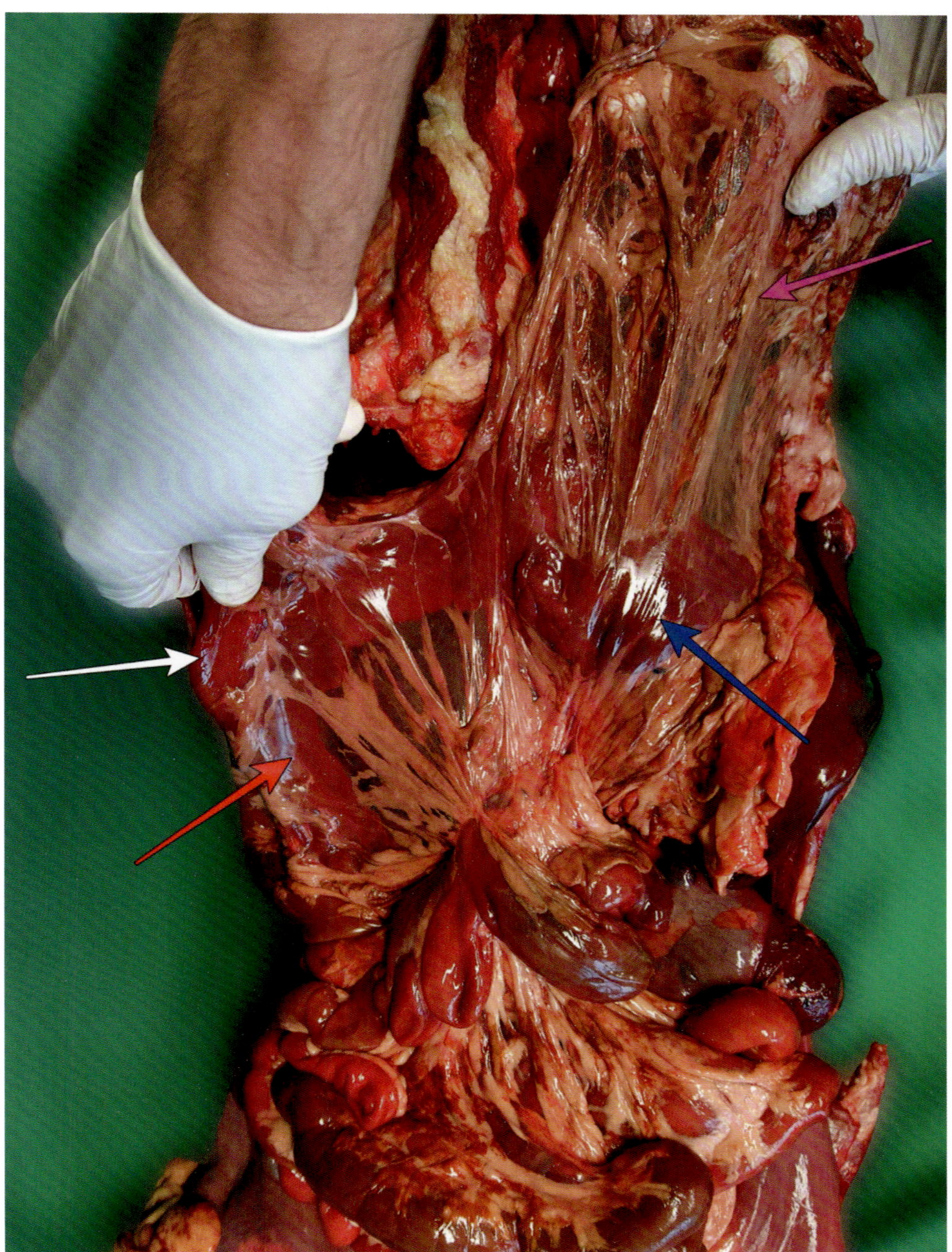

Abb. 254: Am Frischpräparat ist das Pankreas meist gut darstellbar: *Lobus pancreatis dexter* (Duodenalschenkel, rot), *Lobus pancreatis sinister* (Milzschenkel, blau). Das große Netz (pink) wird nach kranial, das Duodenum (weiß) nach kraniolateral gespannt.

10.4 Niere, Harnleiter, Harnblase und Nebenniere

Lokalisiere die Nieren innerhalb des Retroperitonealraums, indem das Duodenum angehoben und nach links gezogen („Duodenal-Maneuver" zur Darstellung der rechten Niere) bzw. das *Colon descendens* angehoben und nach rechts gezogen wird („Colic-Maneuver" zur Darstellung der linken Niere).

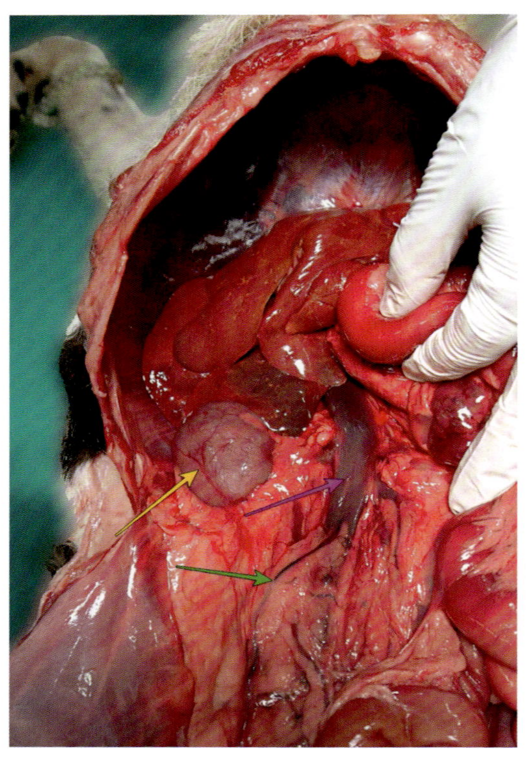

Abb. 255: Retroperitonealraum mit rechter Niere (gelb), *V. cava caudalis* (pink) und *V. testicularis* (grün).

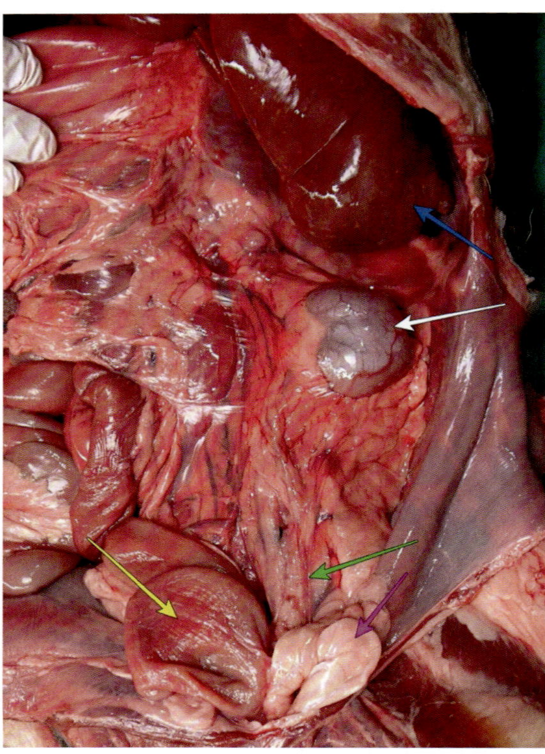

Abb. 256: Retroperitonealraum mit linker Niere (weiß) und *A. testicularis* (grün). Außerdem dargestellt: Linker Leberlappen (blau), Harnblase (gelb), *Lig. vesicae lateralis* (pink).

Löse die Nieren aus ihrer *Capsula adiposa*. Identifiziere die Nierenpforte (*Hilus renalis*) als Ein- bzw. Austrittsstelle von Harnleiter (*Ureter*) sowie *A.* und *V. renalis*. Verfolge den Harnleiter zur Harnblase, *A. renalis* zur *Aorta abdominalis* und *V. renalis* zur *V. cava caudalis*. Isoliere außerdem die rechte und linke Nebenniere (*Gl. adrenalis*) kraniomedial der Niere sowie die dorsal bzw. ventral der Nebenniere verlaufenden *A.* und *V. abdominalis cranialis*.

!

Beachte: Die rechte Nebenniere liegt häufig „versteckt", unmittelbar dorsal der *V. cava caudalis*.

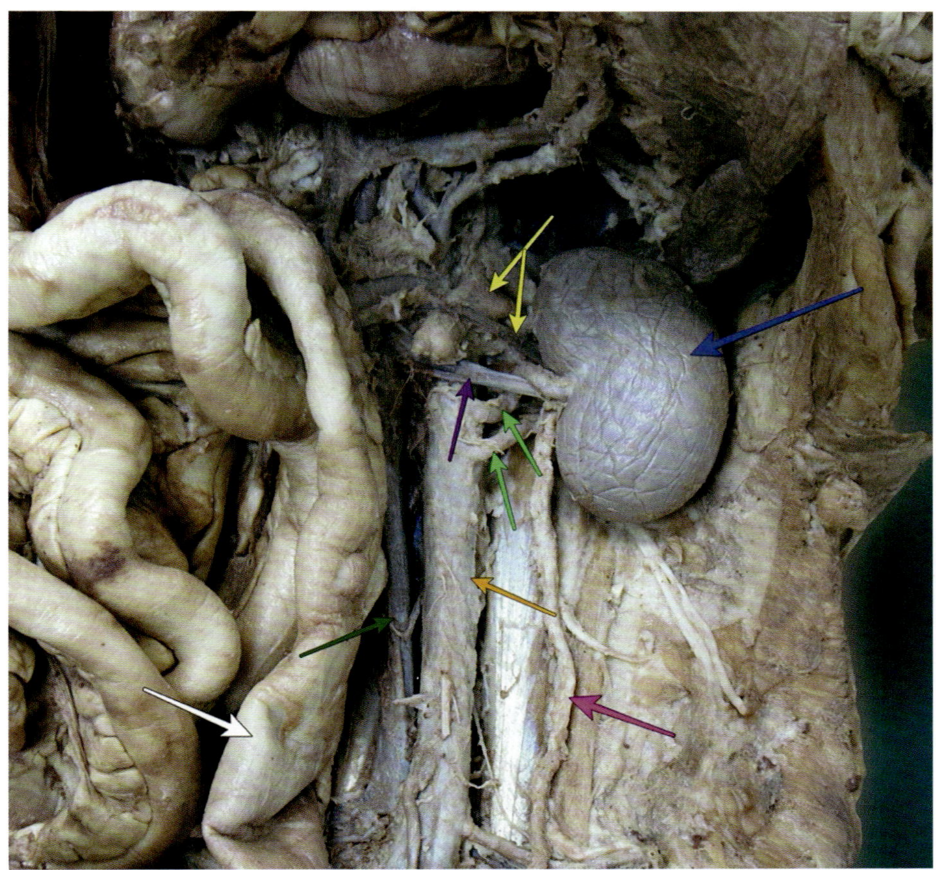

Abb. 257: Linke Niere (blau), *Ureter* (pink), *Aa. renalis* (hellgrün, Duplikation als individuelle Variation), *V. renalis* (lila), *Aorta abdominalis* (orange), *V. cava caudalis* (dunkelgrün), *Colon descendens* (weiß), linke Nebenniere mit *V. abdominalis cranialis* (gelb).

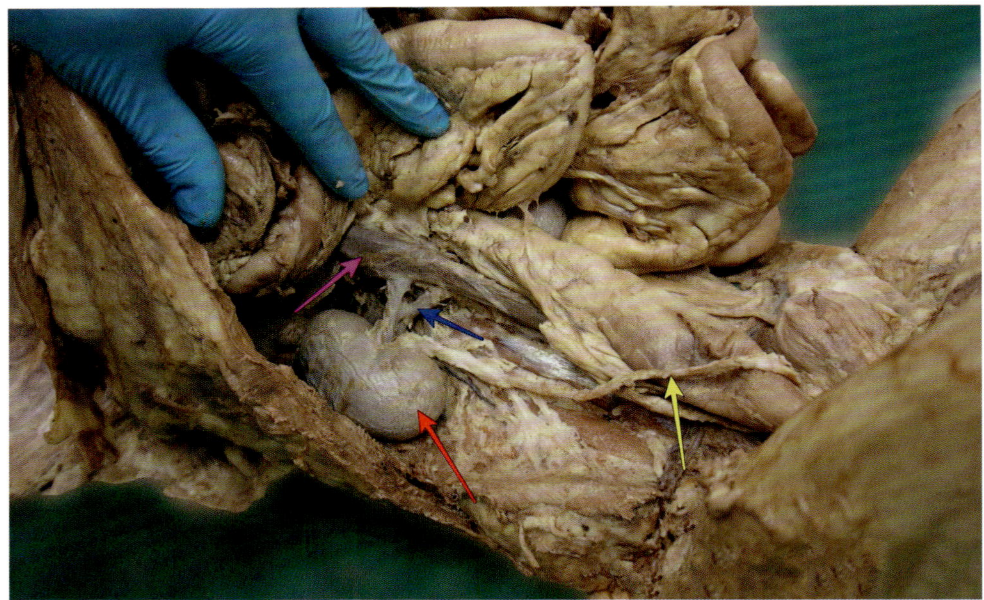

Abb. 258: Rechte Niere (rot), *Ureter* (gelb), *A.* und *V. renalis* (blau), *V. cava caudalis* (pink).

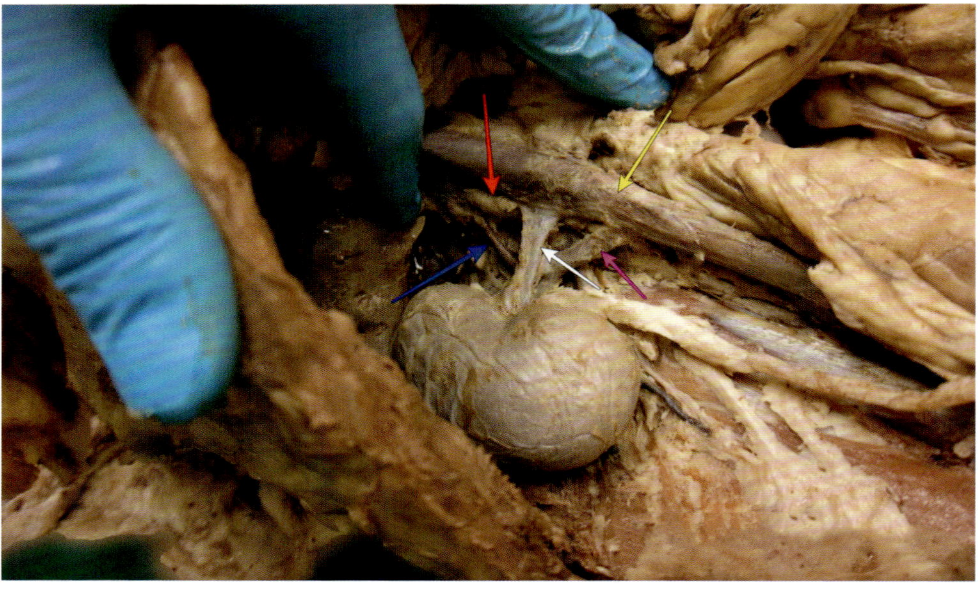

Abb. 259: Rechte Nebenniere (rot), *V. abdominalis cranialis* (blau), *V. cava caudalis* (gelb), *V. renalis* (weiß), *A. renalis* (pink).

Teile die linke Niere durch einen Schnitt in der Medianen in zwei gleich große Hälften, um Nierenmark (*Medulla*) von Nierenrinde (*Cortex*) zu unterscheiden und das Nierenbecken (*Pelvis renalis*) innerhalb der Nierenbucht (*Sinus renalis*) zu identifizieren. Teile die rechte Niere durch einen Schnitt in der Transversalebene ebenfalls in zwei gleich große Hälften und beachte hier, wie die *Crista renalis* in das Nierenbecken ragt. Platziere in die bereits in der Medianen geteilte, linke Niere zusätzlich einen paramedianen Schnitt, um den pyramidenförmigen Aufbau (*Pyramis renalis*) des Nierenmarks und den *Recessus pelvis* darzustellen.

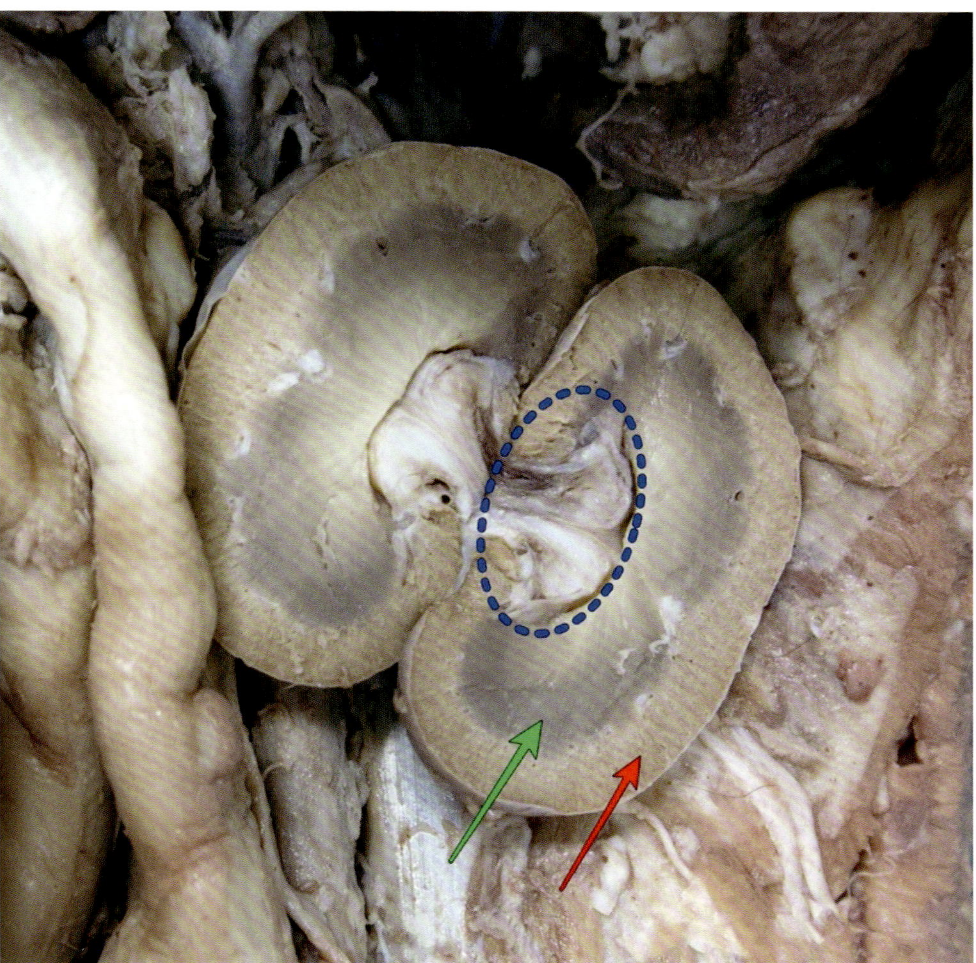

Abb. 260: Linke Niere, in der Medianen gleichmäßig halbiert: Nierenrinde (rot), Nierenmark (grün), *Sinus renalis* mit Nierenbecken (blau).

Abb. 261: Rechte Niere, in der Transversalebene mittig halbiert: *Crista renalis* (rot).

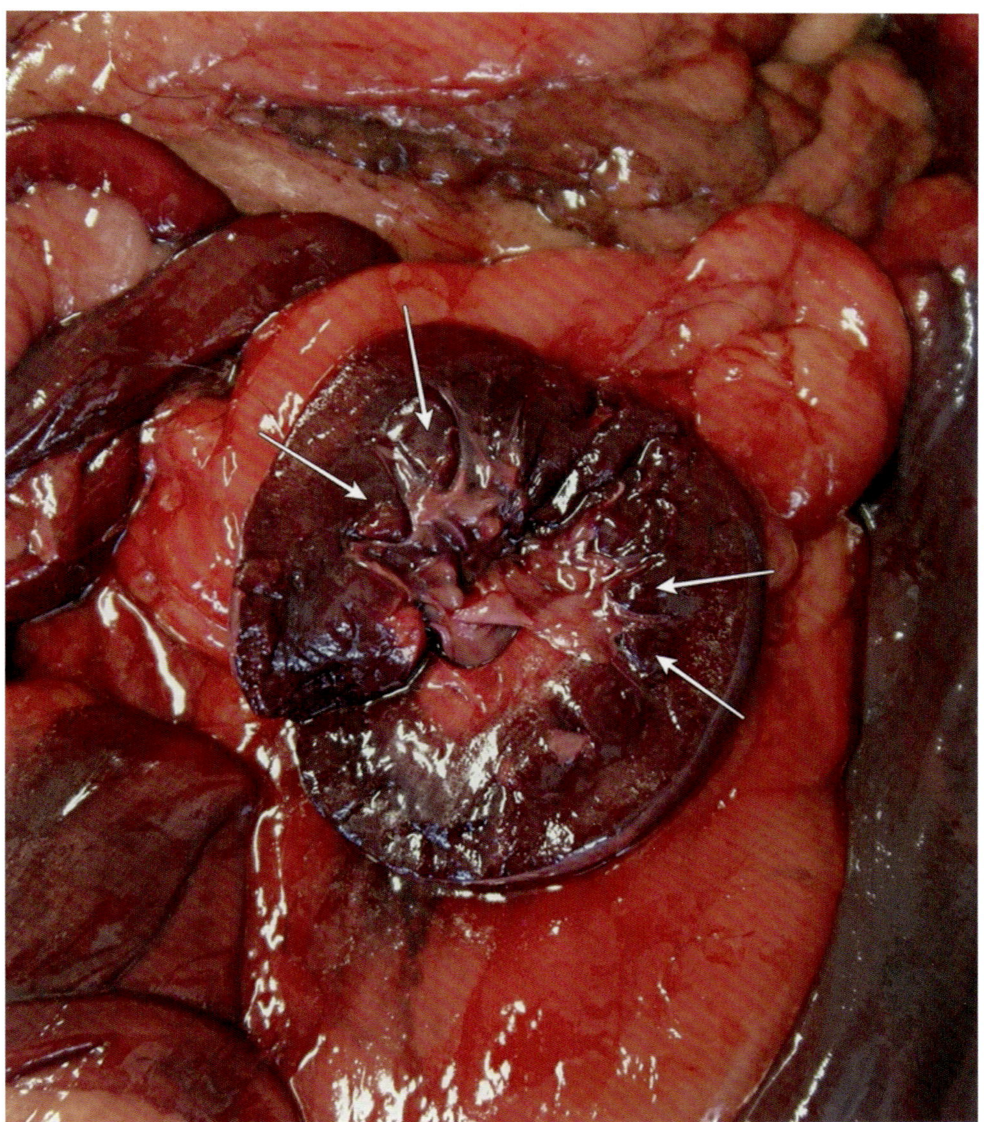

Abb. 262: Linke Niere, Paramedianschnitt: Beachte die pyramidenförmige Anordnung des Nierenmarks (*Pyramis renalis*) sowie die in diesem Präparat geringe Abgrenzbarkeit zwischen Nierenrinde und Mark, was auf eine chronische Nierenerkrankung hinweisen kann.

Setze einen Schnitt in den kranialen Pol der linken Nebenniere und bestimme auch hier Rinde und Mark.

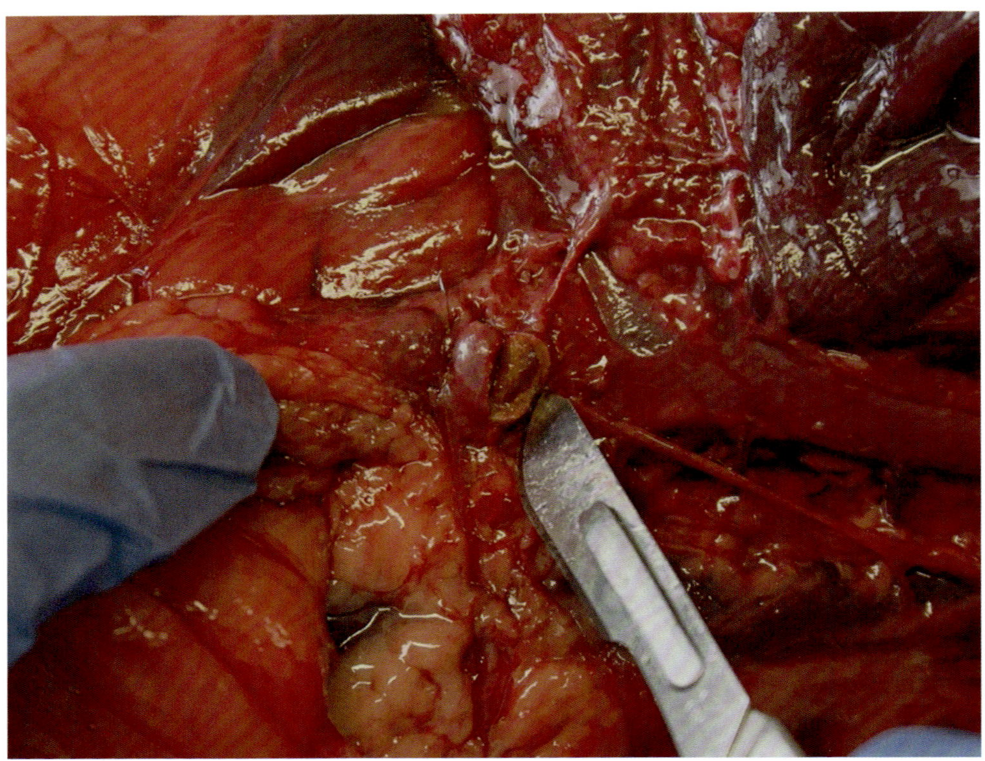

Abb. 263: Die Nebenniere wurde in der Transversalebene halbiert, zur Darstellung von Nebennierenrinde (hell) und -mark (dunkel).

Suche die Harnblase und identifiziere neben dem *Lig. vesicae* medianum (Abb. 231 S. 232) auch die beiden meist mit Fett durchsetzten *Ligg. vesicae laterales* als Halteapparat der Harnblase.

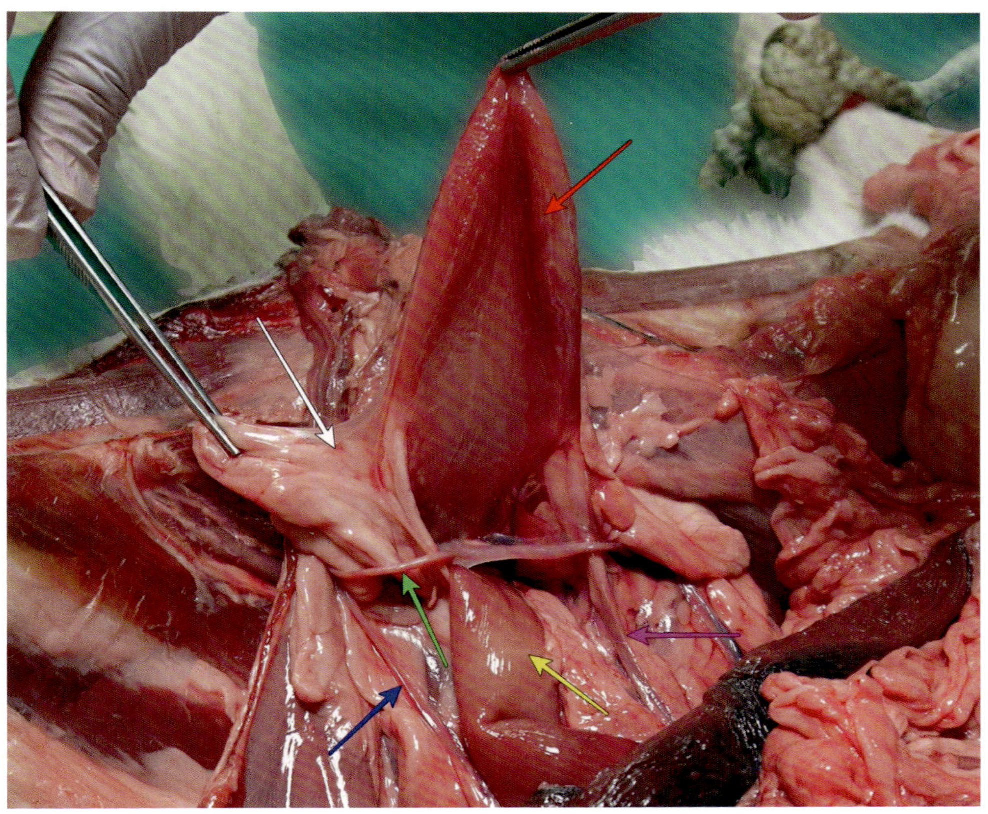

Abb. 264: Ansicht von kraniolateral: Harnblase (rot), *Lig. vesicae laterale* (weiß), *Ductus deferens* (grün), *A. testicularis* (blau), *Colon descendens* (gelb), *Ureter* (pink).

10.5 Blutgefäße der Bauchhöhle

Identifiziere die beiden Abzweigungen der retroperitoneal liegenden *Aorta abdominalis*: Die *A. coeliaca* und *A. mesenterica cranialis* entspringen zwerchfellsnah im Bereich der *Radix mesenterii*.

> **Beachte:** In diesem Bereich befinden sich zahlreiche nervale Strukturen (*Plexus solaris*). Aorta und Gefäßstümpfe sind von reichlich Bindegewebe umgeben, meist können sie ohne Präparation nicht visuell dargestellt werden. Eine aufwändige, vorsichtige und exakte Präparation ist erforderlich. Die nervalen Strukturen sollen so gut wie möglich erhalten bleiben.

Das Präparieren wird erleichtert, indem das *Diaphragma* linksseitig von seinem Ansatz an der Lendenwirbelsäule, den Rippen sowie dem Sternum abpräpariert und die asternalen Rippen wirbelsäulennah durchtrennt und nach außen geklappt werden. Der Retroperitonealraum wird eröffnet und die *Aorta* freigelegt. Die nach dorsal abzweigenden, paarig verlaufenden *Rami intercostales* können bis zur letzten Rippe dargestellt werden. Unmittelbar kranial der Nebenniere können *A. coeliaca* und die *A. mesenterica cranialis* freipräpariert werden. Verfolge außerdem den *N. splanchnicus major* zur Nebenniere.

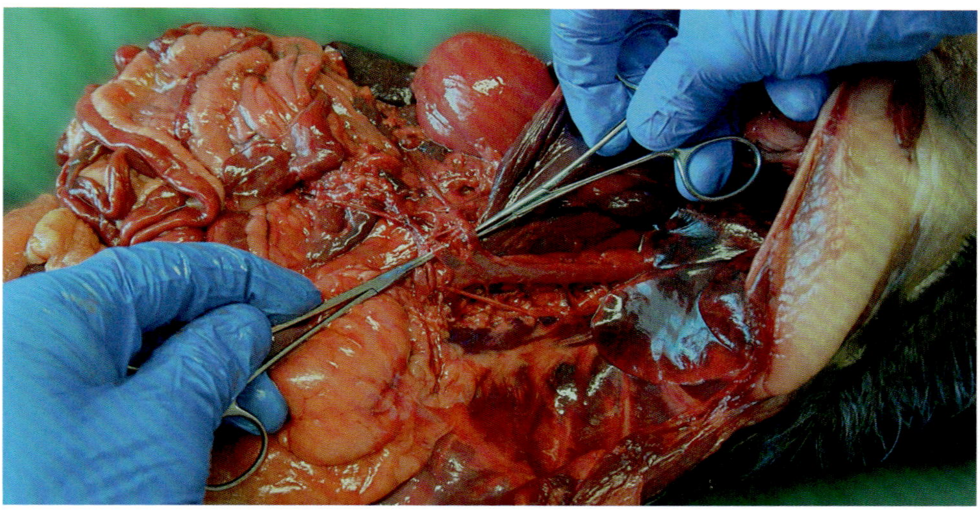

Abb. 265: Ansicht von links (rechts im Bild=kranial, links im Bild=kaudall): Das Zwerchfell wurde – wie oben beschrieben – abpräpariert und die asternalen Rippen entfernt.

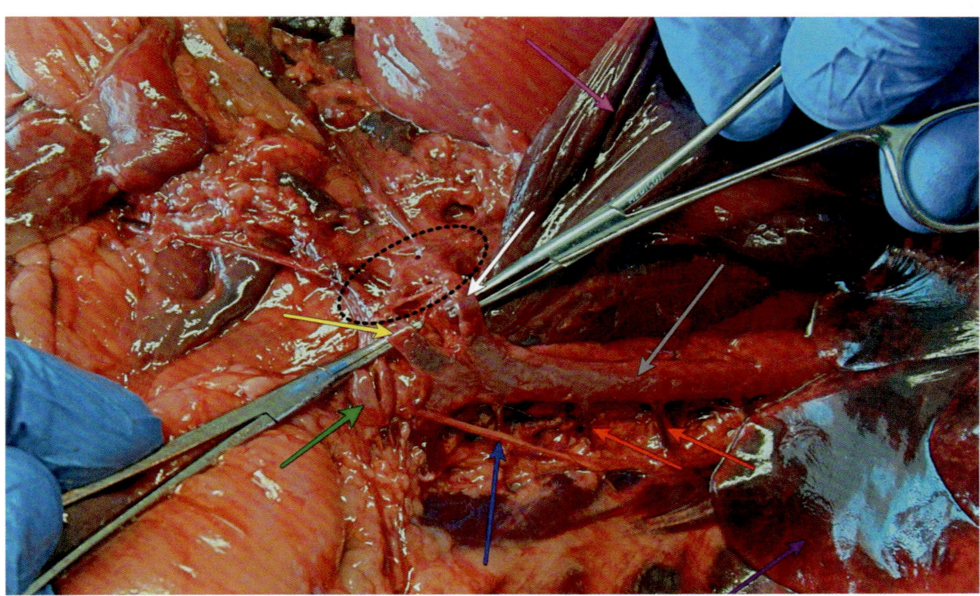

Abb. 266: Nahansicht von Abb. 265: *Aorta* (grau), *Aa. intercostales* (rot), Kaudaler linker Lungenlappen (lila), *N. splanchnicus major* (dunkelblau), Linke Nebenniere (grün), *A. coeliaca* (weiß), *A. mesenterica cranialis* (gelb), *Plexus solaris* (schwarz).

10.5.1 A. coeliaca

Identifiziere den sog. „Haller-Dreifuß" als Aufzweigung der *A. coeliaca* in *A. lienalis*, *A. hepatica* und *A. gastrica sinistra.* Diese Aufzweigung erfolgt nur wenige Zentimeter nach der Abzweigung von der *Aorta* (individuelle Unterschiede).

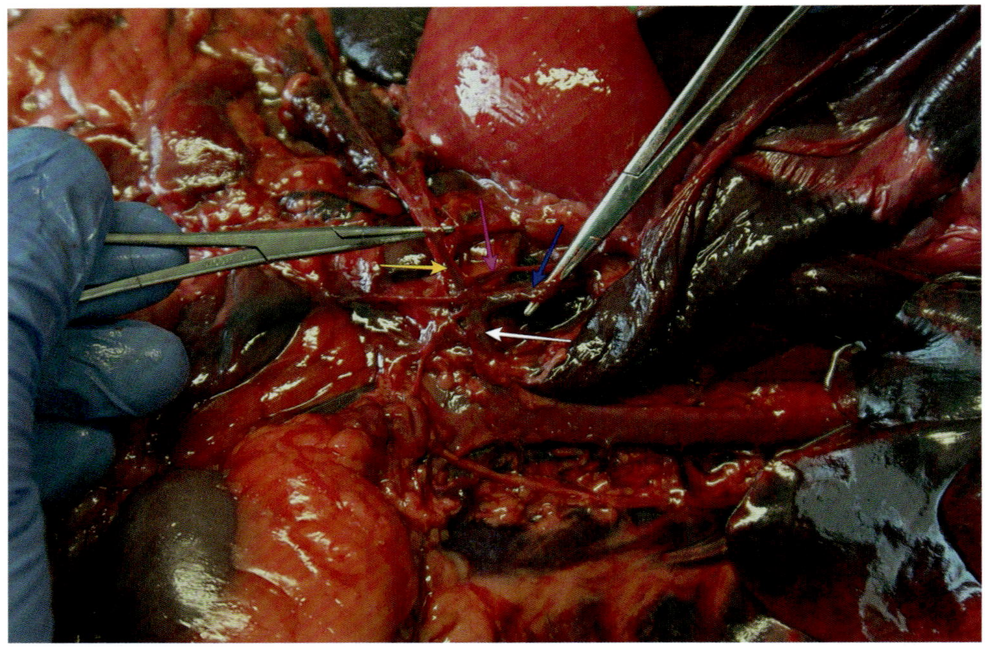

Abb. 267: *A. coeliaca* (weiß), *A. gastrica sinisitra* (blau), *A. hepatica* (pink), *A. lienalis* (gelb).

> **!**
>
> **Beachte:** Insbesondere die *A. hepatica* ist meist schwierig zu finden, sie zieht in die Tiefe. Indem Du die Milz anhebst, spannt sich durch den Zug der *A. lienalis* der gesamte „Haller-Dreifuß", was die Identifikation der Leberarterie erleichtern kann.

Die *A. lienalis* verläuft mit gleichnamiger Vene zur Milz. Beachte Ihre T-förmige Aufzweigung und verfolge die von der *A. lienalis* abzweigende *A. gastroepiploica sinistra* zur *Curvatura majus* des Magens und die *Aa. gastricae breves* zum Magenfundus. Ggf. können auch die *Rr. pancreatici* der *A. lienalis* dargestellt werden.

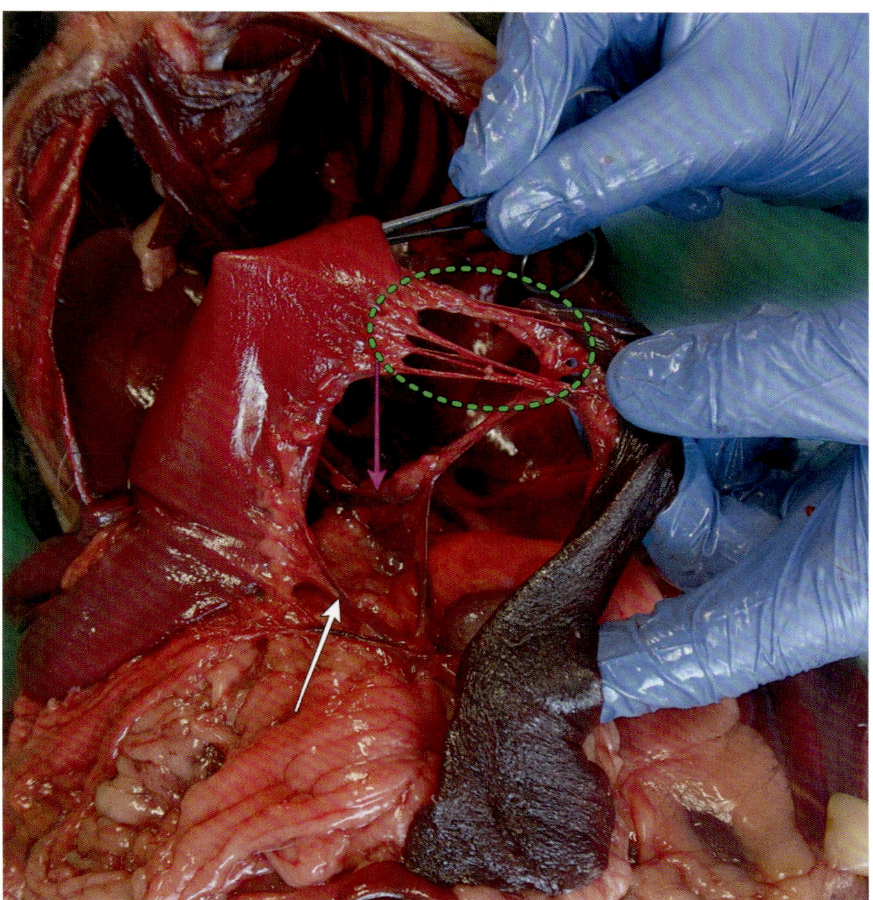

Abb. 268: *A.* und *V. lienalis* (pink), *A. gastroepiploica sinistra* (weiß), *Aa. gastricae breves* (grün).

Verfolge als nächstes die *A. gastrica sinistra* zur kleinen Curvatur des Magens. Nach ihrer Abzweigung von der *A. coeliaca* verläuft das Blutgefäß dorsal des Magens, eine Präparation hier ist nur schwierig möglich. Die terminale Aufzweigung der Arterie auf der Magenserosa sollte dargestellt werden.

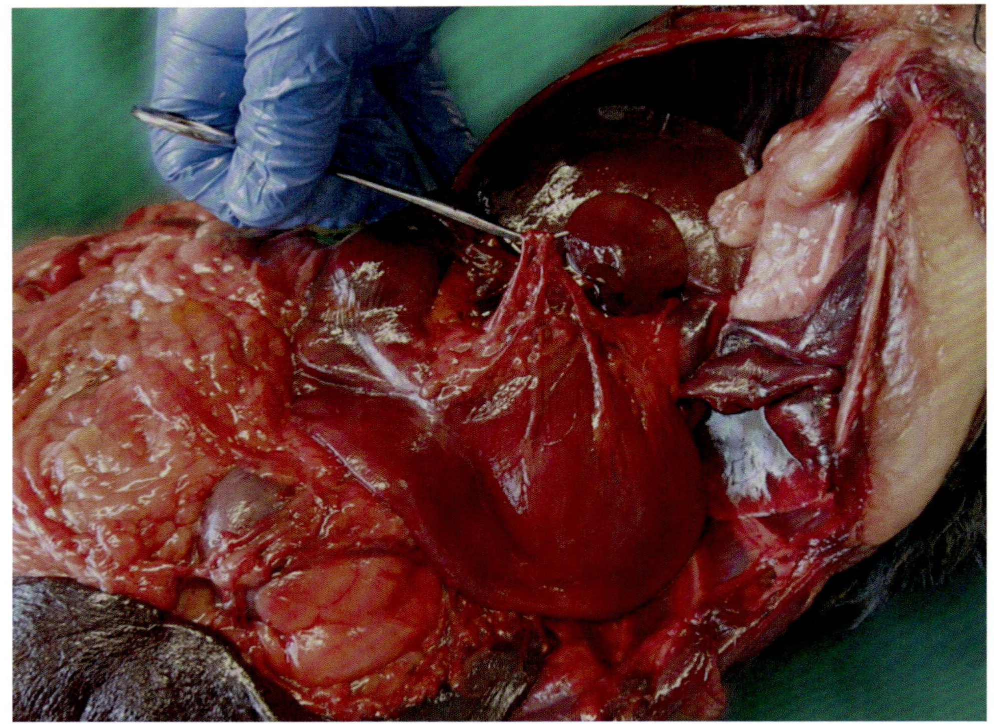

Abb. 269: *A. gastrica sinistra* (von Sonde angehoben).

Verfolge nun die *A. hepatica* zur Leber. Lege hierfür eine Pinzette so an, dass das Blutgefäß zwischen den beiden Schenkeln zu liegen kommt. Identifiziere die Pinzette unterhalb des *Omentum minus* und bestimme dadurch den Bereich, der freipräpariert werden muss.

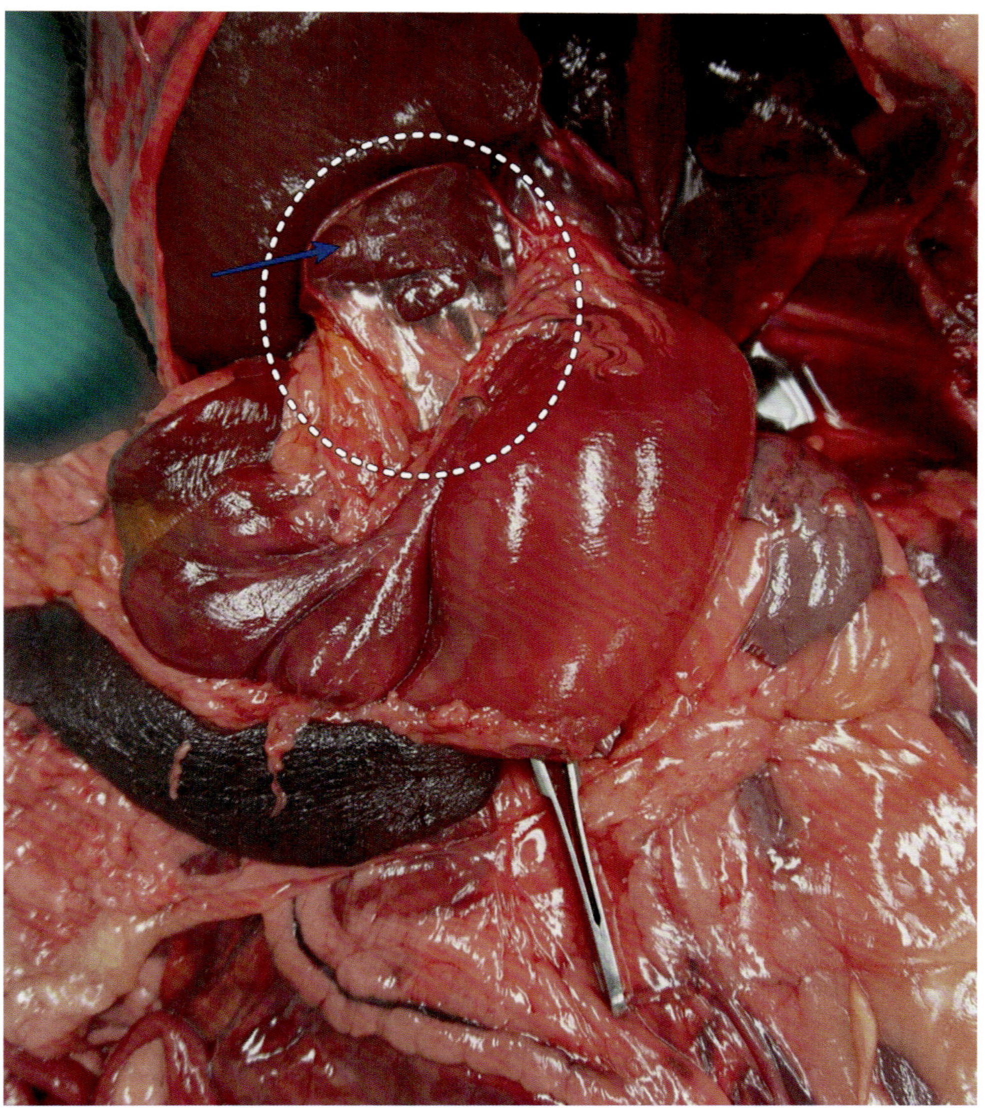

Abb. 270: Das Vorderende der Pinzette markiert die Lokalisation, an der das kleine Netz zur Darstellung der *A. hepatica* abpräpariert werden muss. Blau markiert ist der *Proc. papillaris* des *Lobus caudatus hepatis*.

Beachte die Lagebeziehung zwischen *A. hepatica* und *V. portae*. Bestimme die beiden großen *Rr. hepatici*, die die Leberarterie nach kranial abspeist. „Um die Kurve" verläuft die Arterie als *A. gastroduodenalis* weiter nach kaudal ziehend. Etwa auf gleicher Höhe, auf der der *Ramus dexter* der *A. hepatica* abgegeben wird, tritt auch die feine *A. gastrica dextra* aus der Leberarterie aus.

Beachte: Insbesondere am Formalin-fixierten Präparat reißt die kleine *A. gastrica dextra* leicht ab. Der Stumpf kann rechtsseitig an der kleinen Curvatur identifiziert werden.

Verfolge die *A. gastroduodenalis* nach kaudal und beachte ihre Aufzweigung in *A. pancreaticoduodenalis cranialis* (zum Pankreas/Duodenum ziehend) und *A. gastroepiploica dextra* (rechtsseitig zur *Curvatura major* ziehend).

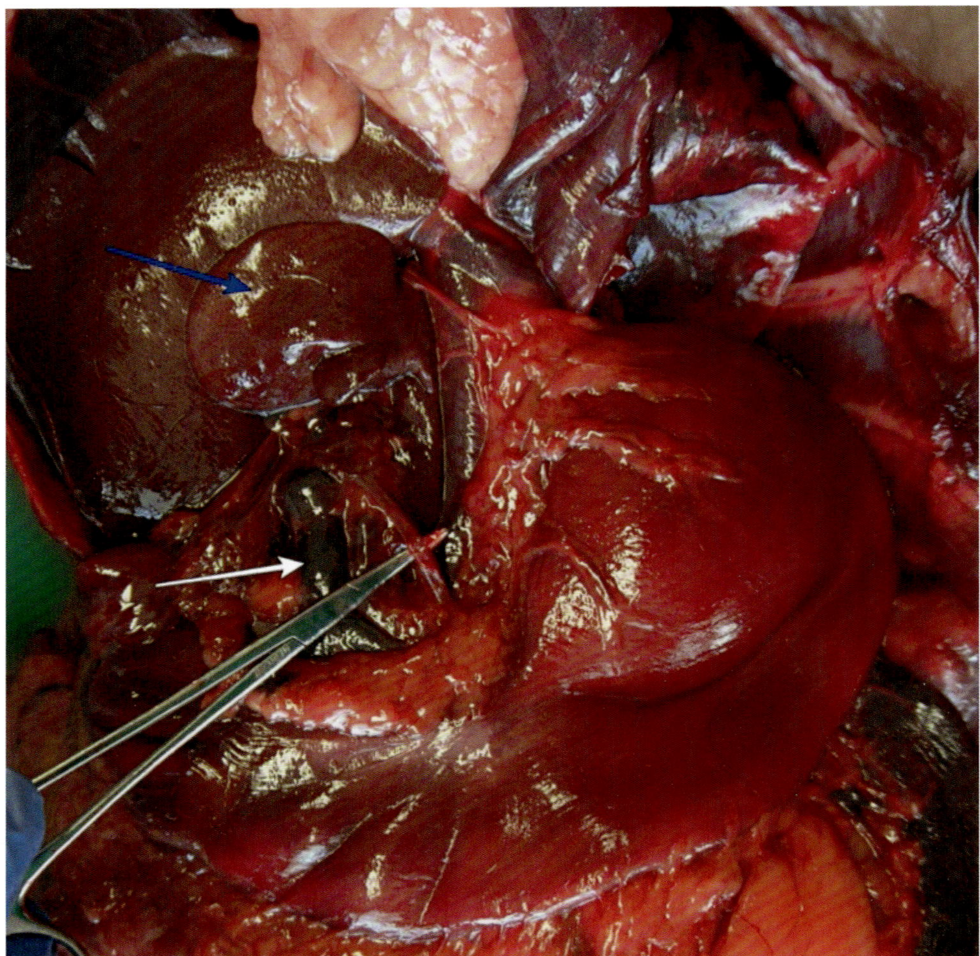

Abb. 271: Das *Omentum minus* wurde abpräpariert. Die Klemme unterlagert die *A. hepatica*. Außerdem dargestellt: *V. portae* (weiß), *Proc. papillaris* des *Lobus caudatus* (blau).

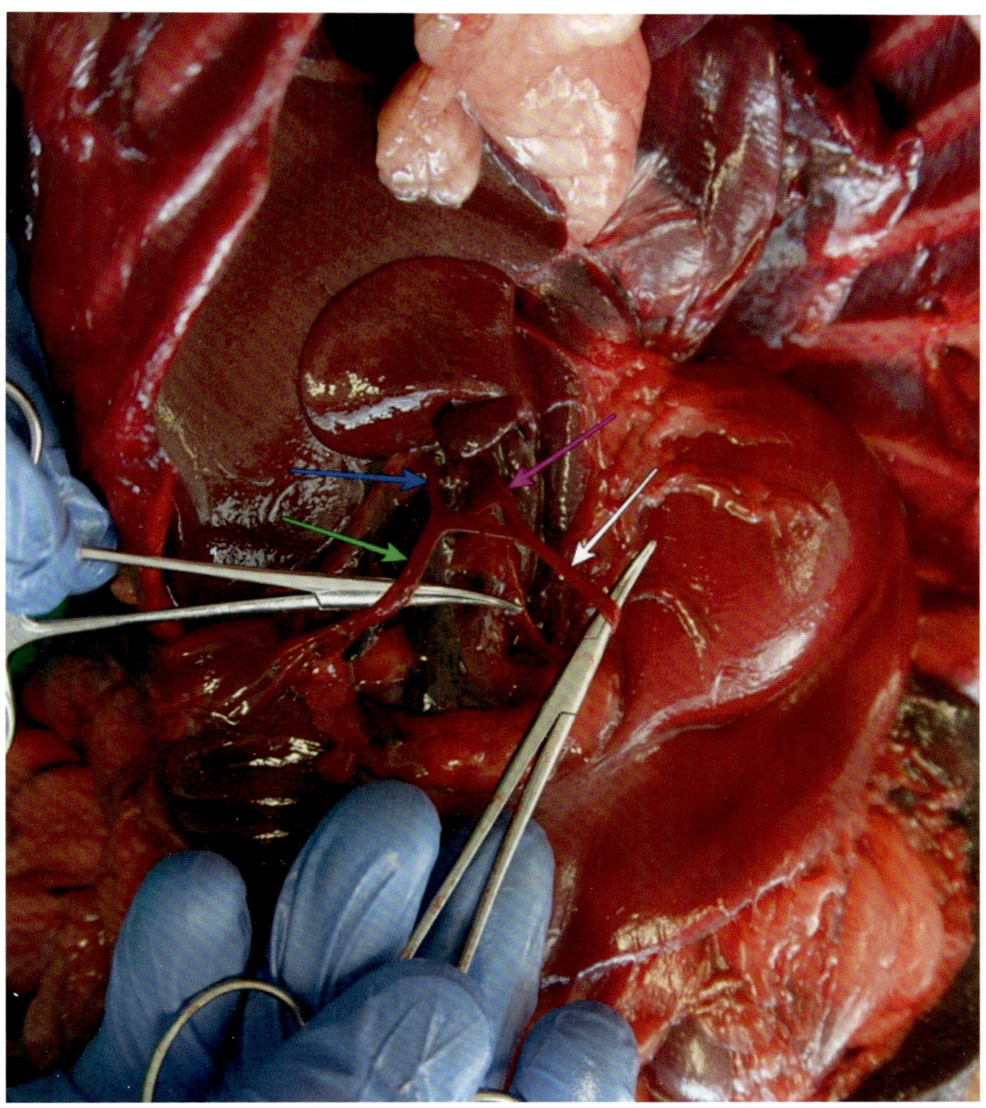

Abb. 272: *A. hepatica* (weiß) mit *Ramus hepaticus sinister* (pink), *Ramus hepaticus dexter* (blau) und *A. gastroduodenalis* (grün).

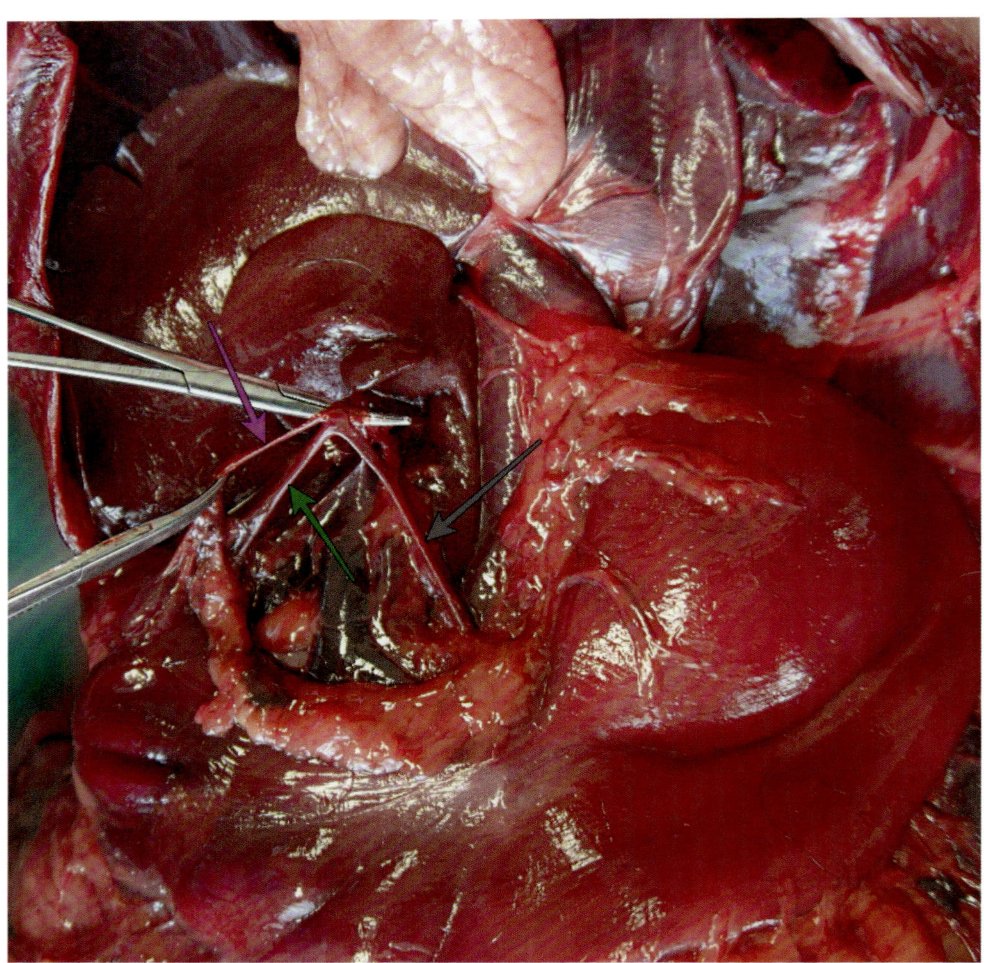

Abb. 273: *A. hepatica* (grau), *A. gastroduodenalis* (grün), *A. gastrica dextra* (pink).

An der Aufzweigung der *A. gastroduodenalis* zieht die *A. gastroepiploica dexter* im Vergleich zur *A. pancreaticoduodenalis* eher nach medial und ventral.

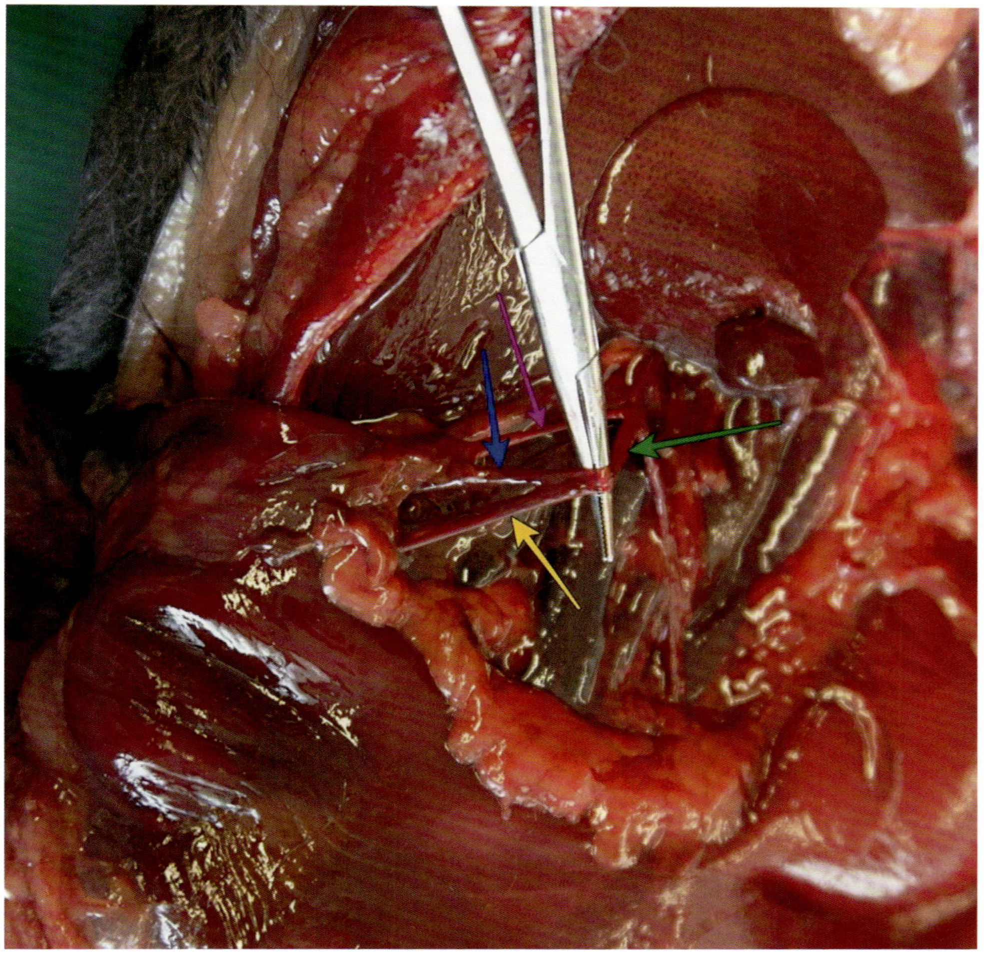

Abb. 274: Durch Zug an der *A. gastroduodenalis* (grün) nach kranial kann die Aufzweigung in *A. pancreaticoduodenalis cranialis* (blau) und *A. gastroepiploica dextra* (gelb) dargestellt werden.

❗

Beachte: Meist gelingt die weiterführende Präparation der *A. pancreaticoduodenalis cranialis* nur unter erheblicher Zerströrung des Pankreasgewebes und muss deshalb nicht zwingend durchgeführt werden.

10.5.2 A. mesenterica cranialis

Die erste Abzweigung der *A. mesenterica cranialis* ist von der Nomina Anatomica Veterinaria (NAV) nicht eindeutig terminiert. Es handelt sich um einen gemeinsamen Gefäßstamm, aus dem *A. colica media, A. colica dextra* und *A. ileocolica* entspringen.

> **Beachte:** Die Situation bei der Katze gestaltet sich hier sehr variabel. Meist entspringen nur *A. colica media* und *dextra* aus einem gemeinsamen Stamm und die *A. ileocolica* weiter distal direkt aus der *A. mesenterica cranialis.* Auch die Abspaltung dreier separater Äste aus der *A. mesenterica* ist beschrieben.

Die Präparation dieser Gefäße wird durch Anheben des Colons erleichtert. Zur Präparation muss das Mesocolon stellenweise entfernt werden.

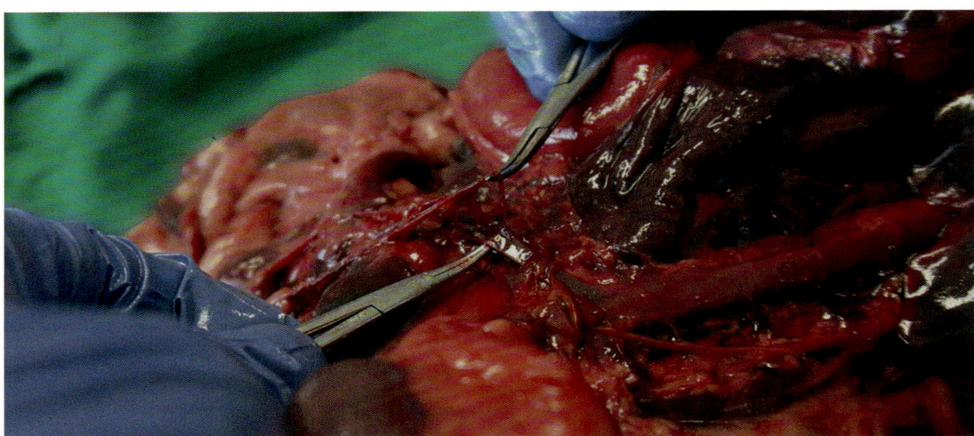

Abb. 275: Der gemeinsame Gefäßstumpf (von der im Bild oberen Klemme gefasst) von *A. colica media, A. colica dextra* und *A. ileocolica* ist meist kleinlumig und entspringt aus der *A. mesenterica cranialis* (von der im Bild unteren Klemme gefasst) unmittelbar distal des *Ganglion mesentericum craniale.*

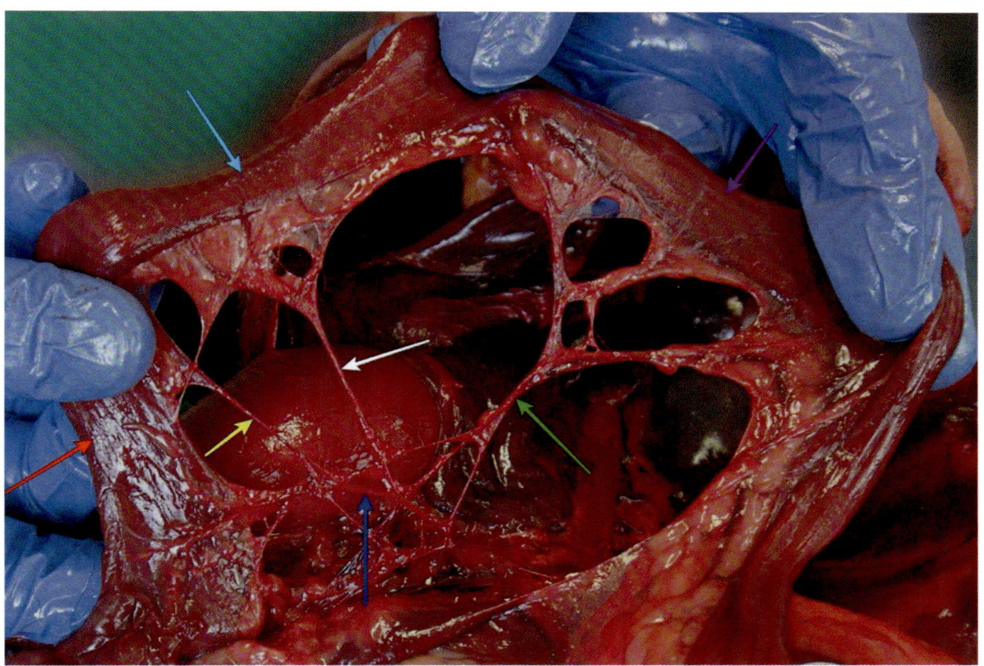

Abb. 276: Das Colon wird zur Präparation von *A. colica media*, *A. colica dextra* und *A. ileocolica* angehoben: *A. colica media* (grün) zieht zum *Colon descends* (lila), *A. colica dextra* (weiß) zieht zum *Colon transversum* (hellblau), *A. ileocolica* (dunkelblau) zieht mit seinem *Ramus colicus* (gelb) zum *Colon ascendens* (rot).

Identifiziere außerdem die drei Äste, in die sich die *A. ileocolica* aufzweigt: Verfolge den *R. colicus* zum *Colon ascendens*, den *R. ilei mesenterialis* (häufig mehrere Äste!) zum *Ileum* (mesenteriale Seite) sowie den *R. caecalis*, der „in die Tiefe"/auf die kraniale oder „rechte" Seite des *Caecums* verläuft und dort auch den *R. ilei antimesenterialis* abgibt.

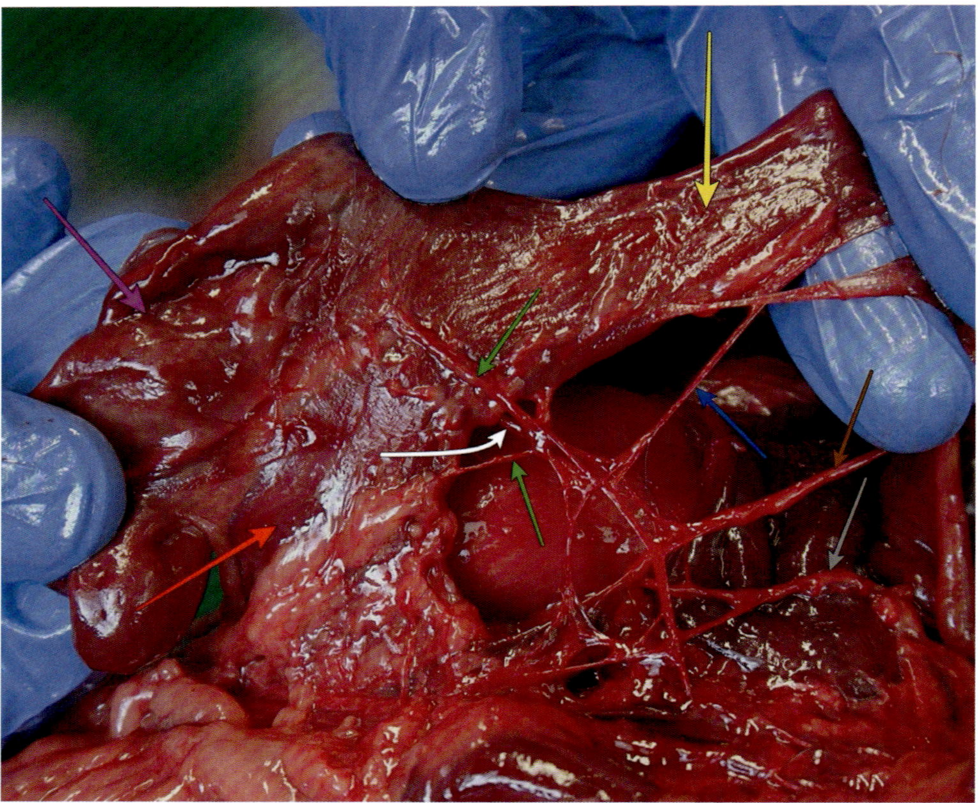

Abb. 277: *Caecum* (pink), *Ileum* (rot), *Colon ascendens* (gelb), *A. colica media* (grau), *A. colica dextra* (braun), *R. colicus* (blau), *Rr. ilei mesenteriales* (grün), *R. cecalis* (weiß).

Unmittelbar nachdem die *A. mesenterica cranialis* den gemeinsamen Gefäßstumpf zur Versorgung von *Colon* und *Caecum* abgibt, erfolgt die Abzweigung der *A. pancreaticoduodenalis caudalis.* Hebe die kraniale Gekrösearterie an und erkenne, wie die *A. pancreaticoduodenalis caudalis* nach rechts, dorsal des Darmkonvoluts in Richtung *Duodenum* verläuft. Idfentifiziere das Gefäß am kaudalen Anteil des Duodenalschenkels der Bauchspeicheldrüse.

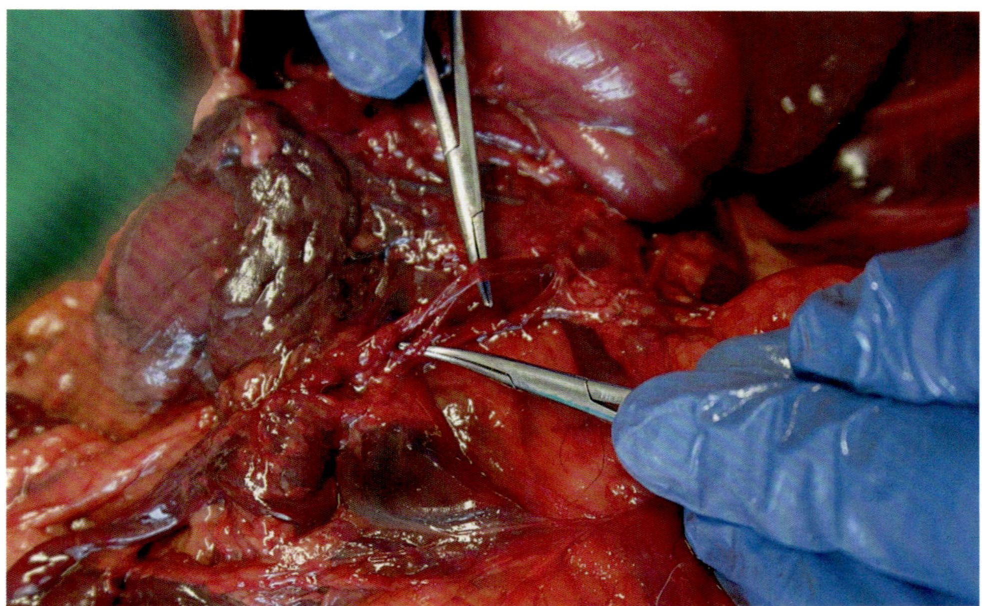

Abb. 278: Zur Darstellung des Anfangsteils der *A. pancreaticoduodenalis caudalis* (untere Klemme) wird die *A. mesenterica cranialis* (obere Klemme) leicht angehoben.

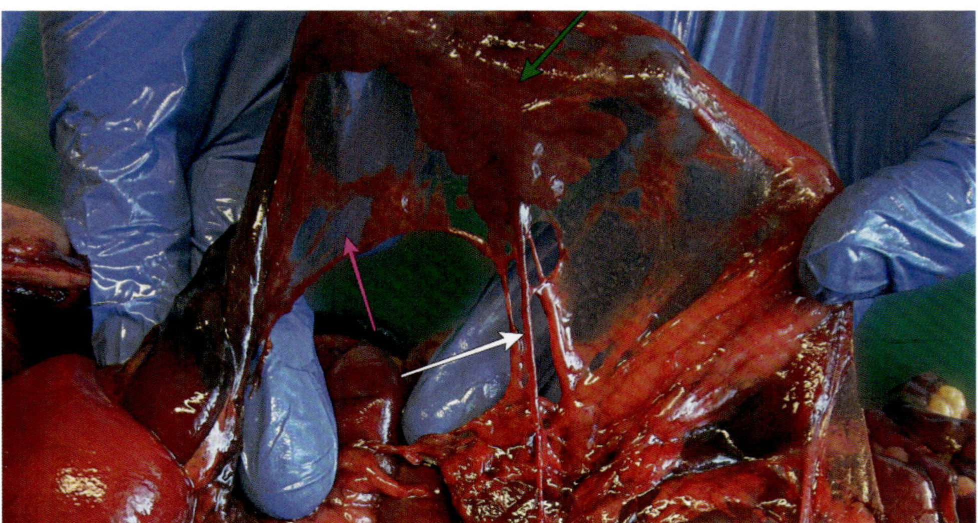

Abb. 279: Die *A. pancreaticoduodenalis caudalis* (weiß) verläuft in ihrem terminalen Anteil innerhalb des *Mesoduodenums* (pink) zum kaudalen Aspekt des Duodenalschenkels des Pankreas (grün).

Schließlich kann die kaskadenförmige Aufzweigung der multiplen *Aa. jejunales*, sowie an deren terminaler, Ileum-naher Portion die *A. ilealis* innerhalb des Darmgekröses bestimmt werden.

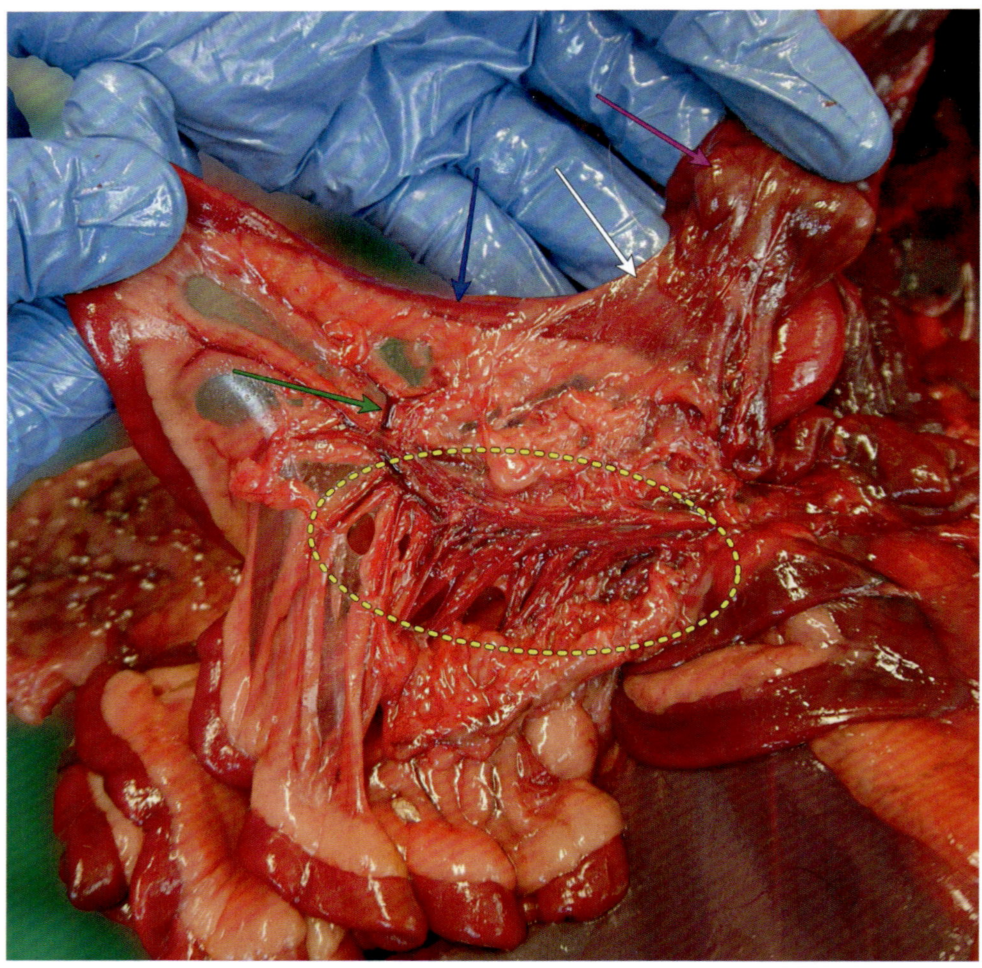

Abb. 280: *Aa. jejunales* (gelb), *A. ilealis* (grün), *Ileum* (blau), *Caecum* (pink), *Plica ileocaecalis* (weiß).

10.5.3 Weitere abdominale Blutgefäße und Aortenendaufzweigung

Die Blutgefäße, die zwischen *A. mesenterica cranialis* und der Aortenendaufzweigung liegen, werden in vorherigen Kapiteln der Bauchhöhlenpräparation bildlich dargestellt:

Identifiziere *A. abdominalis cranialis* als kleines, dorsal der Nebenniere verlaufendes Blutgefäß siehe Abb. 257–259). Verfolge *A. renalis* zur Niere (siehe Abb. 257–259), *A. ovarica* zum Eierstock (siehe Abb. 308) und *A. testicularis* zum Leistenkanal (Abb. 297 bis 299).

Identifiziere die unpaare *A. mesenterica caudalis* innerhalb des *Mesocolon descendens* und bestimme ihre T-förmige Aufzweigung in *A. colica sinistra* (nach kranial ziehend) und *A. rectalis cranalis* (nach kaudal ziehend).

Weiter kaudal zweigt die *A. circumflexa ilium profunda* nahezu senkrecht von der *Aorta abdominalis* ab.

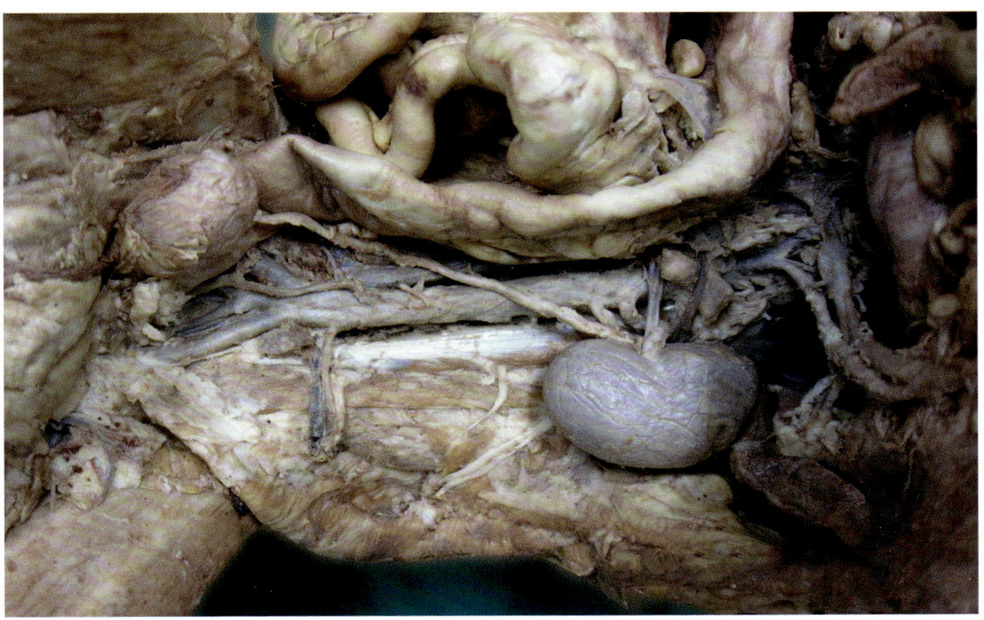

Abb. 281: Übersichtsaufnahme nach großzügiger Präparation des Retroperitonealraums (rechts im Bild=kranial, links im Bild=kaudal). Es handelt sich um ein weibliches, kastriertes Tier.

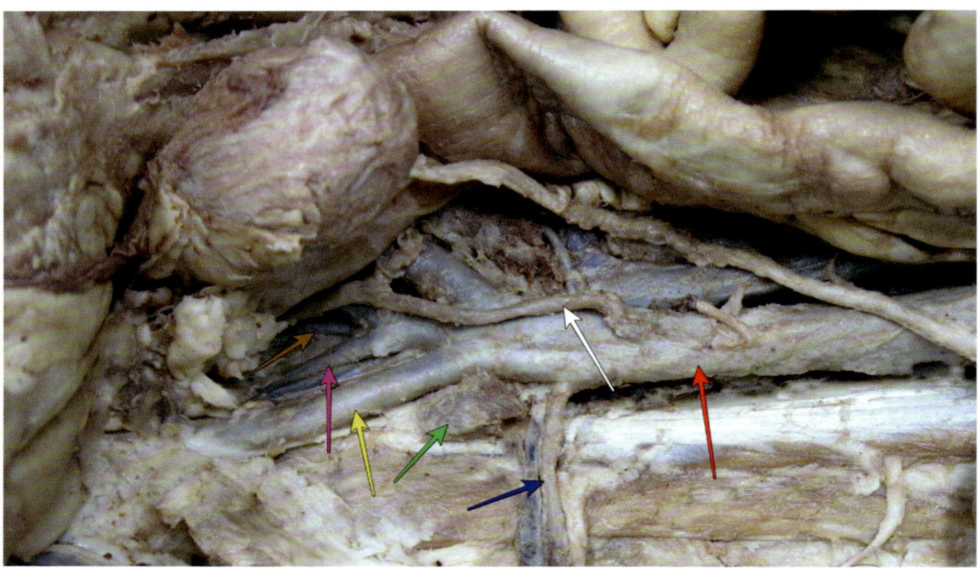

Abb. 282: Nahaufnahme von Abb. 281 zur Darstellung der Endaufzweigung der *Aorta abdominalis* (rot): *A. mesenterica caudalis* (weiß), *A circumflexa ilium profunda* (blau), *A. iliaca externa* (gelb), *A. iliaca interna* (pink), *A. sacralis mediana* (orange), *Ln. iliacus medialis* (grün). Oben im Bild außerdem dargestellt sind Harnblase und *Colon descendens*.

10.5.4 Portalvenensystem

Führe das Darmkonvolut nach links („Duodenal-Maneuver") und identifiziere die *V. portae*, durch die *Incisura pancreatis* zur Leber ziehend, unmittelbar benachbart zur *V. cava caudalis*. Zwischen den beiden Venen kann das *Foramen omentale* (=*Foramen epiploicum*) als Zugang zur Netzbeutelhöhle (*Bursa omentalis*) bzw. deren Vorhof (*Vestibulum bursae omentalis*) bestimmt werden.

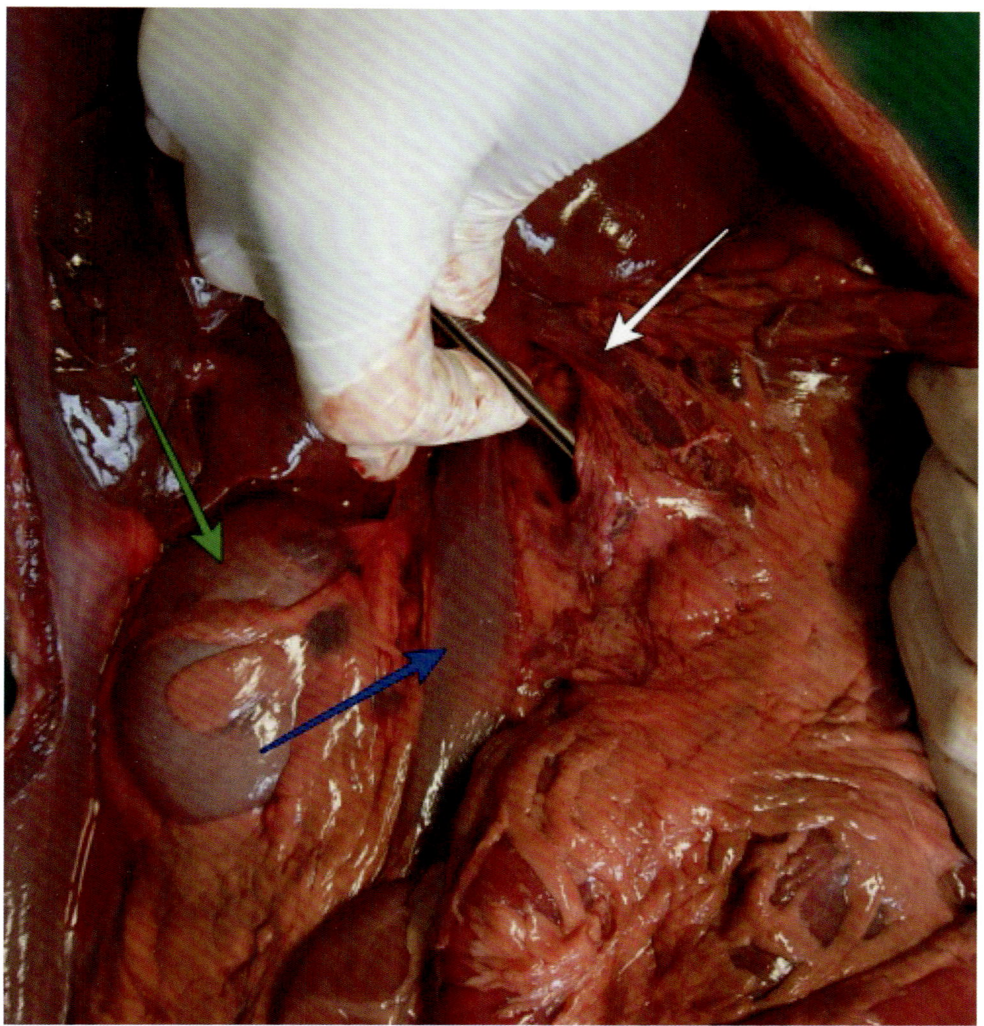

Abb. 283: *V. cava caudalis* (blau), *V. portae* (weiß), rechte Niere (grün), *Foramen omentale* (durch Pinzette markiert) (oben im Bild=kranial, unten im Bild=kaudal).

Präpariere dich entlang der *V. portae* nach kaudal und bestimme die großen Gefäße, die in sie münden: *V. gastroduodenalis*, *V. lienalis*, *V. mesenterica communis* (*V. mesenterica cranialis* + *V. mesenterica caudalis*).

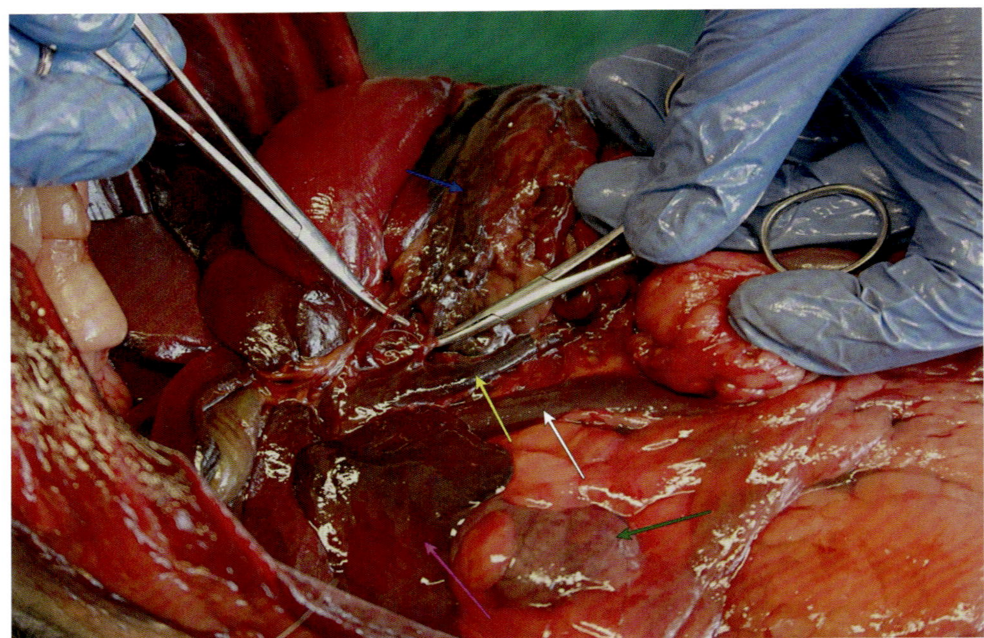

Abb. 284: Ansicht von rechts lateral (links im Bild=kranial, rechts im Bild=kaudal): *V. portae* (gelb), *V. cava caudalis* (weiß), *V. gastroduodenalis* (linke Klemme), *V. lienalis* (rechte Klemme), Pankreas (blau), rechte Niere (grün), *Proc. caudatus* des *Lobus caudatus* (pink).

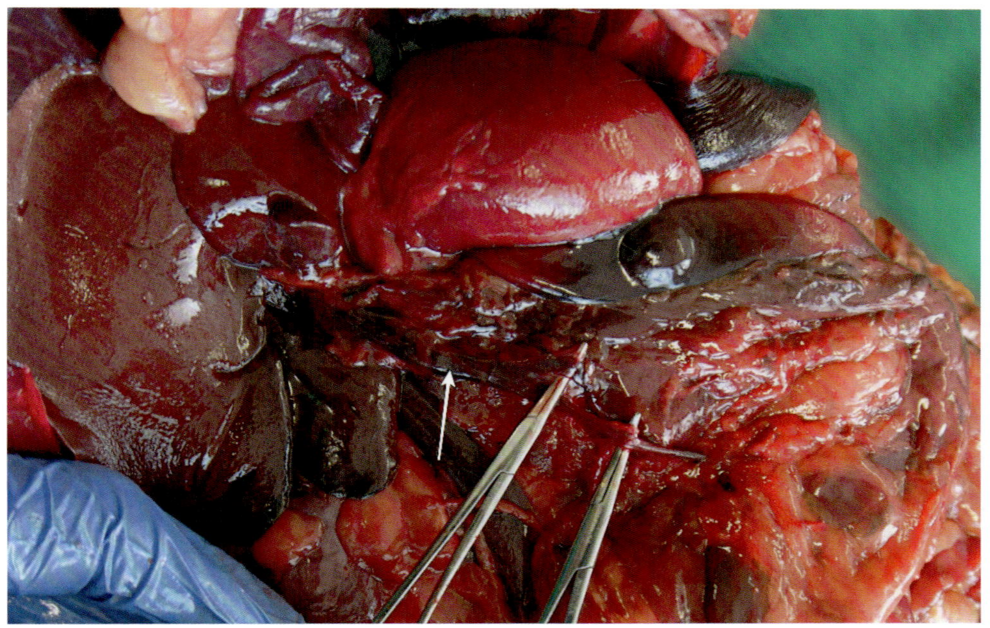

Abb. 285: *V. mesenterica communis* (weiß): *V. mesenterica caudalis* (linke Klemme), *V. mesenterica cranialis* (rechte Klemme).

Kapitel 11

Protokoll zur Präparation der Geschlechtsorgane

11.1 Präparation der männlichen Geschlechtsorgane

Zur Präparation der männlichen Geschlechtsorgane sowie der Leistenregion erfolgt die Schnittführung zur Enthäutung des Präparats entlang der *Linea alba* mit marginaler Umschneidung des Praeputiums (1). Der Schnitt wird in der Medianen über das Skrotum hinweg (2), dann entlang der kaudalen Oberschenkelkontur bis wenige cm proximal der Kniekehle (3), nun weiter nach kranial bis zur kranialen Oberschenkelkontur (4), entlang der Kniefalte (5), entlang der seitlichen Bauchwand zum Rippenbogen (6) und schließlich zum Beginn der Hautinzision (7) fortgesetzt. Erfolgt die Sektion an einem Tierkörper, an dem bereits die vorherigen Kapitel bearbeitet wurden, ist die Schnittführung entsprechend anzupassen.

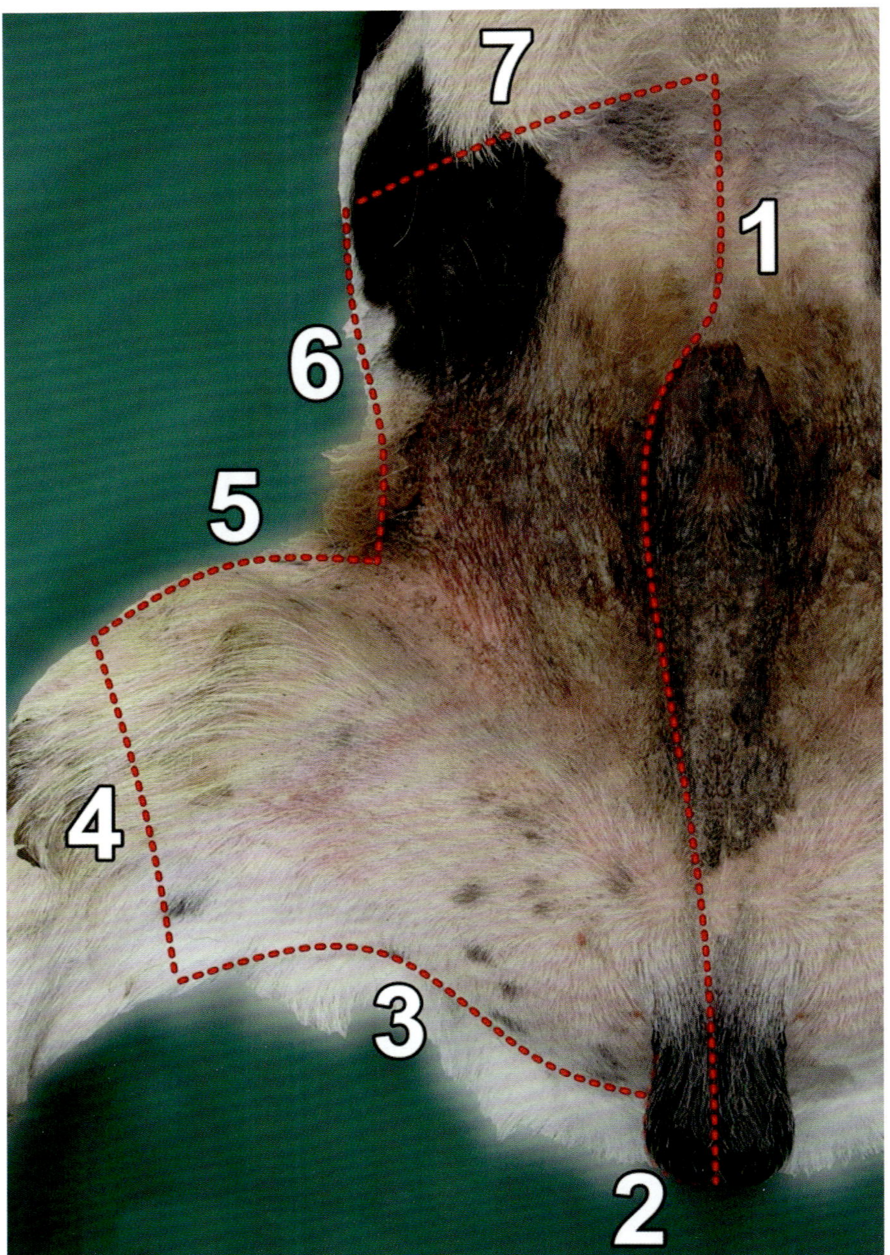

Abb. 286: Schnittlinien zur Präparation der extraabdominalen männlichen Geschlechtsorgane sowie der Leistenregion.

> **Beachte:** Bei Umschneidung des Praeputiums sollten *M. praeputialis cran./caud.* und *A./ V. epigastrica caudalis supf.* geschont werden.

Verfolge *A.* und *V. epigastrica caudalis* nach kaudal bis zur Einmündung/zum Austritt aus *A.* und *V. pudenda externa.* Bestimme außerdem *R. scrotalis cranialis* als zweiten Ast von *A.* und *V. pudenda externa*, sowie den *Ln. inguinalis superficialis.* Verfolge nun *A./V. pudenda externa* zum äußeren Leistenring (*Anulus inguinalis externus*). Ggf. kann der feine *N. genitofemoralis*, parallel zu *A.* und *V. pudenda externa* verlaufend, dargestellt werden. Identifiziere den *Proc. vaginalis*, der ebenfalls aus dem Leistenkanal austritt.

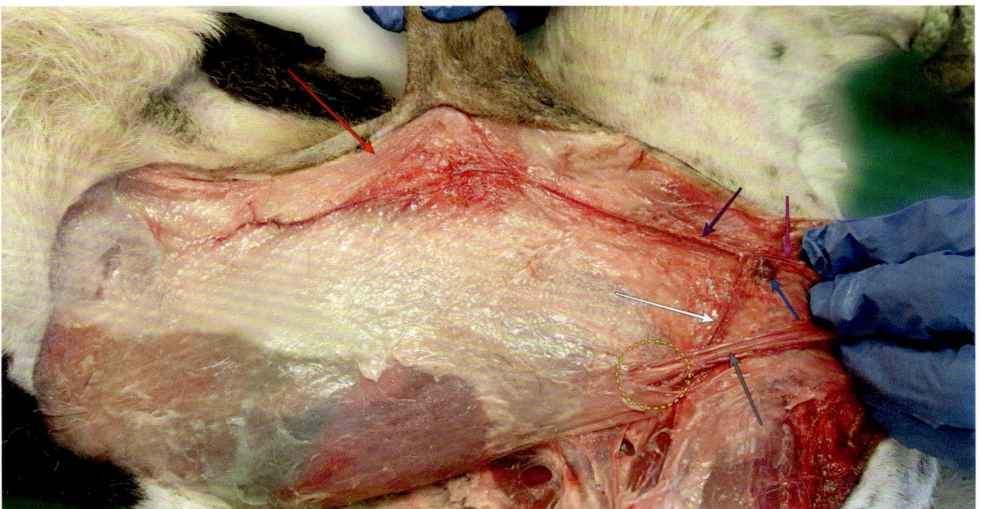

Abb. 287: Ventrale Bauch- und Leistenregion nach Enthäutung (rechts im Bild-kranial, links im Bild-kaudal): *M. praeputialis cran.* (rot), *A./V. epigastrica caudalis supf.* (lila), *R. scrotalis caudalis* (pink), *A./V. pudenda externa* (weiß), *Ln. inguinalis superficialis* (blau), *Anulus inguinalis externus* (gelb), *Proc. vaginalis* (grau).

11.1.1 Extraabdominale männliche Geschlechtsorgane

Präpariere dich entlang des *Proc. vaginalis* in Richtung Hoden. Identifiziere die verschiedenen Hodenhüllen und löse sie möglichst schichtweise vom Hoden ab.

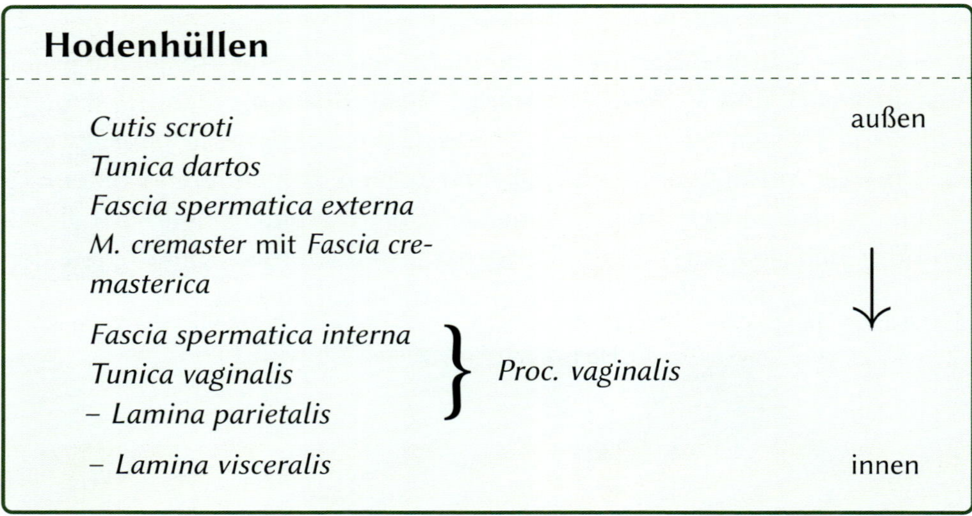

Hodenhüllen

Cutis scroti		außen
Tunica dartos		
Fascia spermatica externa		
M. cremaster mit *Fascia cremasterica*		↓
Fascia spermatica interna	} *Proc. vaginalis*	
Tunica vaginalis	} *Proc. vaginalis*	
– *Lamina parietalis*	} *Proc. vaginalis*	
– *Lamina visceralis*		innen

Bestimme den *M. cremaster* als strangartigen Muskel, parallel neben dem *Proc. vaginalis* verlaufend. Ggf. muss der äußere Leistenring nach kranial inzidiert werden, um den Ursprung des *M. cremaster* als Abspaltung vom *M. abdominus obliquus internus* darzustellen. Die *Fascia cremasterica* liegt dem *M. cremaster* auf und muss nicht isoliert werden. Dagegen sollte versucht werden, die *Fascia spermatica externa* von der *Fascia spermatica interna* zu trennen, bevor der *Proc. vaginalis* eröffnet wird.

Beachte: Die Anteile des *Proc. vaginalis* – *Fascia spermatica interna* und *Lamina parietalis* der *Tunica vaginalis* – können voneinander meist nicht separiert werden.

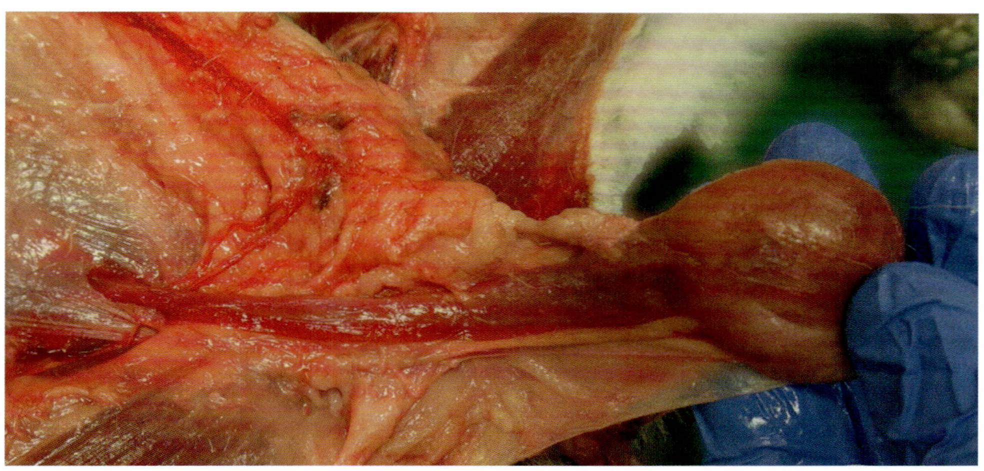

Abb. 288: Entlang des *Proc. vaginalis* wurde nach kaudal präpariert. Du blickst auf die *Fascia spermatica externa*, die Hoden und *Proc. vaginalis* bedeckt.

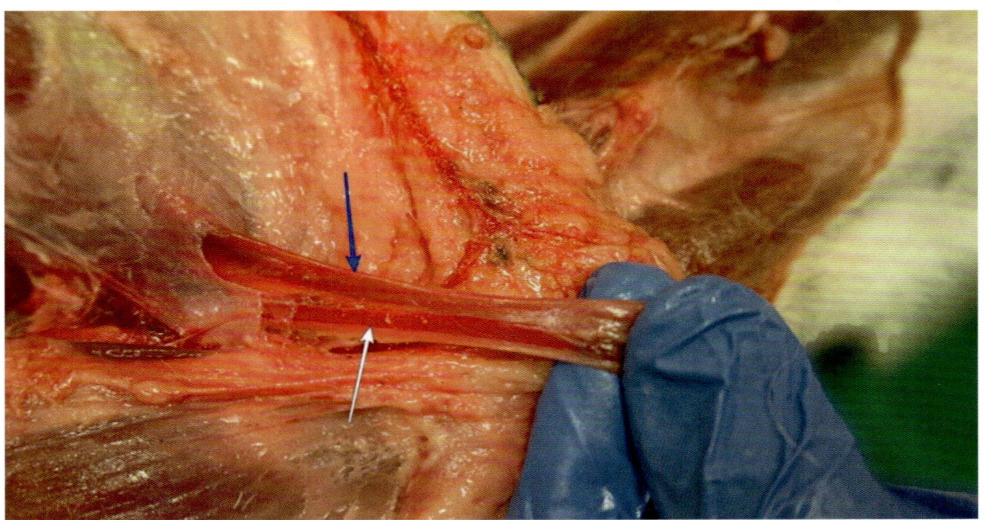

Abb. 289: Parallel zum *Proc. vaginalis* (blau) verläuft der *M. cremaster* (weiß).

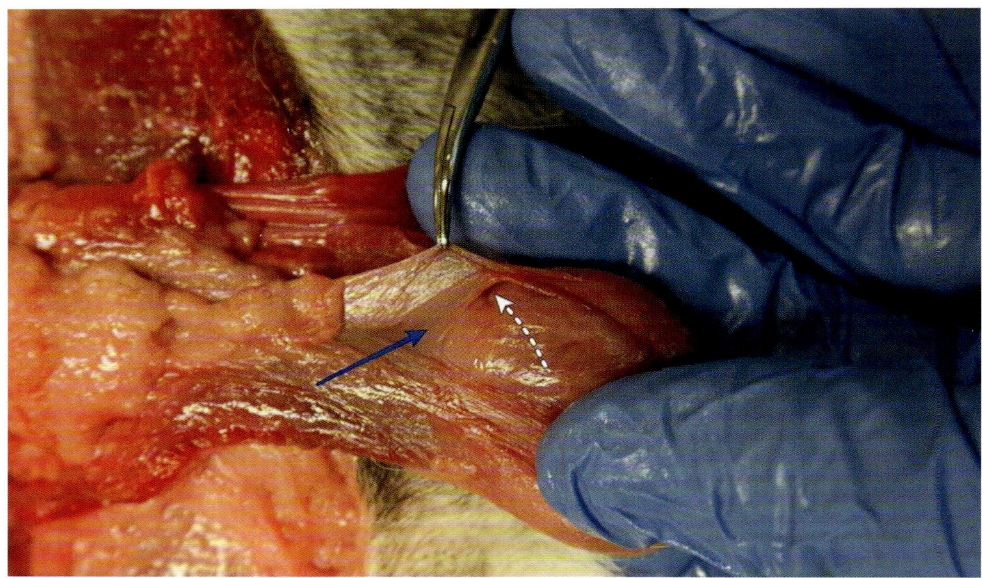

Abb. 290: *Fascia spermatica externa* (von Klemme fixiert) und *interna* (blau) wurden separiert, bevor das *Cavum vaginale* (weiß) als Raum zwischen *Lamina parietalis* und *visceralis* der *Tunica vaginalis* eröffnet wurde.

Befreie den Hoden vollständig von seinen Hüllen – und eröffne damit den *Proc. vaginalis.* Hierbei muss vorsichtig vorgegangen werden, um das Hoden- und Samenleitergekröse nicht zu beschädigen. Identifiziere den Nebenhoden (*Epididymis*) an der *Facies lateralis* des Hodens und differenziere zwischen *Caput, Corpus* und *Cauda epididymidis.* Beachte, wie die *Cauda epididymidis* in den Samenleiter (*Ductus deferens*) übergeht. Identifiziere den *Plexus pampiniformis* als geflechtförmige Anordnung von *V. testicularis* kranial des Hodens. An der Lateralfläche des Hodens kann zwischen Hoden und Nebenhoden die *Bursa testicularis* bestimmt werden. Beachte die Serosadoppellamelle, die den *Plexus pampiniformis* mit dem *Proc. vaginalis* verbindet (*Mesorchium*). Hebe den *Ductus deferens* an und identifiziere das *Mesoductus deferens* als separates Samenleitergekröse. Bestimme das *Lig. testis proprium* zwischen Hoden und Nebenhodenschwanz sowie das *Lig. caudae epididymidis* zwischen Nebenhodenschwanz und *Proc. vaginalis.*

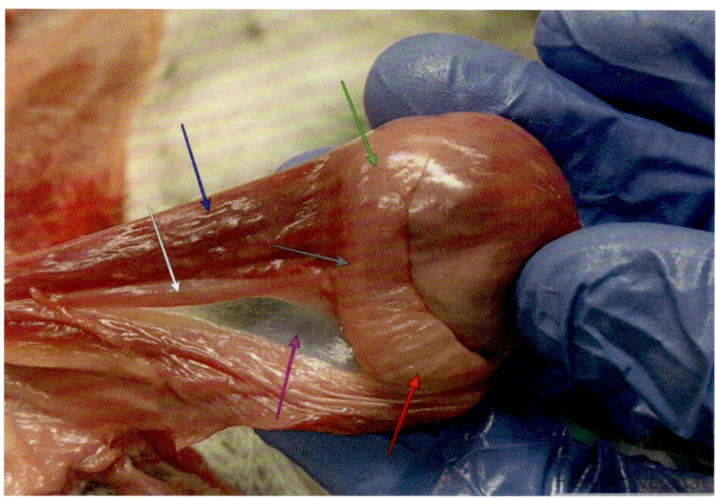

Abb. 291: Ansicht von lateral: *Caput epididymidis* (grün), *Corpus epididymidis* (grau), *Cauda epidiymidis* (rot), *Plexus pampiniformis* (blau), *Ductus deferens* (weiß), *Mesorchium* (pink).

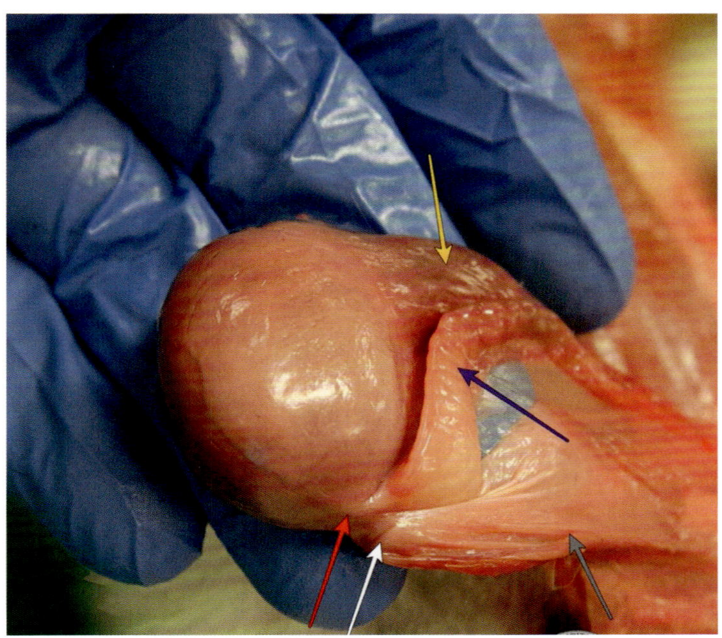

Abb. 292: Ansicht von kaudomedial: *Lig. testis proprium* (rot), *Lig. caudae epididymidis* (weiß), eröffnete *Proc. vaginalis* (grau), *Ductus deferens* (blau), *Plexus pampiniformis* (gelb).

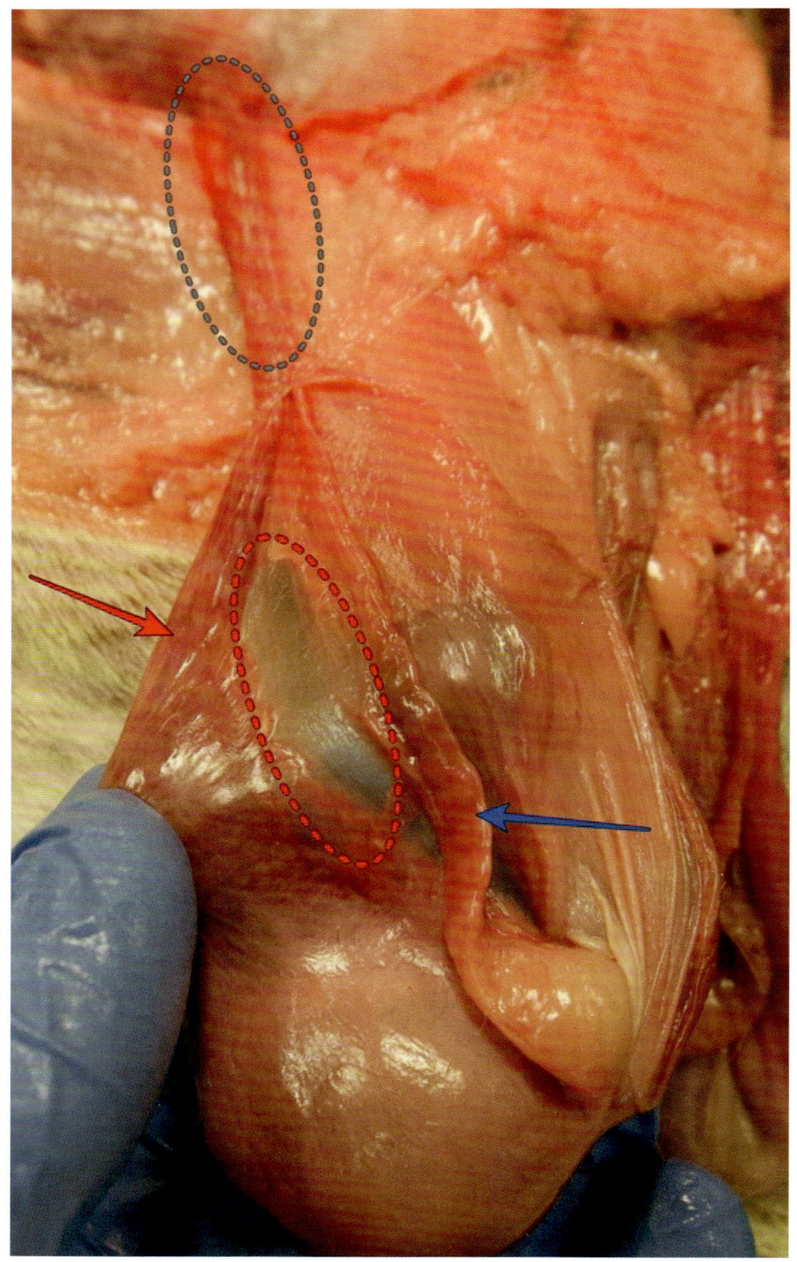

Abb. 293: *Mesorchium* (rot gestrichelt), *Plexus pampiniformis* (roter Pfeil), intakter *Proc. vaginalis* (grau).

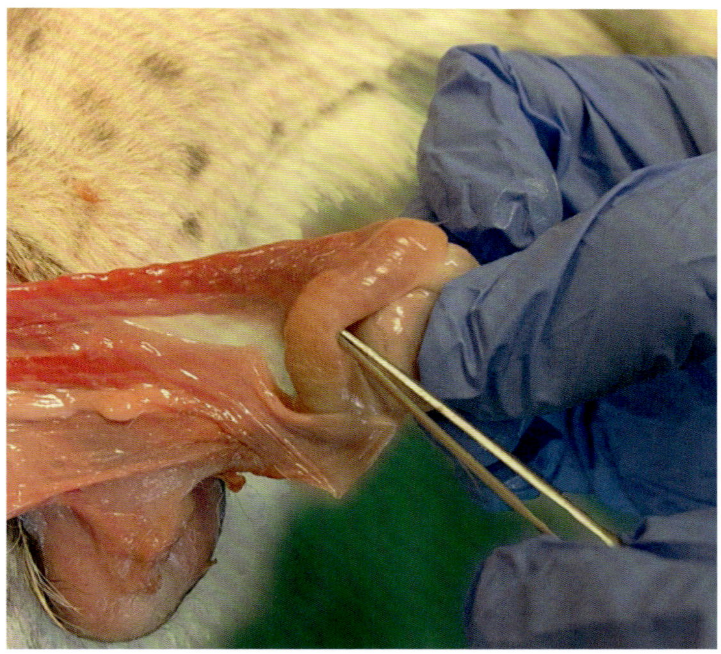

Abb. 294: Ansicht von lateral: *Bursa testicularis* (von Pinzette markiert).

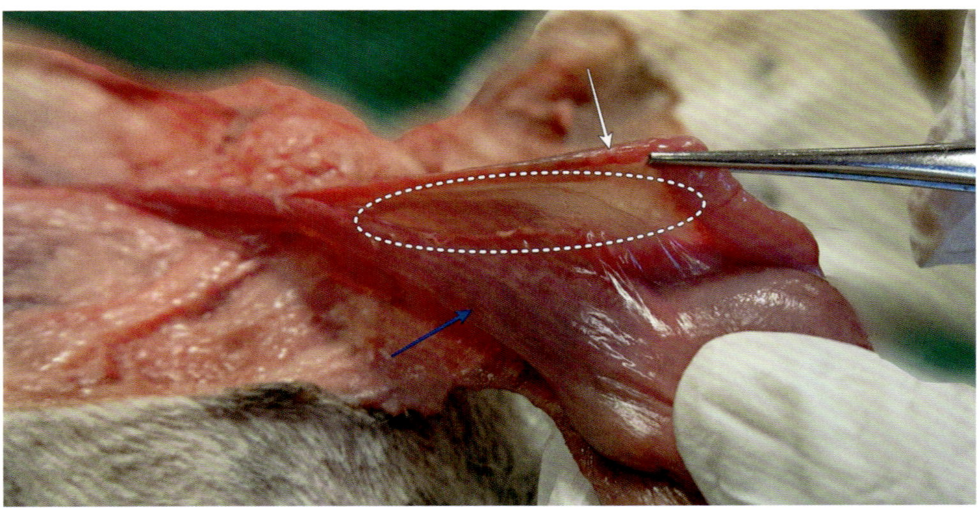

Abb. 295: Der *Ductus deferens* (weiß) wird angehoben, sodass sich das *Mesoductus deferens* (weiß gestrichelt) spannt und dadurch vom *Mesorchium* abgegrenzt werden kann. Blau markiert: *Plexus pampiniformis*.

Eröffne das Praeputium und identifiziere *Ostium preputiale*, *Lamina externa* und *interna preputii* sowie *Pars libera penis*.

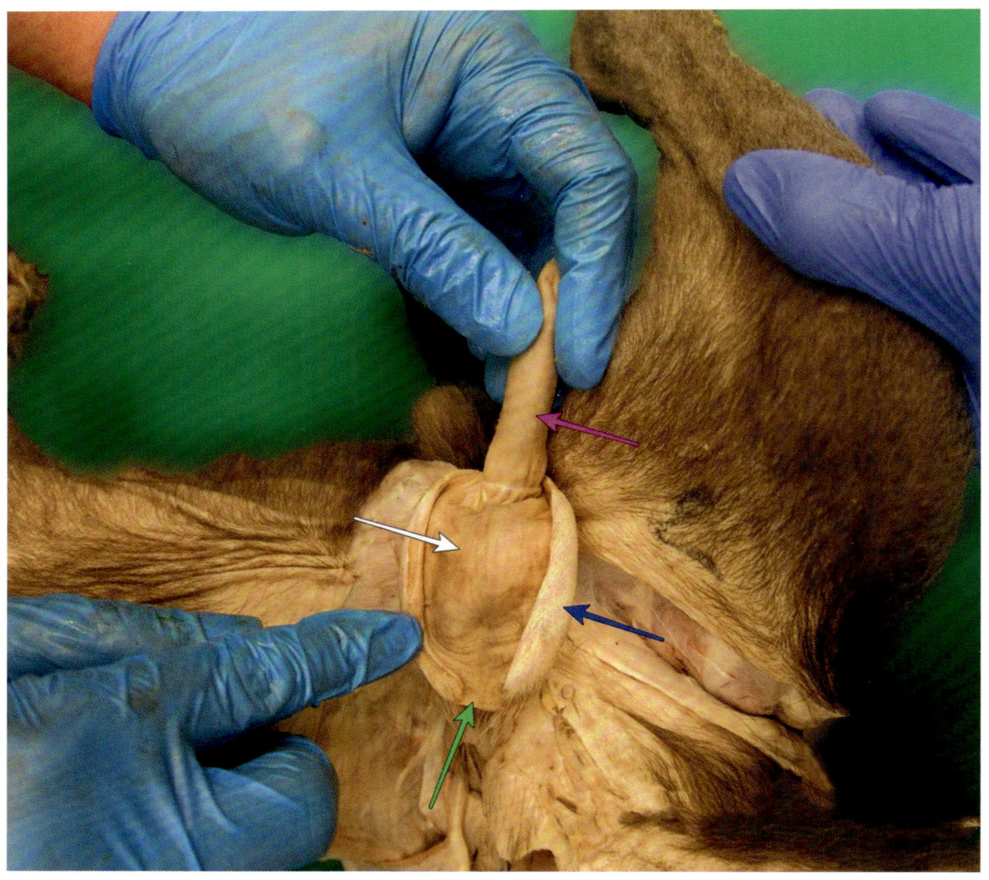

Abb. 296: *Ostium preputiale* (grün), *Lamina externa preputii* (blau), *Lamina interna preputii* (weiß), *Pars libera penis* (pink).

11.1.2 Intraabdominale männliche Geschlechtsorgane

Falte die Blase nach kaudodorsal und beachte, wie der Samenleiter (*Ductus deferens*) den *Ureter* unterquert. Beachte die drei kaudalen Ausbuchtungen des *Peritoneums* in die Beckenhöhle: *Excavatio pubovesicalis* (zwischen ventraler Bauchwand und Harnblase), *Excavatio vesicogenitalis* (zwischen Harnblase und Samenleitern) und *Exacavatio rectogenitalis* (zwischen Samenleitern und Rektum). Verfolge *A.* und *V. testicularis* von ihrer Abzweigung der *Aorta abdominalis* und *V. cava caudalis* bis hin zum *Anulus vaginalis*.

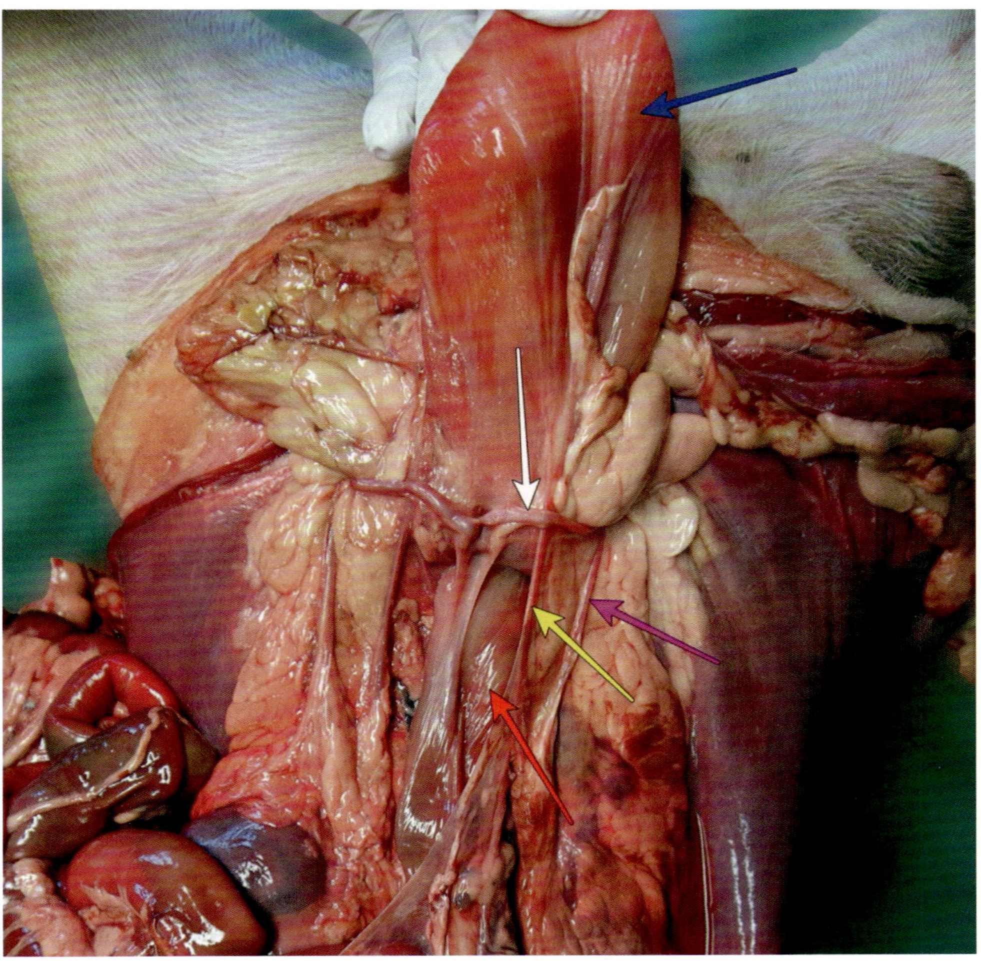

Abb. 297: Harnblase (blau, nach kaudal gezogen), *Ductus deferens* (weiß), *Rektum* (rot), *Ureter* (gelb), *A.* und *V. testicularis* (pink).

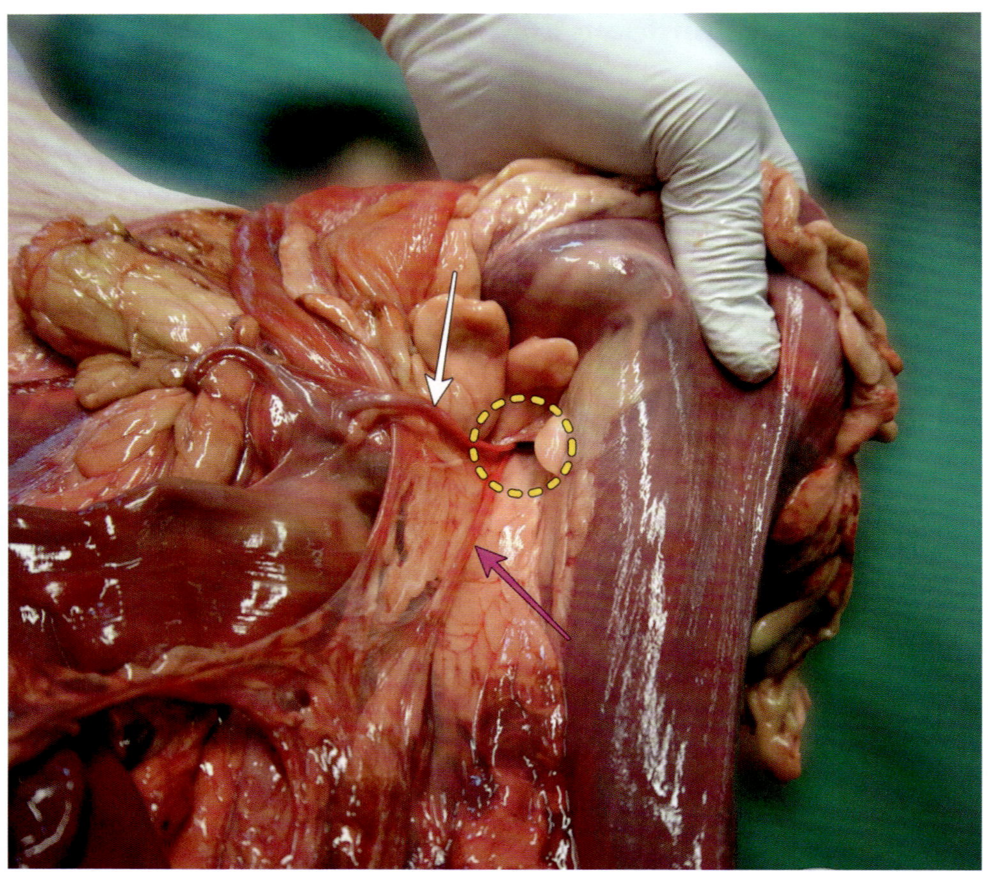

Abb. 298: *Anulus vaginalis* (gelb), *Ductus deferens* (weiß), *A.* und *V. testicularis* (pink).

Hebe sowohl *Ductus deferens* als auch *A.* und *V. testicularis* vorsichtig an. Hierdurch spannt sich je eine Serosaduplikatur: *Mesorchium proximale* (gespannt, indem *A.* und *V. testicularis* angehoben werden – *Plica vasculosa*) und *Mesoductus deferens* (gespannt, indem der *Ductus deferens* angehoben wird).

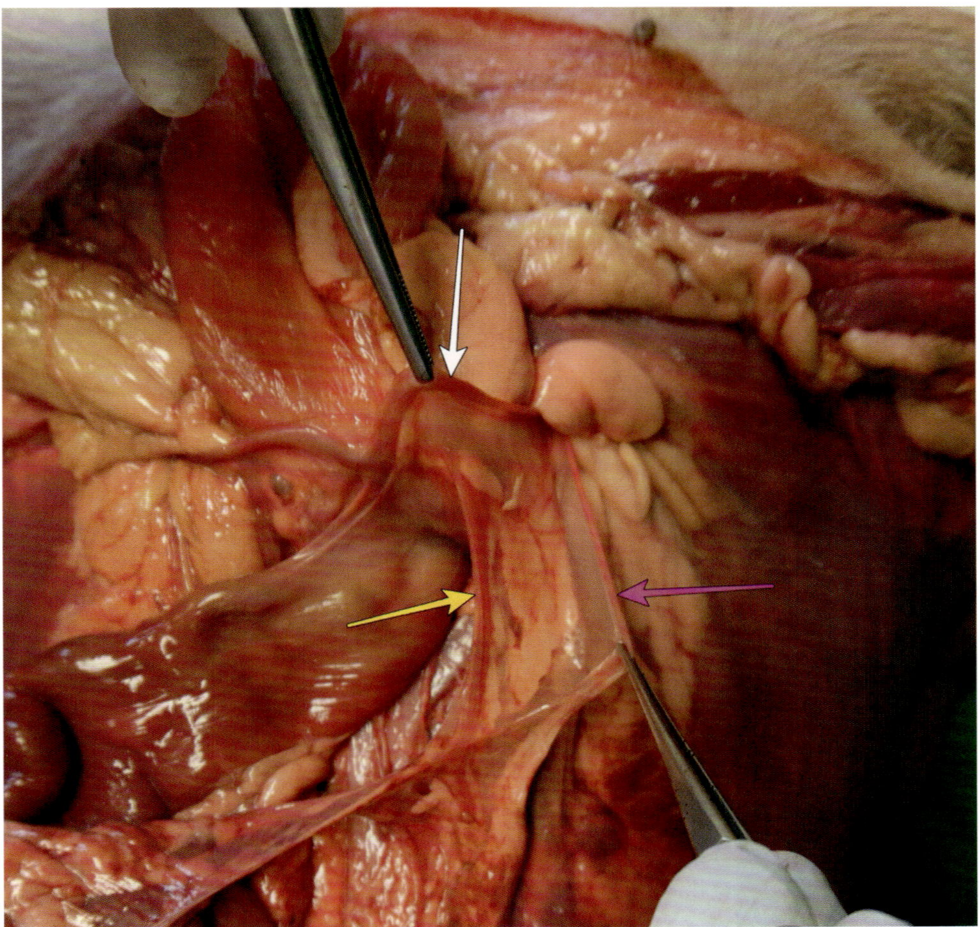

Abb. 299: *Ductus deferens* (weiß) und *A.* und *V. testicularis* (pink) werden mit Pinzetten leicht angehoben, um die befestigenden Serosaduplikaturen (*Mesoductus deferens* bzw. *Mesorchium proximale* (*Plica vasculosa*) zu spannen. Der *Ureter* ist gelb markiert.

11.2 Präparation der weiblichen Geschlechtsorgane

11.2.1 Intraabdominale weibliche Geschlechtsorgane

Beachte die V-förmige Aufzweigung des Uteruskörpers (*Corpus uteri*) in beide Uterushörner (*Cornua uteri*).

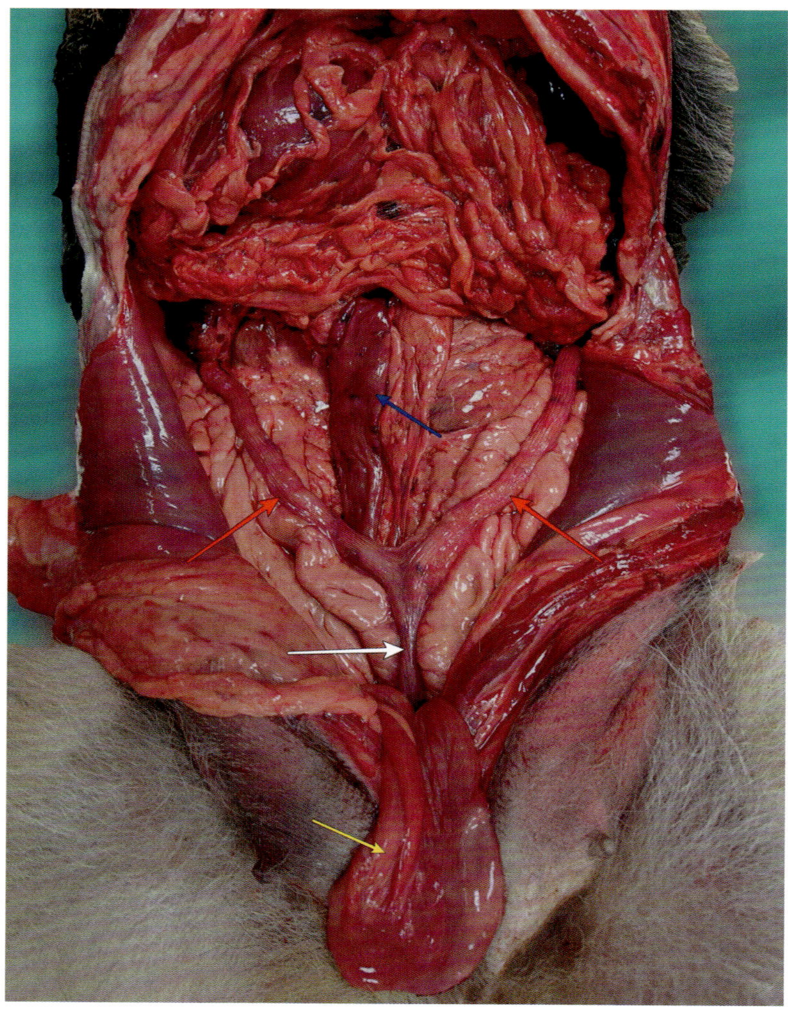

Abb. 300: *Corpus uteri* (weiß), *Cornua uteri* (rot), *Colon descendens* (blau), Harnblase (gelb, nach kaudal gefaltet). Zur besseren Darstellung der Geschlechtsorgane wurde das Darmkonvolut zwischen Duodenum und Colon reseziert.

Verfolge den Uteruskörper nach kaudal und identifiziere den Uterushals (*Cervix uteri*) palpatorisch anhand der deutlich kräftigeren Wand. Beachte die drei kaudalen Ausbuchtungen des Peritoneums in die Beckenhöhle: *Excavatio pubovesicalis* (zwischen ventraler Bauchwand und Harnblase), *Excavatio vesicogenitalis* (zwischen Harnblase und Uterus) und *Exacavatio rectogenitalis* (zwischen Uterus und Rektum).

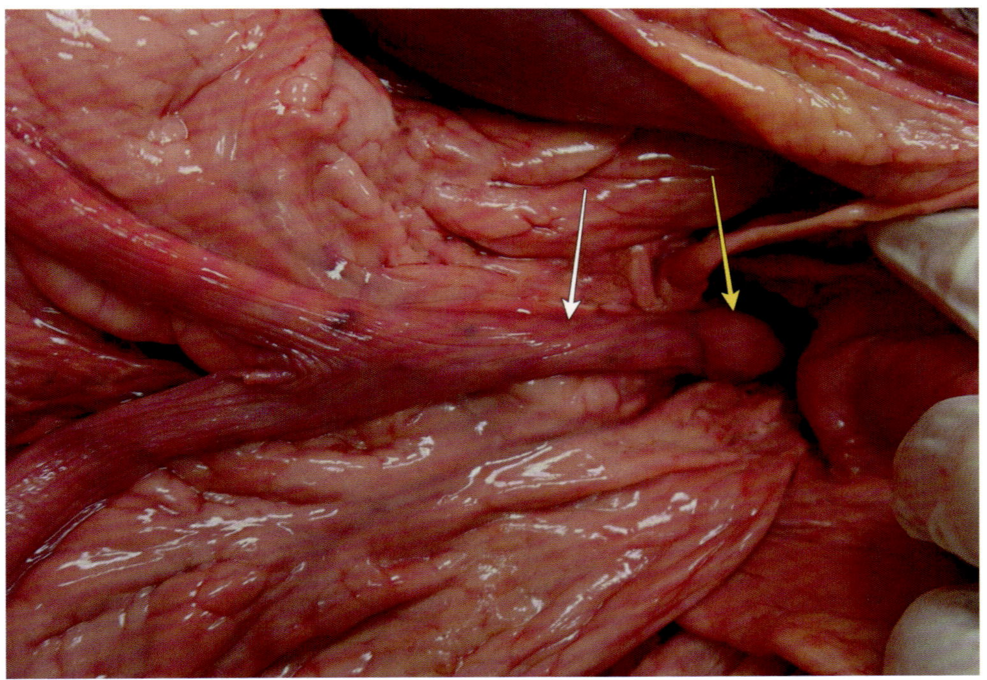

Abb. 301: *Corpus uteri* (weiß), *Cervix uteri* (gelb).

Verfolge die Uterushörner nach kranial und identifiziere die meist stark mit Fettgewebe durchsetzte *Bursa ovarica.* Auf der Lateralfläche kann das *Fenestra bursae ovaricae* als fettfreier Bereich der Bursa identifiziert werden. Hier schimmert meist auch der gewundene Eileiter (*Tuba uterina, Salpinx*) durch die Serosa hindurch.

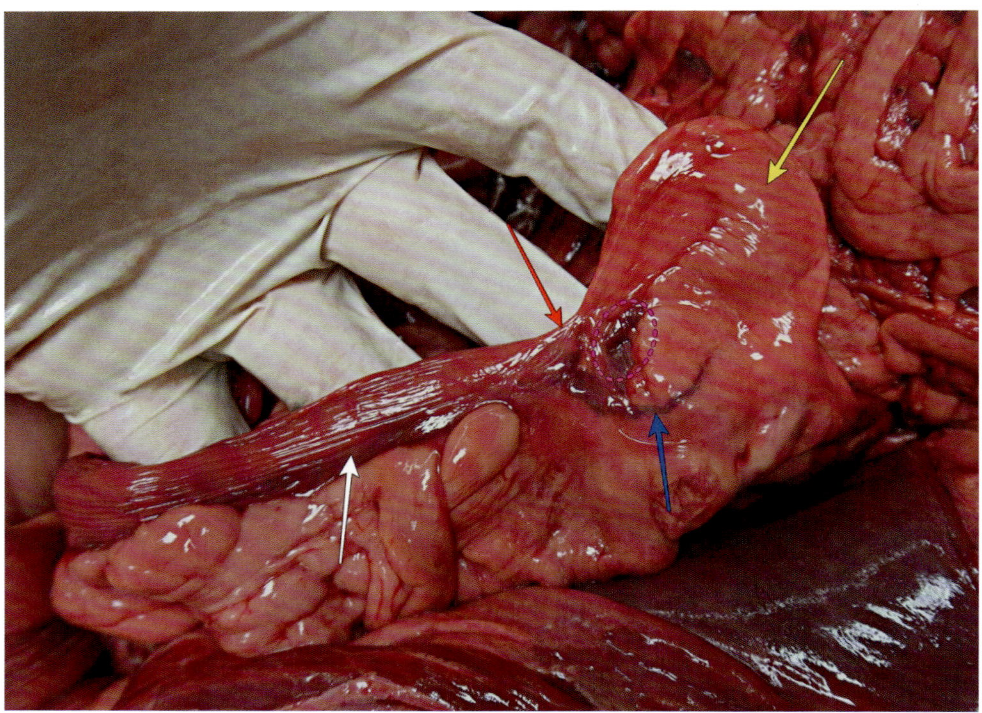

Abb. 302: Ansicht von lateral: *Cornu uteri* (weiß), *Bursa ovarica* (gelb), *Tuba uterina* (blau), *Fenestra bursae ovaricae* (pink).

Auf der Medialfläche der *Bursa ovarica* liegt das schlitzförmige *Ostium bursae ovaricae*. Erweitere dieses um wenige Milimeter, um den Eierstock (*Ovar*) vorzulagern.

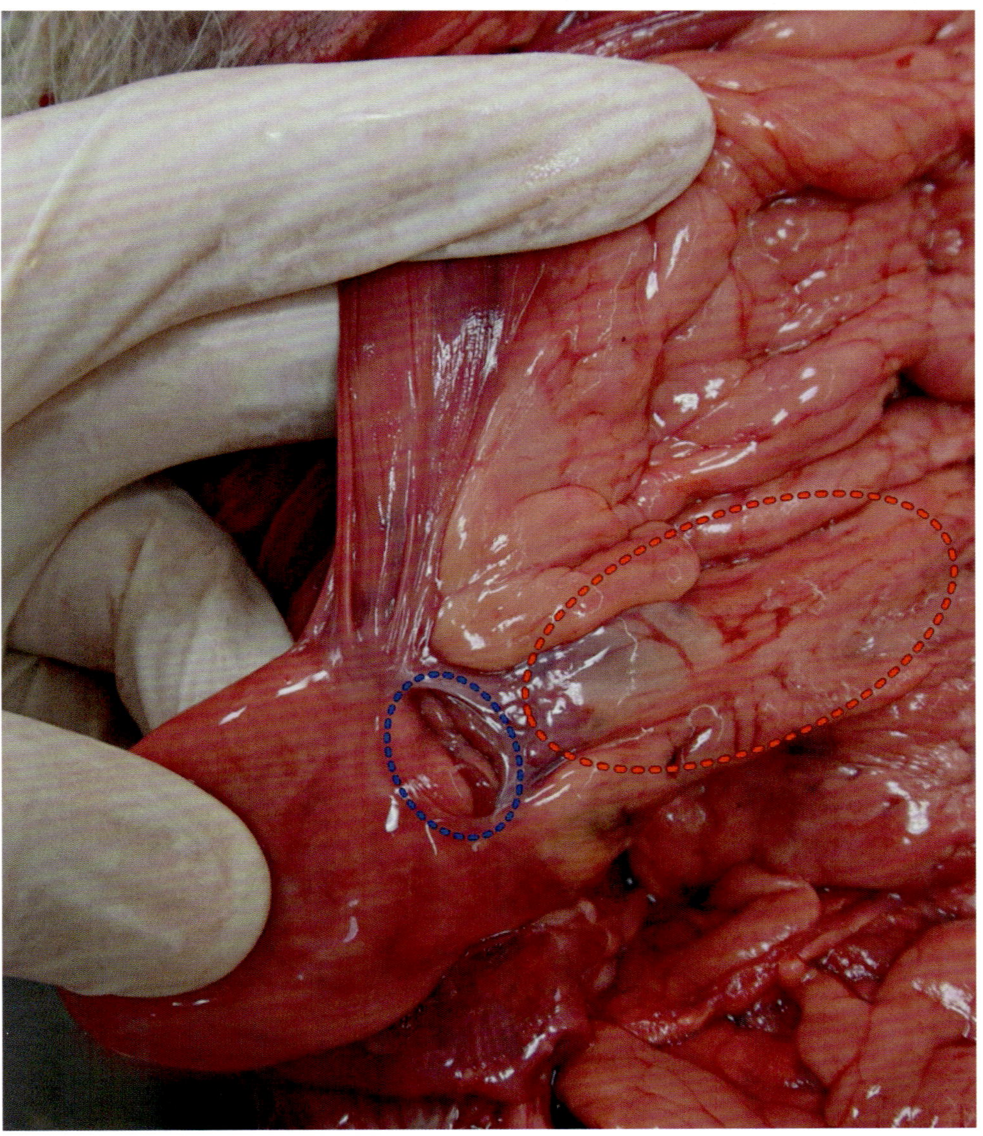

Abb. 303: Ansicht von medial: *Ostium bursae ovaricae* (blau), Mesovarium (rot). Je nach Ernährungszustand des Tieres können innerhalb des Mesovariums *A.* und *V. ovarica* identifiziert werden.

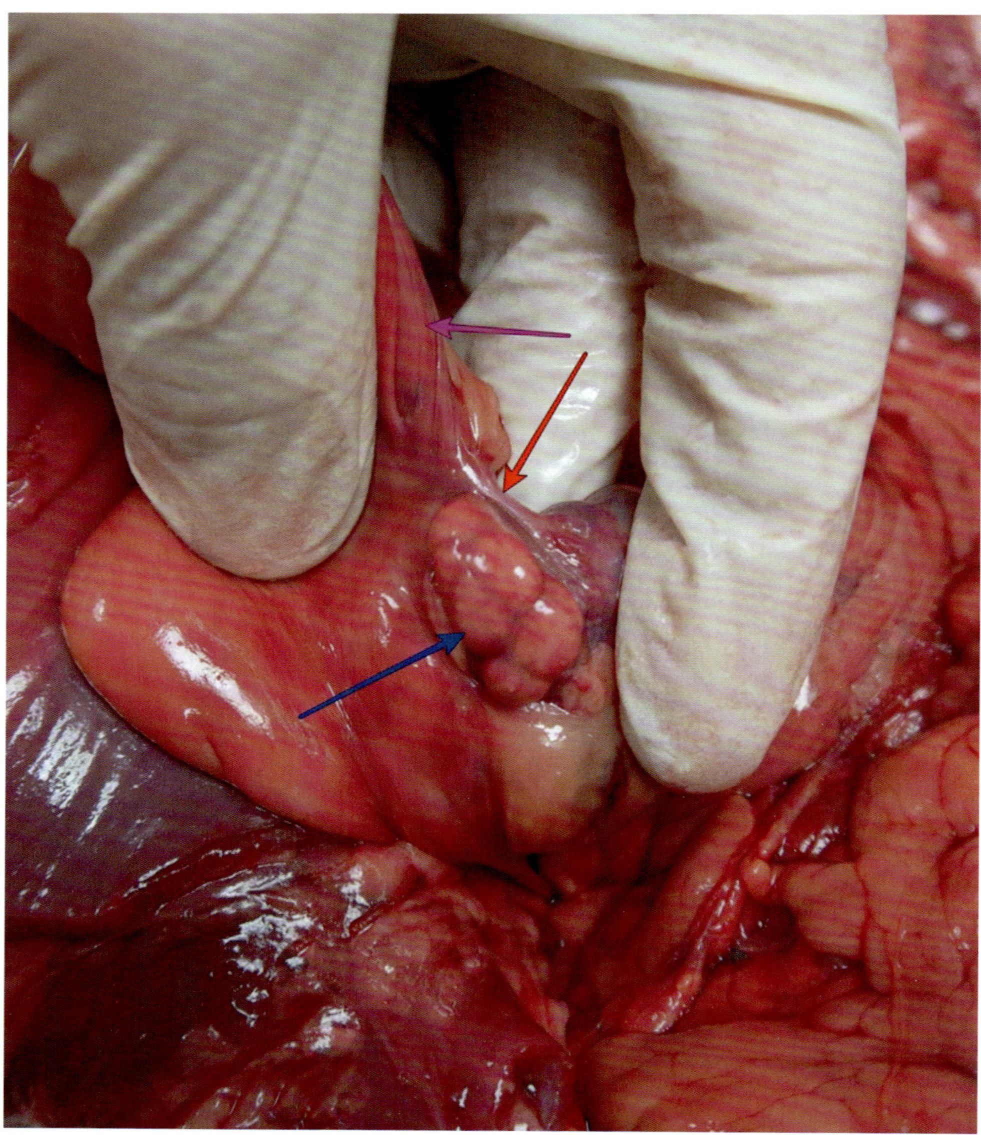

Abb. 304: Ansicht von medial: Das Ovar (blau) wurde durch das *Ostium bursae ovaricae* vorverlagert. Ebenfalls dargestellt: *Lig. ovarii proprium* (rot) und Uterushornspitze (pink).

Identifiziere das breite Gebärmutterband (*Lig. latum uteri*), das die inneren weiblichen Geschlechtsorgane an der Bauchwand befestigt. Gliedere die Serosafalte in *Mesovarium*, *Mesosalpinx* und *Mesometrium*. Unterscheide ferner zwischen *Mesovarium proximale* (führt *A. ovarica* zum Eierstock) und *Mesovarium distale* (bildet mit *Mesosalpinx* die *Bursa ovarica*). Als separate Serosafalte spaltet sich das *Lig. teres uteri* vom *Lig. latum uteri* ab und zieht zum Leistenring. Identifiziere außerdem das *Lig. suspensorium ovarii* (kranialer, freier Rand des Mesovariums), welches vom Ovar in Richtung Zwerchfellpfeiler verläuft, sowie das *Lig. ovarii proprium* (siehe Abb. 304) zwischen Ovar und Uterushornspitze.

Beachte: Die Blutgefäße, die die inneren weiblichen Geschlechtsorgane versorgen, verlaufen innerhalb des *Lig. latum uteri.* Die Visualisierung gestaltet sich bei adipösen Tieren schwierig. Bei schlanken Tieren kann *A.* und *V. ovarica* innerhalb des Mesovariums, *A.* und *V. uterina* und der *R. uteriuns* der *A. ovarica* uterusnah innerhalb des Mesometriums dargestellt werden. Beachte, dass die *V. ovarica dextra* in die *V. cava caudalis*, die *V. ovarica sinistra* jedoch in die *V. renalis sinistra* mündet.

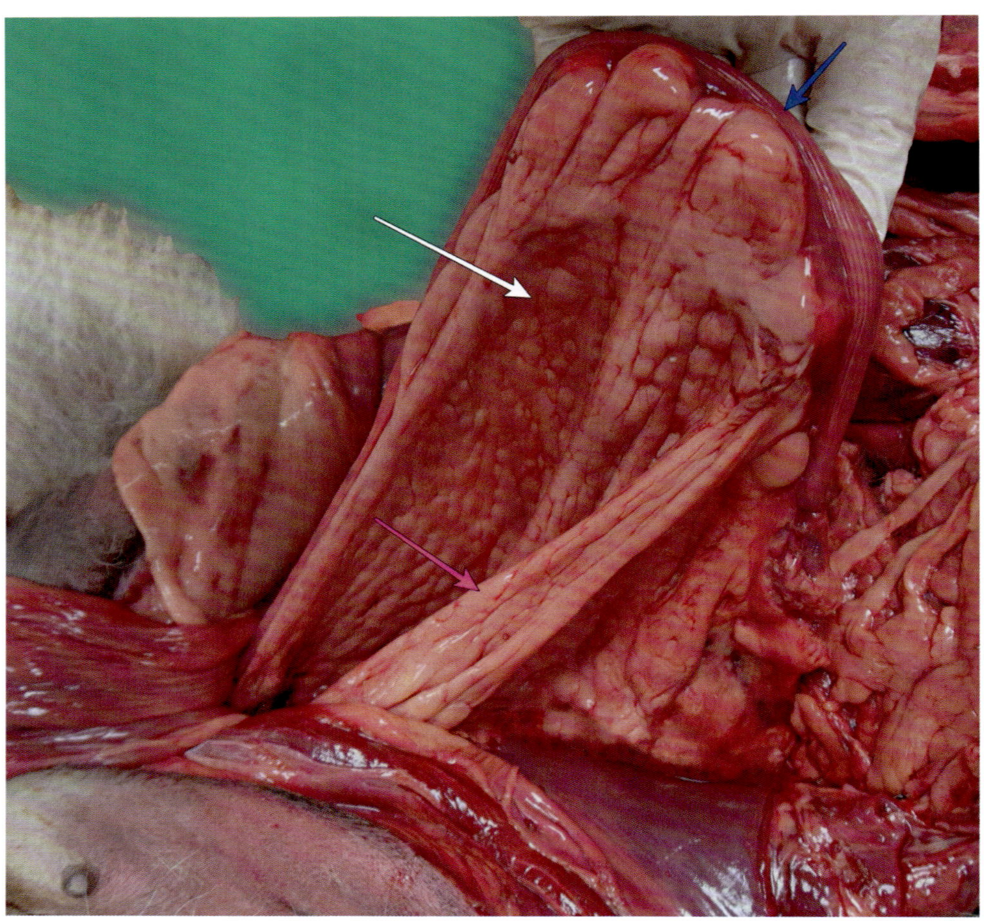

Abb. 305: Durch Zug am Uterushorn (blau) spannt sich das bei diesem Tier stark mit Fett durchsetzte *Lig. latum uteri* (weiß) sowie das *Lig. teres uteri* (pink).

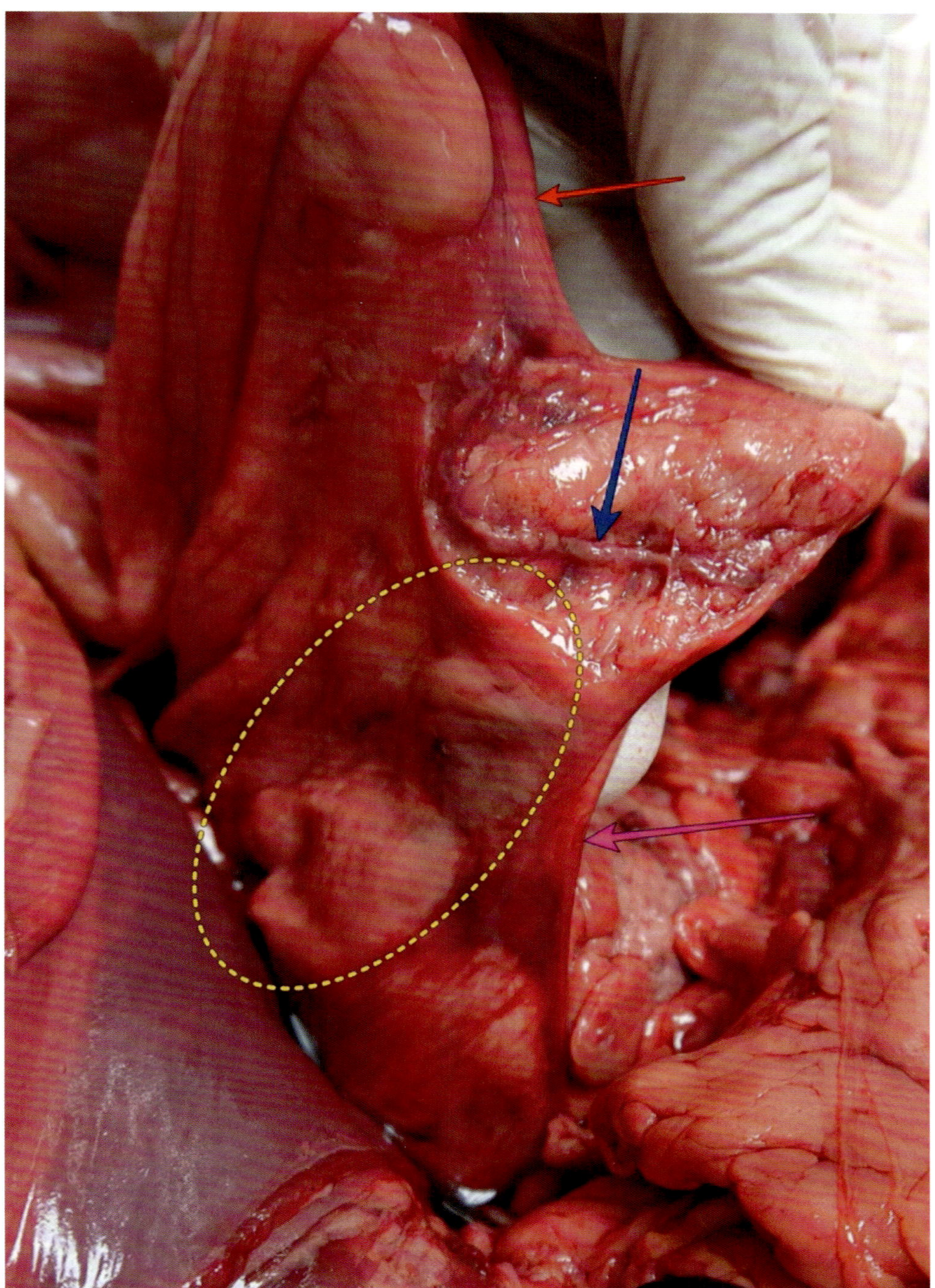

Abb. 306: Durch Zug am Ovar oder kranialen Uterushorn (rot) spannt sich am kranialen Rand des Mesovariums (gelb) das *Lig. suspensorium ovarii* (pink). Auf diesem Präparat wurde der Eileiter freipräpariert (blau). Beachte außerdem den blutigen Flüssigkeitsspiegel (Hämaskos) in der Bauchhöhle dieses Tierkörpers.

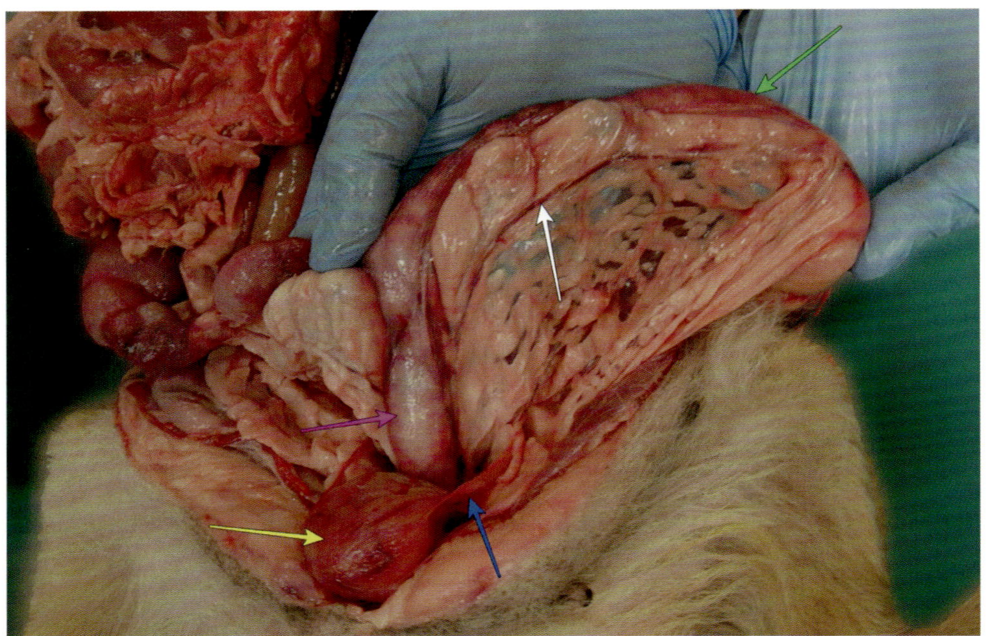

Abb. 307: Linkes Uterushorn (grün), *A. uterina* (weiß, innerhalb des Mesometriums), *Corpus uteri* (pink), Harnblase (gelb), *Lig. vesicae lateralis* (blau).

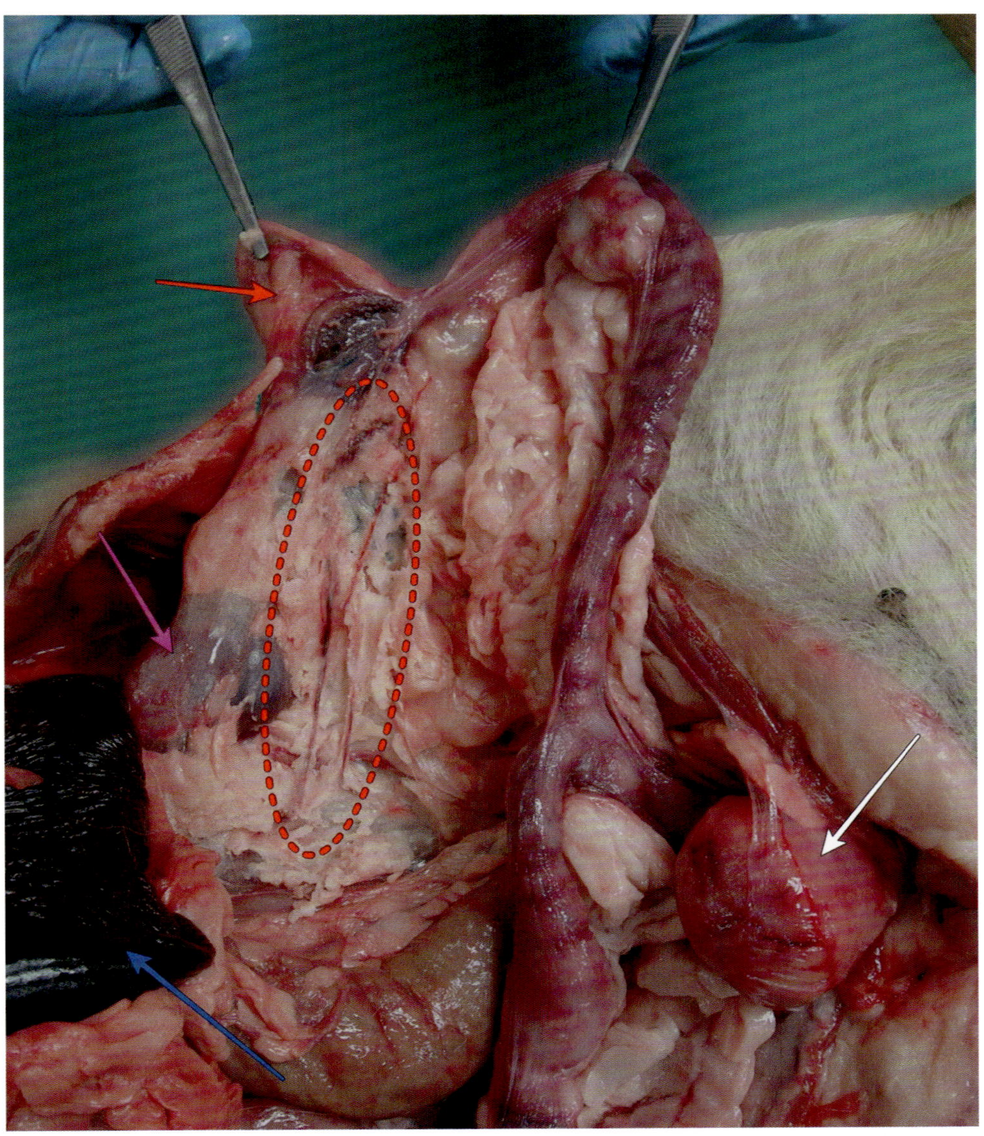

Abb. 308: Harnblase (weiß), Milz (blau), linke Niere (pink), *Bursa ovarica* (rot), *A.* und *V. ovarica* (rot gestrichelt). Beachte die hier deutlich gefüllten Uterushörner (möglicherweise sog. Pyometra).

11.2.2 Extraabdominale weibliche Geschlechtsorgane

Identfiziere die *Rima pudendi [vulvae]* zwischen beiden Schamlippen (*Labiae vulvae*) und beachte wiederum deren Zusammenkunft als *Comissura labiorum dorsalis* bzw. *ventralis*. Platziere einen alle Schichten (äußere Haut bis bis Vaginalepithel) durchtrennenden Schnitt von der *Comissura dorsalis* in Richtung After (sog. *Episiotomie*). Identifiziere das *Ostium urethrae externum* ventral an der Grenze zwischen *Vagina* und *Vestibulum vaginae*.

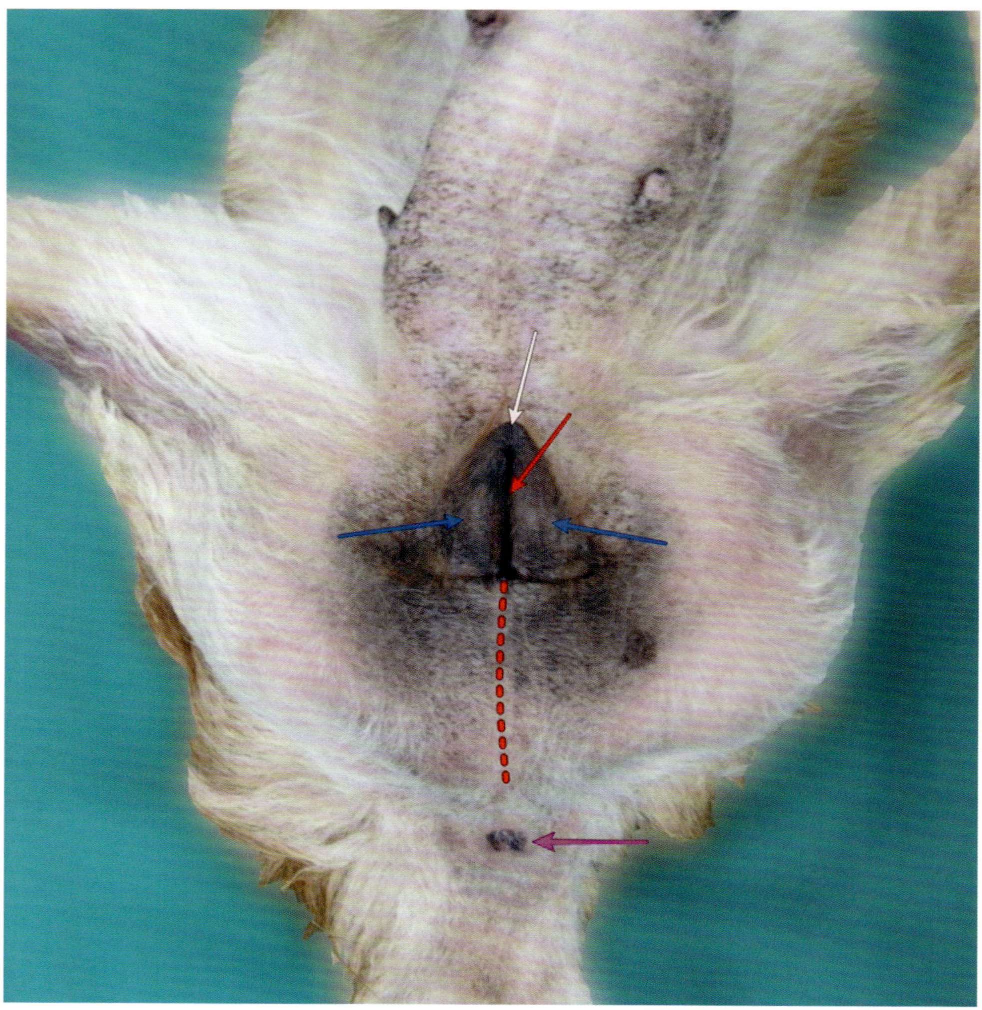

Abb. 309: Hündin in Rückenlage: *Labiae vulvae (pudendi)* (blau), *Comissura labiorum ventralis* (weiß), *Rima pudendi (vulvae)* (rot), Schnittlinie zur Episiotomie (rot gestrichelt), After (pink).

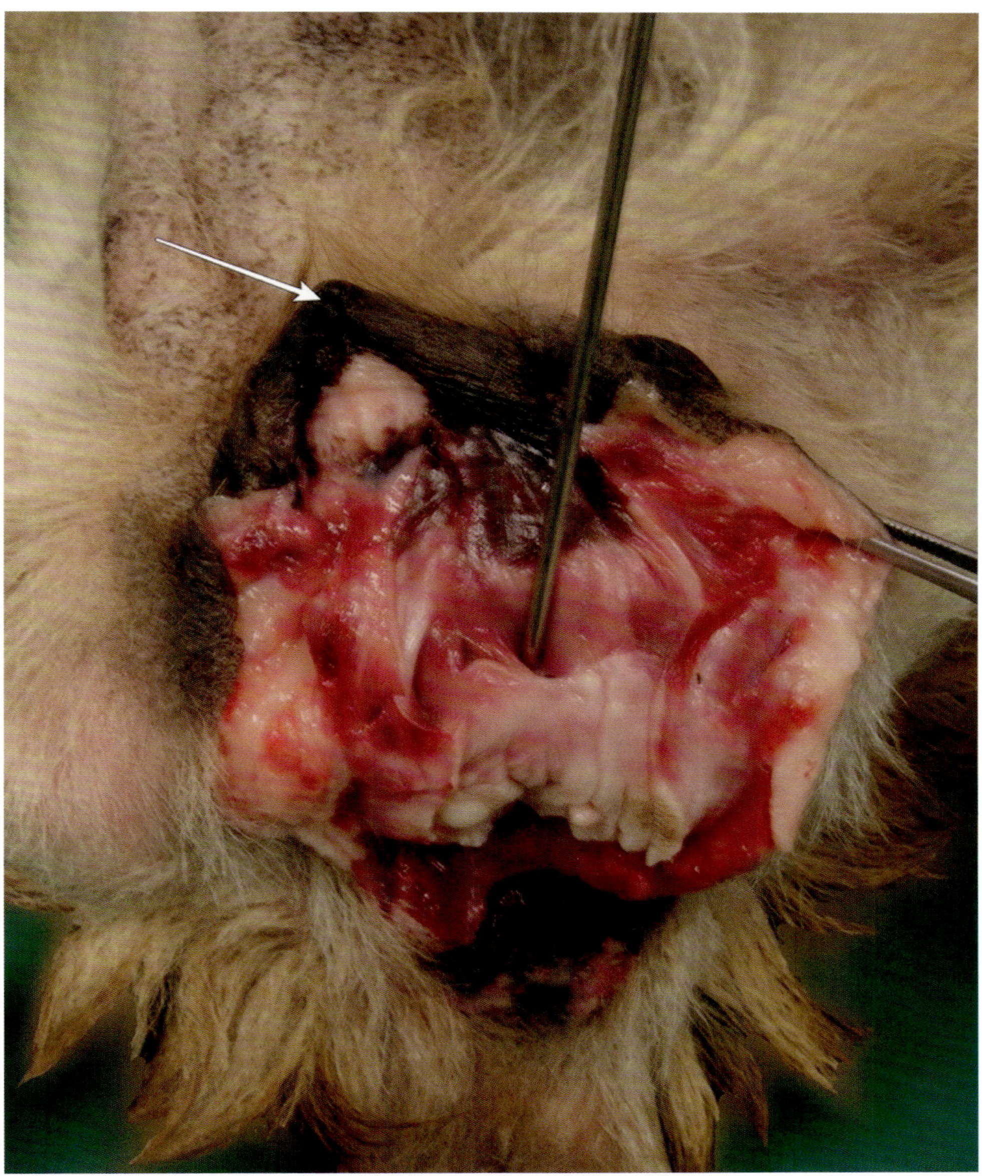

Abb. 310: Hündin in Rückenlage, Zustand nach Episiotomie: Die Sonde markiert das *Ostium urethra externum.* Weiß markiert: *Commissura labiorum dorsalis.*

Sachregister